现代水中兵器系列教材

水下热动力推进系统自动控制

（第2版）

秦 侃 罗 凯 黄 闯 著

西北工业大学出版社
西 安

【内容简介】 本书内容包括鱼雷热动力推进系统的工作机理和数学模型、基于压强调节阀的转速开环控制系统、基于流量调节阀的转速开环控制系统、基于变排量泵的转速闭环控制系统、转速闭环的线性化(Proportional Integral Derivative，PID)控制方法、转速闭环的非线性(变结构)控制方法、转速闭环的多种实现形式、转速控制器的单片机实现、开式循环热动力鱼雷的工况范围选定、涡轮发动机系统的自动控制等。全书内容构成上自成体系，为了增强可读性，还简要介绍了相关的压力控制阀、流量控制阀及线性控制理论基础、非线性控制理论基础等方面的相关内容。

本书可作为鱼雷热动力学科本科生和研究生的教材，也可作为本领域以及其他相关专业的工程技术人员的参考用书。

图书在版编目(CIP)数据

水下热动力推进系统自动控制 / 秦侃，罗凯，黄闯著. — 2 版. — 西安 ：西北工业大学出版社，2023.8
ISBN 978 - 7 - 5612 - 8961 - 7

Ⅰ. ①水… Ⅱ. ①秦… ②罗… ③黄… Ⅲ. ①热动力鱼雷-推进系统-自动控制 Ⅳ. ①TJ630.3

中国国家版本馆 CIP 数据核字(2023)第 162905 号

SHUIXIA REDONGLI TUIJIN XITONG ZIDONG KONGZHI
水下热动力推进系统自动控制
秦侃 罗凯 黄闯 著

责任编辑：王梦妮 **策划编辑：**杨 军
责任校对：张 潼 **装帧设计：**赵 烨
出版发行：西北工业大学出版社
通信地址：西安市友谊西路 127 号 邮编：710072
电 话：(029)88491757，88493844
网 址：www.nwpup.com
印 刷 者：陕西向阳印务有限公司
开 本：787 mm×1 092 mm 1/16
印 张：10.75
字 数：282 千字
版 次：2004 年 7 月第 1 版 2023 年 8 月第 2 版 2023 年 8 月第 1 次印刷
书 号：ISBN 978 - 7 - 5612 - 8961 - 7
定 价：49.00 元

现代水声工程系列教材
现代水中兵器系列教材
编　委　会

（按姓氏笔画排序）

第2版前言

本书针对使用开式循环、泵供式、活塞发动机和涡轮发动机的鱼雷热动力推进系统的控制问题展开讨论，介绍开环与闭环两种控制系统的分析、设计以及实现方法。相对于第1版，第2版内容增加了国内外近期在开式循环涡轮机动力推进系统的相关研究成果。

本书内容涉及知识面较宽，有较强的多学科交叉的性质。一般要求读者拥有鱼雷武器概论、鱼雷活塞发动机、鱼雷涡轮发动机、鱼雷能源与供应系统、液压系统与液压元件、自动控制原理等方面的基础知识。

全书内容包括鱼雷热动力推进系统的工作机理和数学模型、基于压强调节阀的转速开环控制系统、基于流量调节阀的转速开环控制系统、基于变排量泵的转速闭环控制系统、转速闭环的线性化(PID)控制方法、转速闭环的非线性(变结构)控制方法、转速闭环的多种实现形式、转速控制器的单片机实现、开式循环热动力鱼雷的工况范围选定、涡轮发动机系统的自动控制等。全书在内容构成上自成体系，为了增强可读性，还简要介绍了相关的液压阀、流量控制阀及线性控制理论基础、非线性控制理论基础等方面的相关内容。

本书由秦侃、罗凯和黄闯任撰写。具体分工为：秦侃撰写第4～6章，第8章～10章；罗凯撰写第1～3章，第6章；黄闯撰写第7章。

本书由中船重工集团史小锋研究员主审。在撰写本书的过程中，得到了诸多同事的大力支持，在此表示衷心的感谢。

由于水平有限，书中疏漏之处在所难免，欢迎专家、同行和广大读者批评指正。

著　者

2022年9月

第1版前言

本书针对使用开式循环、泵供式、活塞发动机和涡轮发动机的鱼雷热动力推进系统的控制问题展开讨论，介绍了开环与闭环两种控制系统的分析、设计及实现方法。

书中内容涉及知识面较宽，有较强的多学科交叉的性质。一般要求读者拥有鱼雷武器概论、鱼雷活塞发动机、鱼雷涡轮发动机、鱼雷能源与供应系统、液压系统与液压元件、自动控制原理、单片机原理等方面的基础知识。

全书论述了鱼雷热动力推进系统的工作机理和数学模型、基于压强调节阀的转速开环控制系统、基于流量调节阀的转速开环控制系统、基于变排量泵的转速闭环控制系统、转速闭环的线性化(PID)控制方法、转速闭环的非线性(变结构)控制方法、转速闭环控制的多种实现形式、转速控制器的单片机实现、开式循环热动力鱼雷的工况范围、涡轮发动机系统的自动控制等内容。全书内容自成体系，为了增强可读性，还简要介绍了相关的液压阀、线性控制理论基础、非线性控制理论基础等方面的内容。

本书可作为鱼雷热动力学科本科生和研究生的教材，也可供本领域及其他相关专业的工程技术人员参考。

本书由中国船舶重工业集团公司第七〇五研究所史小锋研究员主审，成书过程中得到了诸多同事的大力支持，在此表示衷心的感谢。

由于水平有限，书中疏漏之处在所难免，欢迎专家、同行和广大读者批评指正。

著　者

2004年7月

符号说明

a	电枢绕组的并联支路对数；
$a_{n0}, a_{n1}, a_{n2}, a_{n3}, a_{n4}, a_{n5}$	常数；
a_{M0}, a_{M1}	正值常数；
$a_{v0}, a_{v1}, a_{v2}, a_{v3}$	常数；
a_{T0}, a_{T1}	正值常数；
A	正值常数，阀口面积，阀芯承压面积；
A_1	先导阀芯左侧的承压面积；
A_b	阀口过流面积；
A_{bil}	阀芯左侧泵前压强感受面积；
A_{bir}	阀芯右侧泵前压强感受面积；
A_{b1l}	阀左高压承压面积；
A_{b1r}	阀右高压承压面积；
A_c	常数；
A_f	阀口过流面积，主阀承压面积；
A_{fb}	阀口承压面积；
A_g	可变节流口面积；
A_h	海水背压柱塞承压面积；
A_k	常数；
A_p	喷嘴过流面积；
A_{pp}	阀芯承压面积；
A_x	正值常数；
A_z	阻尼孔面积；
B	正值常数，动叶片的宽度；
B_c	常数；
B_k	常数；
c	喷嘴出口速度；
c_0, c_1	正值常数；

c_2 正值常数，气体流出工作叶片时的绝对速度；
c_3 正值常数；
c_{x0} 零升阻力因数；
c_{xy}^{α} 诱导阻力因数；
c_y^{α} 鱼雷升力因数对攻角的导数；
c_{yb}^{α} 雷体升力因数对攻角的导数；
$c_{yb}^{\omega_z}$ 雷体升力因数的旋转导数；
$c_y^{\delta_e}$ 横舵的升力因数对横舵角的导数；
c_{yp}^{α} 螺旋桨升力因数对攻角的导数；
c_{yp0}^{a} 稳态时螺旋桨升力因数对攻角的导数；
$c_{yp}^{\omega_z}$ 螺旋桨升力因数的旋转导数；
$c_y^{\omega_z}$ 鱼雷升力因数的旋转导数；
c_z^{β} 鱼雷侧向力因数对侧滑角的导数；
$c_z^{\delta_r}$ 直舵的侧向力因数对直舵角的导数；
$c_z^{\omega_y}$ 鱼雷侧向力因数的旋转导数；
C 常数；
C_b 流量因数；
C_B 泵折合质量排量；
C_d 流量因数；
C_e 正值常数；
C'_e 正值常数；
C_{em} 正值常数；
C_{em-a}，C_{em-b}，C_{em-a-c}，C_{em-a-k}，C_{em-b-c}，C_{em-b-k} 常数；
C_E 电机电势常数；
C_f 摩擦阻力因数，阀流量因数，正值常数；
C_g 流量因数，正值常数；
C'_g 正值常数；
C_{mf} 正值常数；
C_M 电机转矩常数；
C_o 正值常数；
C_p 喷嘴流量因数、定压比热；
C_v 速度因数；
C_w 涡阻因数、正值常数；
C_x 航行阻力因数；

C_y　　y 方向流量因数；

C_z　　z 方向流量因数；

C_p　　桨直径；

D_f　　前桨直径；

D_b　　后桨直径；

E　　电枢感应电动势；

f　　示功图的丰满因数；

F　　螺旋桨提供的总推力；

ΔF　　推力减额；

F_c　　阀芯运动所受到的黏性摩擦力；

F_{cb}　　阀芯运动所受到的黏性摩擦力；

F_{cf}　　阀芯运动所受到的黏性摩擦力；

F_{cp}　　阀芯运动所受到的黏性摩擦力；

F_{cr}　　喷嘴喉部截面积；

F_{k0}　　阀关闭时弹簧的弹力；

F_{kf0}　　阀关闭时弹簧的弹力；

F_{kp0}　　阀关闭时弹簧的弹力；

F_n　　喷嘴出口面积；

F_p　　雷体螺旋桨系统中桨提供的净推力；

F_{ybs}　　瞬态液动力；

F_{ybw}　　燃料作用于阀芯上的稳态力；

F_{yfs}　　瞬态液动力；

F_{yfw}　　燃料作用于阀芯上的稳态力；

F_{yps}　　瞬态液动力；

F_{ypw}　　燃料作用于阀芯上的稳态力；

F_{ys}　　瞬态液动力；

F_{yw}　　燃料作用于阀芯上的稳态力；

g　　重力加速度；

G　　鱼雷重力；

ΔG　　负浮力；

h　　重心下移量；

h_a^*　　涡轮级理想可用焓降；

h_u　　不包含叶高损失的轮周有效焓降；

Δh_b　　工作叶片损失；

Δh_e　　余速损失；

Δh_{fr}　轮盘摩擦损失；
Δh_{l}　叶高损失；
Δh_{n}　喷嘴损失；
Δh_{s}　斥气损失；
Δh_{w}　鼓风损失；
i　供入比例电磁铁的电流，涡轮机至推进器的减速比；
i_{e}　发动机每转一周各气缸的工作循环数；
I　电机驱动系统的折合转动惯量；
I_{e}　动力推进系统的折合转动惯量；
J　相对进程；
J_{xy}, J_{xz}, J_{yz}　鱼雷对各轴的惯性积；
k　工质比热比，弹簧刚度，开环增益；
k_{1}　经验因数；
k_{2}　经验因数；
k_{f}　弹簧刚度；
$k_{n\alpha}$　电机转速至泵角摆动角速度的传动比；
k_{p}　弹簧刚度；
k_{au}　位置测量机构的增益；
K　弹簧刚度，鱼雷的动量矩；
K_{1}　先导阀硬弹簧刚度；
K_{c}　比例增益；
K_{i}　电磁铁输出力与输入电流间的比例因数；
K_{M}　螺旋桨的力矩因数；
K_{F}　螺旋桨的推力因数；
l　叶片高度；
L　鱼雷长度；
L_{bg}　平衡阀杆当量摩擦长度；
L_{t}　雷尾尖削长度；
L_{fg}　主阀杆当量摩擦长度；
L_{p}　鱼雷重心到螺旋桨盘面的距离；
L_{pg}　阀杆当量摩擦长度；
L_{y}　阀口至主流道的长度；
L_{yb}　阀口至泵前当量液柱长度；
L_{yf}　主阀口左侧腔室内的当量液柱长度；
L_{yp}　喷嘴腔室内的当量液柱长度；

L_z	柱塞摩擦长度；
m	喷嘴组数，进行一次工作循环每个气缸消耗的工质；
m_b	阀芯质量；
m_{bf}	燃料泵流量；
m_f	燃烧室内的燃气质量，阀芯质量；
$\dot{m}_{fi}$	推进剂供应量；
$\dot{m}_{fo}$	发动机工质秒耗量；
m_k	调节弹簧的质量；
m_{kf}	调节弹簧的质量；
m_{kp}	弹簧质量；
$\dot{m}_o$	滑油泵流量；
m_p	阀芯质量；
m_t	鱼雷质量；
$\dot{m}_w$	海水泵流量；
$\dot{m}_y$	阀溢流质量流量；
m_x^{β}	横滚力矩因数对侧滑角的导数；
$m_x^{\delta_r}$	横滚力矩因数对直舵角的导数；
$m_x^{\delta_d}$	横滚力矩因数对差动舵角的导数；
$m_x^{\omega_x}$	横滚力矩因数的旋转导数；
$m_x^{\omega_y}$	横滚力矩因数的旋转导数；
m_y^{β}	偏航力矩因数对侧滑角的导数；
$m_y^{\delta_r}$	偏航力矩因数对直舵角的导数；
$m_y^{\omega_y}$	偏航力矩因数的旋转导数；
m_z^{α}	俯仰力矩因数对攻角的导数；
$m_z^{\delta_e}$	俯仰力矩因数对横舵角的导数；
$m_z^{\omega_z}$	俯仰力矩因数的旋转导数；
m_{zb}^{α}	雷体俯仰力矩因数对攻角的导数；
$m_{zb}^{\omega_z}$	雷体俯仰力矩因数的旋转导数；
m_{zp}^{α}	螺旋桨俯仰力矩因数对攻角的导数；
$m_{zp}^{\omega_z}$	螺旋桨俯仰力矩因数的旋转导数；
M	对原点的外力矩；
M_D	电机的电磁转矩；
M_e	发动机的驱动转矩；

M_f	燃料泵吸收的发动机转矩；
M_g	发电机吸收的发动机转矩；
M_o	滑油泵吸收的发动机转矩；
M_p	螺旋桨的吸收转矩；
M_w	海水泵吸收的发动机转矩；
M_{xp}	螺旋桨失衡力矩；
M_z	阻转矩；
n	发动机转速；
n_w	稳态转速；
N	电枢绕组的总导体数；
N_e	发动机输出功率；
N_f	燃料泵的吸收功率；
N_g	发电机吸收功率；
N_o	滑油泵吸收功率；
N_w	海水泵吸收功率；
p_0	鱼雷航深处的海水静压强；
p_1	进气压强；
p_{1l}	主阀下游压强；
p_{1r}	主阀右腔室压强；
p_2	调节阀出口压强；
p_3	膨胀过程结束时的压强，喷嘴前压强；
p_4	排气压强；
p_6	废气压缩过程结束时的压强；
p_a	海平面大气压强；
p_{bi}	泵前压强；
p_{bo}	泵后压强；
p_c	燃烧室压强；
p_g	先导阀芯左侧的压强，阀芯上腔压强；
p_h	海水背压；
p_{ji}	节流阀进口压强，阀芯下腔压强；
p_{jo}	节流阀出口压强；
p_L	负载压降；
P	电机的极对数；
Δp_4	排气系统压强损失；
Δp_f	燃料泵压强差；

Δp_{o}	滑油泵压强差；
Δp_{w}	海水泵压强差；
Q	鱼雷的动量；
Q_{L}	负载流量；
r	涡轮转子半径；
r_{b}	阀口半径；
r_{bg}	平衡阀杆半径；
r_{f}	阀口半径；
r_{fg}	主阀杆半径；
r_{p}	阀芯半径；
r_{pg}	阀杆半径；
r_{z}	背压柱塞半径；
R	燃气气体常数,桨半径；
R_{0}	等效叶元半径；
$\bar{R}_{0}$	等效叶元相对半径；
R_{s}	电枢电阻；
R_{x}	鱼雷航行阻力；
Re	雷诺数；
S	鱼雷横截面积；
t	推力减额因数；
T	时间常数；
T_{4}^{*}	涡轮前理想温度；
T_{c}	燃烧室温度；
T_{I}	积分时间；
T_{M}	机电时间常数；
T_{p}	雷体螺旋桨系统中桨提供的推力；
ΔT	推力减额；
u	控制电压；
U	电枢供电电压；
v	鱼雷航速；
v'	浮心速度；
v_{p}	螺旋桨在敞水中的轴向速度；
v_{ybi}	阀口下游液流速度；
v_{ybx}	阀口处液流速度；
v_{yfb}	阀口上游的液流速度；

v_{yfx}　　阀口处的液流速度；
y_{ypx}　　阀口处液流速度；
V_c　　燃烧室容积；
V_e　　气缸有效容积；
w_1　　气体流入工作叶片的相对速度；
W_{it}　　单个气缸的理论循环功；
x　　工质泄漏因数，阀开度，弹簧压缩量，速度比，鱼雷重心在地面坐标系中的坐标；
x_0　　弹簧预压缩量；
x_b　　阀开度；
x_f　　主阀开度；
x_G　　重心前移量；
x_p　　喷嘴开度；
x_v　　阀位移；
y　　鱼雷航深，先导阀硬弹簧的压缩量，鱼雷重心在地面坐标系中的坐标；
z　　鱼雷重心在地面坐标系中的坐标；
z_G　　重心侧移量；
z_e　　发动机气缸数目；
α　　斜盘泵角，进气压降因数，攻角，经验因数；
α_0　　控泵电压为零时对应的稳态泵角；
β　　侧滑角；
ξ　　气缸充填因数；
ε　　部分进气度；
ε_0　　余隙容积比；
ε_1　　进气比；
ε_3　　提前排气比；
ε_5　　压缩比；
ε_6　　提前进气比；
ε_P　　喷嘴压强比；
ρ　　气体密度；
ρ_w　　海水密度；
ρ_f　　燃料密度；
ω　　伴流因数，角速度；
ω_x　　雷体绕 Ox 轴的旋转角速度；
ω_y　　雷体绕 Oy 轴的旋转角速度；
ω_z　　雷体绕 Oz 轴的旋转角速度；
λ_{11}　　纵向附加质量；

$\lambda_{22}, \lambda_{33}$ 横向附加质量；
$\lambda_{26}, \lambda_{35}$ 附加静矩；
$\lambda_{44}, \lambda_{55}, \lambda_{66}$ 附加惯性矩；
λ_k 均压槽对液压卡紧力的修正因数；
η_e 发动机机械效率；
η_i 涡轮级的内效率；
η_k 雷体影响因数；
η_m 整个机械系统的机械效率；
η_p 螺旋桨的敞水效率；
η_T 螺旋桨的推进效率；
η_u 轮周效率；
Ω 鱼雷沾湿面积；
Ω_t 无鳍舵雷体沾湿面积；
Ω_* 半速度坐标系的旋转角速度；
v 海水运动黏度；
μ 燃料动力黏度；
θ 阀口处液流射流角，叶片的转角，俯仰角；
θ_b 阀口处液流射流角；
θ_p 阀口处液流射流角；
δ 柱塞与导套之间的间隙；
δ_{bg} 平衡阀杆与导套的间隙；
δ_d 差动舵角；
δ_e 横舵角；
δ_{fg} 主阀杆与导套的间隙；
δ_{pg} 阀杆与导套的间隙；
δ_r 直舵角；
τ 温度比，纯迟延时间；
$\tau_{u\alpha}$ 时间常数；
φ 横滚角；
ψ 偏航角，工作叶片速度因数；
Θ 弹道倾角；
Φ 电机的每极磁通；
Φ_c 倾斜角；
Ψ 弹道偏角。

目 录

第1章 绪　论

1.1　鱼雷动力推进系统简介

自1866年Whitehead发明的第一条鱼雷出现至今已经150多年了。自它出现起就一直是、而且将来也仍然是海军的重要武器，它在现代海战中占据着重要的地位。由于鱼雷攻击的是舰艇的水下部分，所以它相较于攻击舰艇水上部分的其他武器威力更强大。大力发展鱼雷武器，是增强我国海军力量、保卫祖国海疆的需要。

鱼雷武器系统非常复杂，鱼雷本体就涉及自导、引信、控制、流体、燃料、动力、推进等多方面的技术，其中许多技术是鱼雷所特有的，如果再考虑作战平台和火控系统，其技术及其实现就更加复杂和困难了。目前世界上能够研制、生产鱼雷武器的国家只有15个。

从该武器作战对象的角度来区分，鱼雷可分为反舰型、反潜型、反舰反潜通用型等。从本身尺寸的角度来区分，鱼雷可分为轻型鱼雷和重型鱼雷。目前各国通用的鱼雷口径，轻型鱼雷为324 mm，重型鱼雷为533 mm。但是瑞典的轻型鱼雷口径为400 mm，俄罗斯为了提高鱼雷的航速和航程，其重型鱼雷也采用650 mm口径的标准。从能源储备和动力类型的角度来区分，鱼雷又可分为电动力鱼雷和热动力鱼雷。

无论从质量还是从体积的角度来看，动力推进系统都占据了全雷最大的比例，鱼雷是伴随着动力推进系统的发展而发展的。鱼雷动力推进系统一般由能源储备与供应系统、发动机、推进器等构成，电动力和热动力鱼雷都使用对转螺旋桨或泵喷射推进器。火箭发动机是热动力系统中的特殊类型，它无须推进器。

为了有效地追踪和命中目标，鱼雷的最大航速应超过目标航速的1.5倍，鉴于目前水面舰艇、潜艇的航速发展状况，目前鱼雷最大航速的发展目标应超过60 kn(1 kn≈1.852 km/h)。为了提高发射舰艇的隐蔽性和生存概率，应尽量增大鱼雷的航程，目前鱼雷航程发展的目标应是轻型鱼雷超过20 km、重型鱼雷超过50 km。为了有效打击在深水中航行的潜艇，目前鱼雷航深发展的目标应是超过1 000 m，将来甚至要达到1 500 m。为了不暴露自身的航行轨迹，要求鱼雷的航迹要小，也就是其排放物的可溶性、可凝性要好。同时为了自导系统更好地工作、为了加强攻击的突然性，鱼雷应尽量降低航行自噪声。因此，全雷对动力推进系统提出的要求是大功率、远航程、大深度、隐蔽性好，鱼雷动力推进系统就是为了满足以上要求而不断发展的。

相比较而言，电动力推进系统拥有低噪声、无航迹、性能几乎不受航深影响、结构简单、成本低廉、使用维护方便等优点，但是受制于其能源储备量(动力电池的能源储存量)及释放功率的限制，电动力鱼雷的航速和航程难以达到很高的技术指标，就目前看来还不能取代热动力系统的地位。

鱼雷用电动力系统的发展主要有两个方面：推进电机和动力电池。电机从直流对转串激电机发展到对转永磁电机和高速永磁电机，其发展方向依然是高速永磁电机。而制约鱼雷电动力系统性能的核心与瓶颈是动力电池，从铅酸电池、镉镍电池到银锌电池、镁/氯化银电池发展到镁/氯化亚铜电池和铝/氧化银电池，目前锂离子电池和锂/亚琉酰氯电池也正在研制当中。当前电动力轻型鱼雷的航速已经突破了 50 kn。

热动力推进系统具有结构复杂，高速航行时自噪声大，开式循环工作时航迹、性能受到航深影响等特点，但是它最大的优点是其推进剂的能源储备量大、发动机输出功率大，可以满足现代鱼雷高速、远程的要求。可以预见，热动力推进系统的地位，尤其在重型鱼雷上的统治地位将是不可动摇的。

鱼雷用热动力系统的发展体现在热力循环、推进剂、能源供应和发动机四个方面。

鱼雷热动力系统按热力循环可分为开式、半闭式和闭式循环。在开式循环系统中发动机直接向雷外海水排气，其排气压强必须大于当地海水背压；在半闭式循环中发动机排出乏气的不可溶、不可凝的部分被增压后排出雷外，可以有效降低发动机的排气压强；在闭式循环系统中燃料反应后的生成物密度大于燃料本身的密度，它无须向雷外排出燃烧产物，其性能不受背压影响。但是总体而言动力系统性能的提高是以系统复杂性的增加为代价的。

为适应反潜鱼雷航深变化范围日益增大的要求，开式循环系统基本上是沿着提高发动机进气压强(加大推进剂供应量)并对其进行调节的途径发展的，国外反潜鱼雷的航深已达 1 000 m 左右，所用开式循环系统的发动机(活塞式)进气压力高达 34～42 MPa。开式循环技术发展至今已接近极限，进一步的发展需要在原材料技术等方面有所突破，各鱼雷生产大国均已开始发展半闭式和闭式循环系统技术，并已成功地投入使用。例如，瑞典的 TP2000S 使用了配装凸轮发动机的半闭式循环系统；而闭式循环系统代表了鱼雷热动力系统发展的先进水平，是未来发展的方向，美国成功地将该系统应用于 MK－50 轻型鱼雷后，又提出了用于重型鱼雷的闭式循环热动力系统。

推进剂是决定鱼雷热动力推进系统性能高低的另一主要因素，一种新型推进剂的成功使用，往往会给鱼雷热动力技术带来一场革命。鱼雷用推进剂不仅要求能量密度高、成气性大，还要求燃烧生成物尽可能溶于水，推进剂的储存及使用安全性好。从目前的发展趋势看，不论是适于轻型鱼雷的单组元燃料，还是适于重型鱼雷的多组元燃料，均沿着寻求提高能量密度、降低全寿命周期费用、安全和环境适应性好的方向发展。从煤油/空气、酒精/空气、萘烷/过氧化氢，到酒精/过氧化氢、奥托-Ⅱ、奥托/HAP 以及锂/六氟化硫，目前还出现了能量密度极大的金属/水反应燃料。金属燃料、金属/水反应燃料由于其具有很高的能量密度，有望成为未来最有前途的鱼雷推进剂。

在能源供应方面，目前的发展水平是：采用定排量或变排量柱塞泵式供应系统、开环或闭环调节控制方法，可实现多速制及适应大深度工况条件。旋转燃烧室技术已成功地应用于进气压力较高的活塞式发动机，并已规划开发基于海水的金属/水反应燃烧室。

发动机是鱼雷热动力系统的核心，其输出功率的大小、经济性的好坏对于鱼雷航速和航程起着决定性作用。热机从卧式往复活塞机、星型活塞机发展到了筒型活塞机(凸轮机、斜盘机)

和涡轮机(燃气轮机、蒸汽轮机)，其间对于火箭发动机的研制也未中断过。目前热动力鱼雷的航速早已突破了60 kn。值得一提的是使用金属/海水反应燃料火箭发动机的俄罗斯“SHKVAL”超空泡鱼雷，其航速达到200 kn，航程为10 km，代表了目前鱼雷热动力系统发展的最高水平。

表1.1和表1.2列举了目前世界各主要国家(组织)装备的最新型鱼雷的主要技术指标。

表1.1　新型轻型鱼雷一览表

国家(组织)	名称(或型号)	推进方式	航程/km	航速/kn	导引方式
美国	MK46-5	OTTO＋凸轮机	11	45	主/被动声自导
美国	MK-50	SCEPS＋汽轮机	20	55	主/被动声自导
美国	MK-54-0	OTTO＋凸轮机	15	36/45	主/被动声自导
联合国	STINGRAY	Mg/AgCl	8.3	45	线导＋主/被动声自导
法国	SEASTURGEON	Al/AgO	14/9.8	38/53	主动声自导
意大利	A290	Al/AgO		30/50	主/被动声自导
法、意、德	MU-90	Al/AgO	15	50	主/被动声自导
瑞典	TP430	Ag/ZnO			线导＋主/被动声自导
印度	SHYENA	Mg/AgCl	9	40	主/被动声自导

注：SCEPS为Stored Chemical Energy Power System的缩写，为闭式循环涡轮机系统，燃料为锂/六氟化硫(Li/SF_6)。

表1.2　新型重型鱼雷一览表

国家(组织)	名称(或型号)	推进方式	航程/km	航速/kn	导引方式
美国	MK48ADCAP	OTTO＋HAP＋斜盘机	46/18	30/55	线导＋主/被动声自导
联合国	SPEARFISH	OTTO＋HAP＋涡轮机	40	≈70	线导＋主/被动声自导
法国	F17-2	Ag/Zn	18	40	线导＋主/被动声自导
意大利	A194	Ag/Zn	25/15	25/37	线导＋主/被动声自导
瑞典	TP2000	柴油＋过氧化氢＋半闭式凸轮机	45	50	线导＋主/被动声自导
日本	G-RX2	酒精＋过氧化氢＋摆盘机	20	55	线导＋主/被动声自导
印度	TYPE-53	电动力	25	50	尾流自导
朝鲜	WHITE SHAKE	电动力	30	40	主/被动声自导
俄罗斯	SET-65	煤油＋过氧化氢＋涡轮机	45	50	尾流、声自导
俄罗斯	VA-111 SHKVAL	金属＋海水＋火箭发动机	10	200	线导

应指出的是，轻型鱼雷和重型鱼雷的作战对象、使用方式不同：轻型鱼雷的作战对象是潜艇，发射平台是空投、舰射或火箭助飞；重型鱼雷的作战对象是水面舰艇和潜艇，发射平台主要是潜射。作战对象、使用方式的不同决定了两种鱼雷对于各自动力系统的要求也相应地有所差别。轻型鱼雷对于航速、航程的要求没有对重型鱼雷的要求那么苛刻；重型鱼雷为了有效地打击作战目标、提高发射舰艇的隐蔽性和生存概率，应尽量增大鱼雷的航程和航速。从表1.1和表1.2可以看出，电动力系统在反潜的轻型鱼雷中使用较为广泛，而热动力系统则在反舰兼反潜的通用重型鱼雷上占据了主导地位。

从鱼雷动力系统发展的历史来看，热动力和电动力系统的技术进步是交替领先的，这种竞争的态势是两种动力系统技术进步发展的内在动力。作为鱼雷武器的研究者和工程技术人员，有义务、有责任紧密跟踪科学技术发展的最新成果，并试图将其应用于自身的研究领域之中，因为武器是依赖于新材料、新技术等基础领域学科的发展的。

应该注意到，世界各国海军发展鱼雷武器都是从其本身的作战对象和本国的武器发展传统、技术水平、经济实力等要素综合考虑出发的。欧洲大陆诸国（法、德、意等）主要发展成本相对低廉的电动力鱼雷，而美、俄、英等传统海军大国则更加注重考虑鱼雷的作战性能，更多地关注于热动力鱼雷。我国是正在崛起的海军大国，但同时也是一个发展中国家，特殊的地缘政治和战略对象决定了我国必须遵循热、电并举的鱼雷武器发展方针，必须走自主开发和技术引进相结合的发展道路。

我国鱼雷武器的研制模式基本上是在从研究仿制到自行研制的过程中反复修改的，所达到的技术水平还不够高。目前研制的模式和工作布局主要还是围绕着在研型号进行的，采用的是设计→加工样机→试验→修改设计→再加工制造→再试验的传统模式。设计主要依靠传统的CAD绘图方法，加工试制仍采用编制工艺规程、加工制造、装配调试的传统方式；试验也主要是针对加工试制后的物理样机从组件、系统到全雷，从地面台架试验到湖、海实航试验展开的。在科学技术飞速发展的今天，这种模式无疑是落后而低效率的，且使产品研制周期和研制成本增加，造成资源的极大浪费。随着技术的发展，未来鱼雷武器的发展将根据以应用方针为基础的研究途径来实现。设计方面，采用虚拟技术在计算机构成的虚拟环境中得出三维模型存入数据库，并随着设计的改变而演变，根据性能、效率、开发、生产以及支撑全寿命的详细费用模型为基础，对设计进行逐次迭代和逼近。未来的目标是，以有效费用/性能设计数据库为基础达到对武器子系统的半自动化优化设计。试验方面，在模拟水下条件的可控环境中，采用陆上仿真装置，代替真实的水下环境对鱼雷进行评估和鉴定。显然，这为鱼雷武器新功能的开发以及节省大量开发与支持经费提供了一种可靠的工程方法。

1.2 几种典型的鱼雷热动力推进系统

本节简要介绍几种典型的鱼雷热动力推进系统，目的是使读者对鱼雷热动力系统有整体的了解，为从系统的角度认识和分析该研究对象奠定基础。内容安排上强调系统的工作机理，对于各个组件不进行详细的论述。

1.2.1 53-39鱼雷热动力推进系统

53-39鱼雷是苏联开发的使用挤代式能源供应系统的代表产品。该鱼雷是直航反舰重型鱼雷，拥有两个速制，速制选择在发射前完成，鱼雷在运行过程中不再变速。燃料为压缩空气、煤油和淡水，能源供应方式为压缩空气挤代式，发动机为卧式双缸双作用活塞发动机，开式循环系统。

压缩空气储存于高压气舱中，压缩空气作为燃烧反应的氧化剂和液体燃料及淡水的挤代气，通过减压机构供入燃烧室，同时将作为燃烧剂的煤油和作为反应冷却剂的淡水挤入燃烧室，三者在燃烧室内燃烧生成高温高压的燃气和水蒸气，通过滑阀配气机构供入卧式双作用活塞发动机的4个气缸做功，再通过十字轴分速后带动对转螺旋桨转动，乏气通过推进器内轴排出雷外。该型鱼雷动力系统构成简单，无须燃料泵等辅机。

由于该鱼雷是反舰型鱼雷，其航深变化很小，发动机排气压强变化也很小，系统无须对航深进行补偿，只要来自减压机构的压缩空气的压强维持恒定，供入燃烧室的燃烧剂(煤油)、氧化剂和空气以及冷却剂(淡水)的流量就会维持恒定，从而也就维持了发动机输出功率的恒定。

这种热动力系统简单，但其压缩空气的利用率很低，整雷的燃料储存量有限，全雷的性能指标也比较低。

1.2.2 MK-46鱼雷热动力推进系统

MK-46鱼雷是美国开发的轻型反潜鱼雷，共有5个型号。该鱼雷的燃料是OTTO-Ⅱ(成分为1,2丙二醇二硝酸脂、邻硝基二笨胺和癸二酸二丁脂)单组元燃料，能源供应方式为二氧化碳气体挤代 + 定量燃料泵 + 压强调节，单速制或双速制，发动机为对转凸轮活塞发动机，开式循环系统。

OTTO-Ⅱ燃料储存于燃料舱中，液态二氧化碳储存于挤代高压气瓶中，液态二氧化碳汽化后形成的带压气体——二氧化碳——作为挤代气，通过减压阀将OTTO-Ⅱ单组元燃料挤压至燃料泵前。燃料泵为定排量泵，泵后的高压燃料通过压强调节阀，一路溢流回泵前，另一路供入燃烧室。OTTO-Ⅱ在燃烧室内燃烧生成高温高压燃气，通过转阀配气机构供入对转凸轮活塞发动机的5个气缸做功，带动推进器和辅机转动，乏气通过推进器内轴与冷却海水混合后排出雷外。

由于该雷是反潜型鱼雷，其航深变化很大，发动机排气压强变化也很大，故系统必须对航深进行补偿。这一任务由位于燃料泵和燃烧室之间的压强调节阀来完成。该阀感知雷外海水的压强，通过改变溢流量使得供入燃烧室的推进剂流量、燃烧室压强与雷外海水压强维持一定的关系，从而维持了发动机输出功率的恒定。

几种早期型号的热动力系统无变速功能，结构简洁、紧凑，发动机比功率很大，能够基本满足鱼雷大范围内变化航深的要求。但是泵后的部分高压燃料通过压强调节阀溢流回泵前造成了功率的浪费，减小了系统的有效输出功率。

由于OTTO-Ⅱ燃料为贫氧燃料，其燃烧反应并不充分，能量利用率偏低，同时反应产物溶于水、凝于水的成分不多，造成鱼雷的航迹明显。

1.2.3 MK-50鱼雷热动力推进系统

MK-50鱼雷是美国开发的轻型反潜鱼雷，用于替代MK-46鱼雷。该鱼雷的动力系统是SCEPS(Stored Chemical Energy Power System，储存化学能动力系统)，燃料为锂/六氟化硫，发动机为蒸汽涡轮机，闭式循环系统。

作为氧化剂的六氟化硫储存于氧化剂舱中，通过调节器进入锅炉反应器，在锅炉反应器中与作为还原剂的熔融态金属锂反应，生成氟化锂和硫化锂，同时放出大量的热能。热交换器安装于锅炉反应器中，液态水于此处被加热为过热蒸汽，进入蒸汽涡轮机输出轴功，带动推进器和辅机转动。乏气经过冷凝器恢复液态，由水泵供入热交换器形成循环。由于反应生成物氟化锂和硫化锂的密度大于金属锂，所以系统无须向外界排放反应产物，该系统的运行几乎不受航行深度的影响。

由于该雷是可变速型鱼雷，对动力系统的控制反映在系统变速和姿态补偿上，故这一任务主要由控制氧化剂——六氟化硫——流量的调节器来完成。

这种热动力系统具备变速功能，结构复杂，能够很好地满足鱼雷大范围内变化航深和航速的要求。同时由于系统与外界之间不进行物质排放，所以没有航迹。该系统是现代鱼雷闭式循环热动力系统的代表作。

1.2.4 某重型鱼雷热动力推进系统

某重型鱼雷是反舰、反潜通用鱼雷。该鱼雷的燃料是 OTTO－Ⅱ单组元燃料；能源供应方式为定量燃料泵 ＋ 流量调节阀式；双速制；发动机为单转摆盘活塞发动机；开式循环系统。

雷外海水经海水泵加压、经过海水减压器后挤代储存于燃料舱中的 OTTO－Ⅱ燃料至燃料泵前，燃料泵为定排量泵，经泵加压后燃料通过流量调节阀，一路溢流回泵前，另一路供入燃烧室。OTTO－Ⅱ在旋转燃烧室内燃烧生成高温高压燃气，通过转阀配气机构供入单转摆盘活塞发动机的 6 个气缸做功，带动推进器和辅机转动，乏气通过推进器内轴与冷却海水混合后排出雷外。

由于该雷是反舰、反潜通用型鱼雷，其航深变化很大，所以系统必须对航深进行补偿；同时该鱼雷还具有两个速制，系统还必须拥有换速功能，这一任务由位于燃料泵和燃烧室之间的流量调节阀来完成，该阀感知雷外海水的压强，通过改变溢流量使得供入燃烧室的推进剂流量与雷外海水压强维持一定的关系，从而维持了发动机输出功率的恒定。流量调节阀有两个工作状态，通过在这两个状态之间的转换，完成发动机的输出功率转换，从而使得鱼雷具备稳速、变速的功能。

这种热动力系统能够基本满足鱼雷大范围内变化航深和航速的要求。但是，泵后的部分高压燃料通过流量调节阀溢流回泵前，造成了功率的浪费，减小了系统的有效输出功率。

与 MK－46 轻型鱼雷一样，由于 OTTO－Ⅱ燃料为贫氧燃料，其燃烧反应并不充分，能量利用率偏低，同时反应产物溶于水、凝于水的成分不多，造成鱼雷的航迹明显。

1.2.5 SPEARFISH 鱼雷热动力推进系统

SPEARFISH 鱼雷是英国开发的重型反舰、反潜通用鱼雷。该鱼雷的燃料是 OTTO－Ⅱ＋HAP(成分为过氯酸羟胺)水溶液 ＋ 海水三组元燃料，能源供应方式为变量燃料泵供式，发动机为燃气涡轮机，开式循环系统。

作为燃烧剂的 OTTO－Ⅱ和作为氧化剂的 HAP 分别储存于各自的燃料舱中，由雷外海水直接挤代进入三组元比例控制器中，同时作为冷却剂的雷外海水也进入三组元比例控制器中。三路组元在此被精确配比为一定比例的混合燃料，经充分混合后供应至燃料泵前。燃料泵为变排量泵，泵后的高压燃料供入燃烧室，生成高温高压燃气，供入燃气涡轮发动机做功，带动推进器和辅机转动，乏气通过推进器内轴与冷却海水混合后排出雷外。

由于该雷是反舰、反潜通用型鱼雷，其航深变化很大，发动机排气压强变化也很大，而且涡轮机对于背压变化较之于活塞机更为敏感，所以系统必须对航深进行补偿。同时该鱼雷还具有多个速制，系统还必须拥有换速功能，这一任务主要由变排量燃料泵来完成。转速控制器控制变排量燃料泵的排量，从而控制了供入燃烧室的推进剂流量，调节发动机的输出功率，使得鱼雷具备稳速、变速功能。

这种热动力系统结构复杂，能够很好地满足鱼雷大范围内变化航深和航速的要求，泵后的燃料无须溢流回泵前，消除了额外的功率消耗。

由于使用了三组元燃料，燃烧反应得以充分进行，能量利用率、鱼雷航程得以极大地提高，同时反应产物不溶于水、不凝于水的成分很少，所以鱼雷的航迹不明显。该系统是现代鱼雷开式循环热动力系统的代表作，代表了目前发展的最高水平。

1.2.6 使用三组元推进剂、闭环控制的活塞发动机开式循环系统

使用活塞发动机替代英国SPEARFISH鱼雷的涡轮发动机，同样使用转速控制器控制变排量燃料泵，从而可以构成闭环控制的活塞发动机系统。与SPEARFISH鱼雷相比较，尽管功率稍小，但对于背压的敏感度减低了。同时，可以借鉴某重型鱼雷燃料的挤代方式，海水经海水泵加压再通过减压阀获得恒定压强，该海水进入燃料舱进行挤代的同时进入比例控制器作为燃烧产物的冷却剂，这样处理后可以改善比例控制器和燃料泵的工作条件。

1.3 闭环控制问题的引出

1.3.1 两类控制方案的对比

鱼雷总体对动力推进系统的期望可以归纳为以下四个方面。

(1)由于降低鱼雷航速可以加大航程、降低航行自噪声、提高制导系统的作用距离和测量精度，而为了迅速捕捉和有效打击目标，又要求提高鱼雷航速，所以在鱼雷的弹道组织方面都采用各种航速相结合的方案，而且要求鱼雷航速的变化范围要尽可能大。

(2)为了对目标潜艇进行有效的攻击，鱼雷航行深度应大于潜艇的最大潜深。现代潜艇的潜深已经非常可观了，因此要求鱼雷的航行深度也要尽可能大。

(3)为了提高命中概率和破坏威力，鱼雷制导规律从传统的以命中目标为目的发展到以垂直命中为目的。如果鱼雷航速具备跟踪时变信号的能力，即无级变速的能力，则可以有效地支持该新型制导规律的实现。

(4)为了实现鱼雷武器的智能化，充分优化弹道，发挥战斗潜力，鱼雷弹道控制系统需要有关燃料剩余量、当前航深下的可能变速范围等计算参量。对于闭环控制系统，动力系统可以方便地提供这些参量，而对于开环控制系统，这些参量只能在系统上位机中进行估计。

使用开式循环的鱼雷热动力推进系统具有以下两个特点：

(1)鱼雷热动力系统的最大输出功率取决于动力系统各元件的受力极限，而该受力极限主要取决于航速和航深两个因素。因此在浅水情况下航速可以更快，而只要不影响气缸进气过程、不出现过膨胀现象，在低速情况下航深可以更大。

(2)鱼雷热动力系统的最小输出功率取决于燃烧室的最小允许燃烧压强或最小允许进气压强(该进气压强应保证乏气压缩过程终止时的压强不超过进气压强,同时保证不出现过膨胀现象),而燃烧室最小允许燃烧压强限制也主要取决于航速和航深两个因素,因此只要不影响气缸进气过程、不出现过膨胀现象,在深水情况下航速可以更低。

从理论和实践的角度来看,对航深进行补偿的开环控制策略仅将鱼雷航速限制在有限的两个或三个航速上,这种策略有下述缺陷:

(1)它割裂了航速与航深之间的制约关系,造成了动力系统潜力发挥不足,鱼雷航速的变化范围并不是很大,主要表现为浅水情况下高速潜力未得到发挥。

(2)由于系统不具备无级变速能力,垂直命中的新型制导规律只能近似实现,武器效能大打折扣。

(3)系统仅采用机械液压控制方式,无法为上位机提供优化弹道所需的各种信息参量。

(4)由于使用燃料泵后加溢流阀的方式,造成燃料泵消耗功率加大,额外牺牲了宝贵的输出功率(此损耗的功率甚至可与实际需求值相比拟)。

(5)在使用新型多组元推进剂时,推进剂的化学特性不允许推进剂在燃料泵内进行多次的挤压研磨循环,溢流方案会造成安全隐患。

(6)新型推进剂中有不利于液压阀灵敏动作的组分,可能造成控制失效。

(7)采用开环控制方案,控制的稳态精度不易保证、动态品质不易调整。因此,尽管这种方案拥有系统构成简单、使用传统推进剂时运行可靠等优点,但它已经不能使鱼雷武器的作战效能进一步提高了。

1.3.2 闭环控制对于鱼雷命中概率提高的贡献

影响自导鱼雷命中概率的因素很多,从发射平台对目标方位、运动要素的测量、估计精度,中间搜索弹道形式的安排,鱼雷发现目标的能力,到进入跟踪弹道后鱼雷对目标运动要素的测量和估计能力、鱼雷的机动能力、制导规律的组织以及目标的对抗措施等,每一个环节都影响着鱼雷的命中精度。应该指出,任何一种自导武器的制导规律研究都不是孤立的,至少它受制于自导武器对目标运动要素的测量能力以及武器本身的运动特性。

由于目标舰(艇)在正横方向的尺度最大,所以对目标实施大命中角攻击可以有效地提高攻击的命中概率,并且由于实施大命中角攻击可以安排定向聚能爆炸技术,故而能够提高鱼雷武器的打击威力。然而,实施大命中角攻击是困难的,和经典的以命中点目标为目的的制导规律比较起来,它要求在保证命中(追、逃双方的相对位置为零)的同时,还要保证以大命中角相遇(双方速度矢量的夹角尽量向90°靠近)。

法国的轻型鱼雷“海鳝”具备垂直攻击的能力,它的典型弹道如图1.1所示。其导引方法可分成三个阶段:尾追导引段 ab、平行航行段 bd 以及程序段 df。实现这种弹道需要确定目标的航向和航速。显然这种制导组织形式不利于在目标前半球发起迎击,同时鱼雷本身还必须装备侧视声呐,系统构成更加复杂。

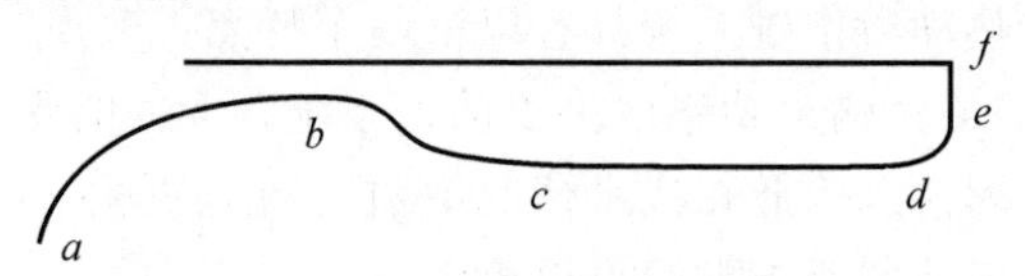

图1.1 “海鳝”鱼雷垂直命中弹道

国内在这方面的研究还未发展到应用阶段，而且目前自导鱼雷还没有将弹道切线方向的速度、加速度控制引入制导规律的设计中。而从常识上讲，速度可变必将促进自导武器机动性能的提高，而将航速控制引入制导规律的设计是可能的。这是因为：

(1)鱼雷攻击主要发生在一个平面内，即在水平面内进行，不会发生两个平面内导引机动要求矛盾的现象。反舰鱼雷仅在水平面内进行导引，而反潜鱼雷在纵平面内可使用经典的追踪法进行导引(目标的深度变化相对于鱼雷的深度变化迟缓得多，对于攻击这种近似固定的目标，以攻击时间最短为性能指标的最优导引律恰好是追踪法)。该导引方法并不需要控制速度，而且由于在导引段弹道内弹道倾角一般不会很大，通过对实际航速进行按弹道倾角的修正，在水平面内给出制导律期望的速度或加速度投影是可能的。

(2)对鱼雷进行无级调速也并非难事，构成闭环控制系统，通过对发动机结构的合理设计，鱼雷的航速可以在较大范围内调整。

(3)通过安排合理的测量元件和算法，可以对航行加速度、速度进行估计。

可以想象，对弹道法向及切向同时进行控制，或以切向控制作为法向控制的辅助手段，可以提高鱼雷的机动能力，从而提高鱼雷武器的作战效能。这里给出两个直观的例子。

例1.1　如图1.2所示，曲线1及曲线2是以追踪法攻击匀速直航目标的两条理论临界相对弹道。这两条弹道的最大需用过载等于鱼雷的可用过载。其中，曲线1的速比为A，曲线2的速比为B，且$A<B$，A、B均大于1而小于2。显然，发生于临界相对弹道之右的攻击其可用过载小于需用过载，在理论上不可能命中点目标，即对于曲线3，如果全航程都使用速比B，在理论上无法命中点目标。但是，如果以速比B航行至曲线1与曲线2之间的某点，该点的需用过载不大于其可用过载，再将速比降低至A，则可以命中点目标。这样，既保证了攻击的快速性，又保证了攻击的准确性。

例1.2　如图1.3所示，直线1,2,3,4是以平行接近法攻击匀速直航目标的四条弹道。其中，直线1,2为追击方式，直线3,4为迎击方式，它们形成的命中角分别为a,b,c,d。弹道1,3的速比分别小于弹道2,4的速比。从这里可以看出，在较大范围内，追击时使用高速、迎击时使用低速可以获得较大的命中角，从而可获得较大的命中概率。

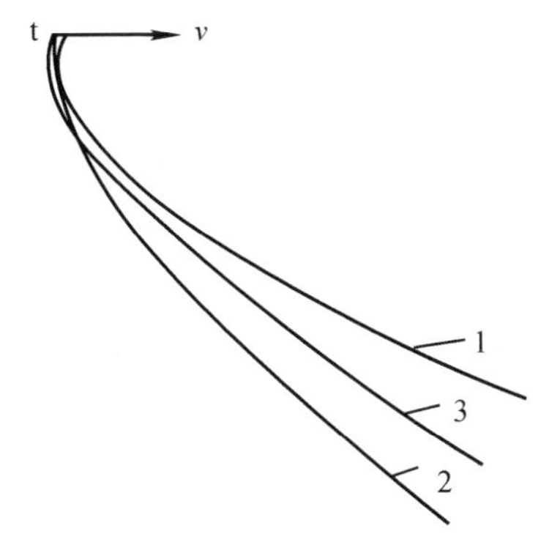

图1.2　追踪法理论临界相对弹道

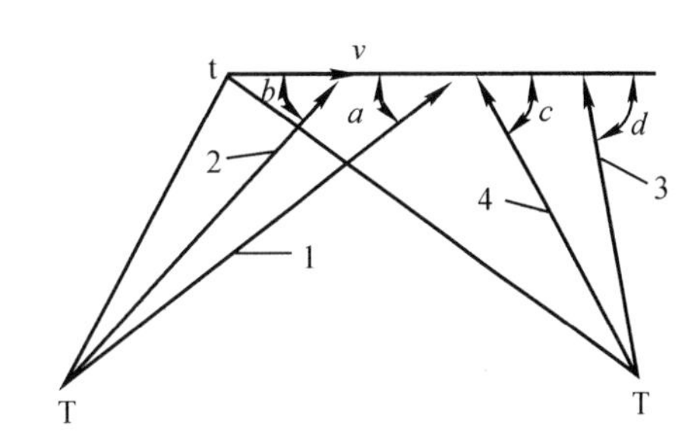

图1.3　平行接近法对比弹道

从这里可以看出，通过调整航速确实可以增大自导武器攻击的命中角，同时提高命中概率。于是可以想象，将航速控制引入制导规律的设计，在弹道法线方向进行控制的同时，辅助以切线方向的控制，能够获得较大的命中角，从而可以提高其命中概率。

1.4 本书的内容安排和目的

总体而言，由于鱼雷航深对于电动力系统工作性能的影响不大，其控制的核心是电机的调速问题，无论是串激电机还是永磁电机，解决调速问题的途径主要都是调节推进电机的供电电压。大功率开关器件的高速发展为鱼雷电动力系统的调节提供了物质基础，鱼雷电动力系统的控制问题不难解决。有兴趣的读者可以参阅直流电机和永磁电机调速方面的研究成果，并充分考虑推进系统的负载特性即可，这方面的文献也相当丰富。

对于鱼雷热动力系统（尤其是广泛使用的开式循环鱼雷热动力系统）而言，其工作性能受到航行深度的影响极大，为了有效地打击现代潜艇，鱼雷的航深指标不断地加大；同时为了加大航程、提高隐蔽性和自导系统的工作性能，热动力鱼雷还必须拥有大范围内变速的功能。因此，针对开式循环鱼雷热动力系统的控制问题显得越来越重要。

鱼雷热动力系统的控制问题包括稳定航速、航速转换和系统安全保护等几个方面。由于鱼雷热动力系统的特殊性，目前关于这方面的专著、文献还不多。本书将国内研究机构和笔者的研究成果进行总结，主要针对使用筒型活塞发动机的开式循环鱼雷热动力系统的控制问题展开讨论，介绍鱼雷开式循环热动力推进系统的工作机理和数学模型、对航深进行补偿的开环控制方法、对转速进行反馈的闭环控制方法以及闭环控制的硬件实现等内容，另外，对于开式循环涡轮机系统的控制问题也做了简要介绍。本书介绍的方法对于鱼雷电动力系统、鱼雷闭式循环热动力系统等的控制问题也有借鉴意义。

第2章　开式循环鱼雷热动力推进系统工作机理和数学模型

本章针对使用泵供式、活塞发动机的开式循环鱼雷热动力推进系统展开讨论，着重描述其各个部分（包括辅机、燃烧室、主机、推进器、雷体运动等）的工作机理，建立系统的机理模型，为从系统的角度认识和分析该研究对象奠定基础。该模型是控制系统设计所面向的对象，也是仿真研究的计算模型框架。本章主要内容共7节，分别介绍辅机的吸收转矩、燃烧室压强动态方程、主机输出转矩和工质秒耗量、推进器特件、雷体运动方程，首先形成鱼雷热动力推进系统的机理模型，然后介绍根据试验数据对于机理模型重要参数进行整定的方法，最终形成可供数字仿真计算的系统数学模型。

鱼雷热动力推进系统机理模型的建立遵循以下基本思路：

（1）鱼雷航速的时间导数由推进器推力、鱼雷航行阻力、负浮力三个力在鱼雷速度轴上的投影以及鱼雷质量决定。推进器推力由鱼雷航速、发动机转速决定；航行阻力由航速决定；负浮力在鱼雷速度轴上的投影由负浮力、弹道倾角决定。其中，负浮力、弹道倾角为系统外部输入变量。为了求解该动态方程，应先求解发动机转速动态方程。

（2）发动机转速的时间导数由发动机输出力矩、推进器和辅机的吸收力矩之和及系统折合转动惯量决定。推进器吸收转矩由转速、航速决定；辅机的吸收力矩由转速、燃料泵压强差决定；发动机输出力矩由气缸进气压强、排气压强两项决定。排气压强主要由航行深度决定；进气压强、燃料泵压强差主要由燃烧室压强决定。为了求解该动态方程，应先求解航行深度以及燃烧室压强动态方程。

（3）航行深度的时间导数由航速、弹道倾角决定。

（4）燃烧室压强的时间导数由输入燃烧室的推进剂质量流量、发动机工质秒耗量决定。

因此，整个热动力推进系统的机理模型由四个一阶微分方程构成。

2.1　辅机的机理模型

鱼雷热动力推进系统的辅机包括燃料泵、发电机、海水泵、滑油泵等安装于发动机隔板上的组件。它们是动力系统的辅助设备，担负着为系统供应燃料、为全雷供电、燃料挤代、高温部件冷却、提供润滑等功能。它们由发动机的功率输出轴通过齿轮变速机构带动，消耗发动机输出功率的一小部分，与推进器一同构成发动机的负载。本节着重介绍它们的转矩负载特性。

2.1.1　滑油泵

滑油泵为发动机等运动部件提供润滑油。

滑油泵自油池中吸取润滑油，加压后进入各运动部件进行润滑，同时压强逐步下降，润滑油的一部分被消耗，其余部分回流至油池。润滑油自滑油泵回至油池的流动是压强逐步下降的过程，其压强损失由一系列的沿程损失和局部损失构成，显然这些压强损失都近似与润滑油流动速度的二次方或者其流量的二次方成正比。滑油泵是定量泵，若不考虑泵容积效率的变化，其输出流量近似与其转速成正比；而滑油泵由发动机通过齿轮变速机构带动，故其输出流量与发动机转速成正比。因此，润滑油自滑油泵回至油池的压强损失或泵前、后的压差近似与发动机转速的二次方成正比。

若不考虑泵机械效率、容积效率的变化，液压泵的输入功率近似正比于泵前、后的压差与流量的积。由以上分析可知：滑油泵的输入功率近似正比于发动机转速的三次方，而液压泵的输入功率又正比于吸收转矩与转速之积，因此滑油泵的吸收转矩近似正比于发动机转速的二次方。具体描述如下。

润滑油的压强损失：

$$\Delta p_{o} \propto \dot{m}_{o}^{2} \tag{2.1}$$

式中：Δp_{o}—— 润滑油从泵回至油池的压强损失或泵后、泵前的压强差；

$\dot{m}_{o}$—— 滑油泵的流量。

滑油泵输出流量：

$$\dot{m}_{o} \propto n \tag{2.2}$$

式中：n—— 发动机转速，r/s。

滑油泵的吸收功率：

$$N_{o} \propto \Delta p_{o} \dot{m}_{o} \tag{2.3}$$

式中：N_{o}—— 滑油泵的吸收功率。

显然，滑油泵吸收的发动机转矩：

$$M_{o} \propto n^{2} \tag{2.4}$$

式中：M_{o}—— 滑油泵吸收的发动机转矩，即滑油泵吸收转矩折合到发动机输出轴上的转矩。

式(2.4) 也可描述为

$$M_{o} \approx C_{o} n^{2} \tag{2.5}$$

式中：C_{o}—— 正值常数，可由沿程阻力因数、局部阻力因数、润滑油密度、滑油泵(定量泵) 排量、容积效率、机械效率、发动机传动至滑油泵的变速比等参数得出。

式(2.5) 为滑油泵的近似转矩负载特性。

2.1.2 海水泵

海水泵为发动机、燃烧室等部件提供冷却，在某些系统中海水泵排出的带压海水还被用来挤代推进剂。在三组元推进剂系统中，海水是组成三路推进剂组元的一路，作为燃烧产物的冷却剂供入燃烧室以降低燃烧产物的温度。在这些用途中，海水作为发动机、燃烧室等部件的冷却液是它的主要用途。它占据了海水泵流量的大部分，这些海水在发动机内轴内与发动机的排气相混合并经由雷体尾部排出雷外。

海水泵自雷外吸取海水，加压后进入不同的使用部件，同时压强逐步下降。类似于润滑油的流动，它的压强损失也由一系列的沿程损失和局部损失构成，这些压强损失也都近似与海水流量的二次方成正比。海水泵也是定量泵，若不考虑泵容积效率的变化，其输出流量近似与转速成正比，而海水泵同样由发动机通过齿轮变速机构带动，故其输出流量与发动机转速成正比。因此，海水自海水泵后至雷外的压强损失也近似与发动机转速的二次方成正比。

若不考虑泵机械效率、容积效率的变化，液压泵的输入功率近似正比于泵的压差与流量的积，由以上分析可知，海水泵的输入功率也近似正比于发动机转速的三次方，而其吸收转矩近似正比于发动机转速的二次方。具体描述如下。

海水的压强损失：

$$\Delta p_w \propto \dot{m}_w^2 \tag{2.6}$$

式中：Δp_w—— 海水从泵后至雷外的压强损失或泵后、泵前的压强差；

$\dot{m}_w$—— 海水泵的流量。

海水泵输出流量：

$$\dot{m}_w \propto n \tag{2.7}$$

海水泵的吸收功率：

$$N_w \propto \Delta p_w \dot{m}_w$$

$$N_w \propto n^3 \tag{2.8}$$

式中：N_w—— 海水泵的吸收功率。

海水泵吸收的发动机转矩：

$$M_w \propto n^2 \tag{2.9}$$

式中：M_w—— 海水泵吸收的发动机转矩。

式(2.9) 也可描述为

$$M_w \approx C_w n^2 \tag{2.10}$$

式中：C_w—— 正值常数，可由沿程阻力因数、局部阻力因数、海水密度、海水泵排量、容积效率、机械效率、发动机传动至海水泵的变速比等参数得出。

式(2.10) 为海水泵的近似转矩负载特性。

2.1.3　发电机

发电机为全雷的用电设备供电。

一般鱼雷用的发电机为中频发电机，其输出功率是由其供电的用电器负载决定的，而全雷用电器的用电功率并不随动力推进系统的工况变化而发生过大的变化，因此发电机的输出功率可近似认为是常数。若不考虑发电机的效率变化，则发电机的输入功率也可近似认为是常数。由于发电机的输入功率正比于吸收转矩与转速之积，那么发电机的吸收转矩就可以近似认为与发动机转速成反比。具体描述如下。

发电机的吸收功率：

$$N_g \approx C'_g \tag{2.11}$$

式中：N_g—— 发电机的吸收功率；

C'_g—— 正值常数。

发电机吸收的发动机转矩：

$$M_g \approx \frac{C_g}{n} \tag{2.12}$$

式中：M_g—— 发电机吸收的发动机转矩；

C_g—— 正值常数，$C_g = C'_g/2\pi$。

式(2.12) 为发电机的近似转矩负载特性。

2.1.4 燃料泵

燃料泵是鱼雷热动力能源供应系统的核心，它为发动机提供推进剂。燃料泵有多种不同的工作环境，在不同的能源供应系统中，对应不同的泵前、泵后压强以及排量情况，应分别予以讨论。

对于MK-46鱼雷，其OTTO-Ⅱ燃料储存于燃料舱中，液态二氧化碳储存于挤代高压气瓶中，液态二氧化碳气化后形成的带压气体 —— 二氧化碳 —— 作为挤代气，通过减压机构，将OTTO-Ⅱ燃料挤至燃料泵前，泵前压强近似等于燃料舱的挤代压强，在整个航程中基本为常值。该燃料泵为定排量泵。泵后的高压燃料通过压强调节阀，一路溢流回泵前，另一路供入燃烧室。泵后压强近似等于燃烧室喷嘴前的压强。

燃料泵的输出流量：

$$\dot{m}_{bf} \propto n \tag{2.13}$$

式中：$\dot{m}_{bf}$—— 燃料泵的输出流量。

燃料泵的吸收功率：

$$N_f \propto \Delta p_f \dot{m}_{bf}$$

$$N_f \propto \Delta p_f n \tag{2.14}$$

式中：N_f—— 燃料泵的吸收功率；

Δp_f—— 泵提供的压差，它表述为

$$\Delta p_f = p_{bo} - p_{bi} \tag{2.15}$$

式中：p_{bo}—— 泵后压强，为压强调节阀的进口压强，也近似等于燃烧室喷嘴前的压强；

p_{bi}—— 泵前压强，近似为二氧化碳自高压气瓶通过减压器而进入OTTO-Ⅱ燃料舱的挤代压强。

因此，燃料泵吸收的发动机转矩为

$$M_f \propto \Delta p_f \tag{2.16}$$

式中：M_f—— 燃料泵吸收的发动机转矩。

式(2.16) 也可描述为

$$M_f \approx C_f \Delta p_f \tag{2.17}$$

式中：C_f—— 正值常数，可由燃料泵(定量泵) 排量、容积效率、机械效率、发动机传动至燃料泵的变速比、燃料密度等得出。

式(2.17) 为该燃料泵的近似转矩负载特性。

对于某重型鱼雷，其雷外海水经海水泵加压，通过减压阀后挤代储存于燃料舱中的OTTO-Ⅱ燃料至燃料泵前。燃料泵为定排量泵。经泵加压后燃料通过流量调节阀，一路溢流回泵前；另一路供入燃烧室。泵后的压强大于燃烧室喷嘴前的压强，该压强差由流量调节阀消耗。其燃料泵的负载特性仍由式(2.17) 近似描述。只是式(2.15) 中的泵前压强 p_{bi}，近似为泵后海水通过减压器进入OTTO-Ⅱ燃料舱的压强，在整个航程中基本为常值；泵后压强 p_{bo}，为流量调节阀的进口压强。

对于使用变量燃料泵构成转速闭环控制的鱼雷，如SPEARFISH鱼雷，它使用三组元燃

料。其雷外海水直接进入两个燃料储舱，OTTO－Ⅱ 和 HAP 水溶液被该海水挤代，连同另外一路海水进入三组元比例控制器中。在此，三路组元被按照一定的比例均匀混合，并到达燃料泵前，泵前压强主要决定于航深。燃料泵为变排量柱塞泵，其排量由系统功率控制单元控制，如不考虑泵容积效率的变化，其排量近似比例于斜盘泵角的正切值。经泵加压后三组元燃料供入燃烧室，泵后压强约等于燃烧室喷嘴前的压强。

燃料泵的输出流量：

$$\dot{m}_{bf} \propto n\tan\alpha \tag{2.18}$$

式中：α—— 斜盘泵角。

式(2.18) 也可写成为

$$\dot{m}_{bf} \approx C_{mf} n\tan\alpha \tag{2.19}$$

式中：C_{mf}—— 正值常数，可由燃料泵容积效率、燃料泵的结构参数、燃料密度等得出。

燃料泵的吸收功率：

$$\begin{aligned} N_f &\propto \Delta p_f \dot{m}_{bf} \\ N_f &\propto \Delta p_f n\tan\alpha \end{aligned} \tag{2.20}$$

式中，泵提供的压差 Δp_f 表述为

$$\Delta p_f = p_{bo} - p_{bi} \tag{2.21}$$

式中：p_{bi}—— 泵前压强，近似为雷外海水的静压强；

p_{bo}—— 泵后压强，近似为燃烧室喷嘴前的压强。

因此燃料泵吸收的发动机转矩为

$$M_f \propto \Delta p_f \tan\alpha \tag{2.22}$$

式(2.22) 也可描述为

$$M_f \approx C_f \Delta p_f \tan\alpha \tag{2.23}$$

式中：C_f—— 正值常数，可由燃料泵容积效率、机械效率、发动机传动至燃料泵的变速比、燃料密度、燃料泵的结构参数等得出。

式(2.23) 为该燃料泵的近似转矩负载特性。

2.2　燃烧室的机理模型

本节介绍燃烧室的数学模型。在系统的点火启动过程中，液体燃料与固体点火药柱共同燃烧，火药柱燃烧完毕后，进入液体燃料单独燃烧。在此不描述点火过程，仅分析液体燃料单独燃烧的过程。

燃烧室内的燃气状态可由完全气体状态方程描述，即

$$p_c V_c = m_f R T_c \tag{2.24}$$

式中：p_c —— 燃烧室内的压强；

T_c —— 燃烧室内的温度；

V_c —— 燃烧室内的容积；

m_f —— 燃烧室内的燃气质量；

R —— 燃气气体常数。

将式(2.24) 对时间求导数，得

$$\frac{\mathrm{d}m_{\mathrm{f}}}{\mathrm{d}t}=\frac{V_{\mathrm{c}}}{RT_{\mathrm{c}}}\left(\frac{\partial p_{\mathrm{c}}}{\partial t}-\frac{p_{\mathrm{c}}}{T_{\mathrm{c}}}\frac{\partial T_{\mathrm{c}}}{\partial t}\right) \tag{2.25}$$

尽管燃料的燃烧温度与燃烧室压强有关，但是在推进剂各组分(燃烧剂、氧化剂和冷却剂)配比不变的情况下，燃烧温度的变化幅度不大，可认为燃烧室温度恒定，式(2.25)可变形为

$$\dot{p}_{\mathrm{c}}=\frac{RT_{\mathrm{c}}}{V_{\mathrm{c}}}\dot{m}_{\mathrm{f}} \tag{2.26}$$

式中：$\dot{m}_{\mathrm{f}}$—— 燃烧室内的燃气质量变化率，考虑到液体燃料气化燃烧的过程很快，$\dot{m}_{\mathrm{f}}$ 应是进、出燃烧室的燃料质量流量之差，即

$$\dot{m}_{\mathrm{f}}=\dot{m}_{\mathrm{fi}}-\dot{m}_{\mathrm{fo}} \tag{2.27}$$

式中：$\dot{m}_{\mathrm{fo}}$ —— 流出燃烧室的推进剂流量，即发动机的工质秒耗量；

$\dot{m}_{\mathrm{fi}}$ —— 供入燃烧室的推进剂流量。

在 MK-46 鱼雷中，$\dot{m}_{\mathrm{fi}}$ 是压强调节阀的输出流量；在某重型鱼雷中，它是流量调节阀的输出流量；而在使用变量燃料泵构成转速闭环控制的鱼雷中，它是变量燃料泵的输出流量。

综合式(2.26)、式(2.27)，得

$$\dot{p}_{\mathrm{c}}=\frac{RT_{\mathrm{c}}}{V_{\mathrm{c}}}(\dot{m}_{\mathrm{fi}}-\dot{m}_{\mathrm{fo}}) \tag{2.28}$$

如果考虑液体燃料气化燃烧的过程，则可在式(2.28)的基础上增加一个延迟环节。由于燃料气化燃烧过程受到燃烧室压强的影响，故该延迟时间是燃烧室压强的函数。

液体燃料进入燃烧室时，一般要通过安装于燃烧室头部的单向阀、喷嘴等节流部件，单向阀是为了防止燃气回流，是一个安全装置；喷嘴将液态燃料雾化，形成细小的液体雾滴喷入燃烧室以利于燃料气化燃烧。这些节流装置造成了燃料的压强损失，因此燃烧室外液体燃料的压强高于燃烧室内燃气的压强，该差值与推进剂流量、节流环节的流量-压强差特性有关。该压强差值反应在系统特性上主要影响燃料泵的吸收功率，同时在以压强调节阀或流量调节阀构成的开环控制系统中需要对阀后的压强进行修正。

2.3 主机的机理模型

本节介绍应用于开式循环的外燃活塞式发动机的机理模型，介绍其输出转矩、工质秒耗量的分析方法。

2.3.1 发动机的输出转矩

发动机示功图是研究系统特性的基础，其理论示功图(见图 2.1)更能揭示系统的本质。示功图的横轴是气缸容积，纵轴是气缸内的压强。对于一个结构已经确定的发动机，其理论示功图的形状就将由进气压强 p_1 和排气压强 p_4 决定。

由于燃气自燃烧室通过配气机构进入气缸时存在压强损失，所以 p_1 略低于燃烧室内压强 p_{c}。对于现代鱼雷普遍使用的转阀配气机构，p_1 约为 p_{c} 的 99%，在针对控制问题的系统模型中可近似认为 p_{c} 与 p_1 之间为比例关系。

理论示功图(见图 2.1)中过程 1～2 描述进气过程，停气点压强 p_2 低于进气压强 p_1，二者

之间的关系由进气压降因数 α 描述，即

$$p_2 = \alpha p_1 \tag{2.29}$$

压降因数 α 与气缸充填因数 ξ 之间存在如下关系：

$$\alpha = \left(1 - \frac{1-\xi}{1+\dfrac{\varepsilon_0}{\varepsilon_1}}\right)^k \tag{2.30}$$

式中：ε_0—— 余隙容积比；

ε_1—— 进气比；

k—— 工质比热比。

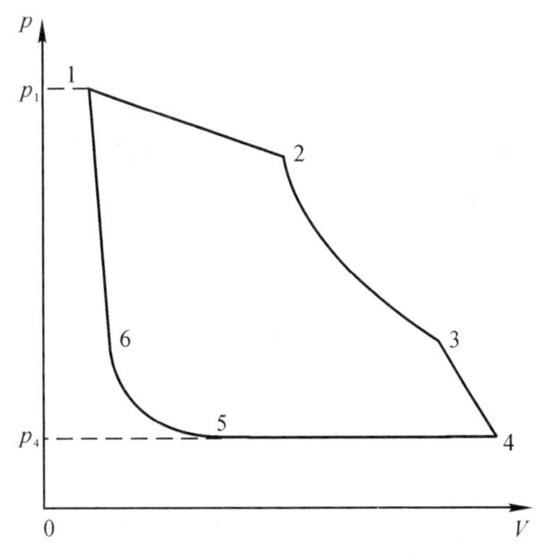

图 2.1　发动机理论示功图

过程 2 ～ 3 为膨胀过程，可认为是等熵过程，p_3 表示膨胀过程结束时的压强；过程 3 ～ 4 为提前排气过程，理论示功图用直线来描述，p_4 表示排气压强；过程 4 ～ 5 为排气过程，用直线来描述；过程 5 ～ 6 为废气压缩过程，可认为是等熵过程，p_6 表示废气压缩过程结束时的压强；过程 6 ～ 1 为提前进气过程，用直线来描述。

由于发动机排气系统存在压强损失，故排气压强 p_4 大于排气系统出口处的海水背压，考虑到雷体表面的压强分布规律，具体描述为

$$p_4 = p_0 + 0.5\rho_w v^2 + \Delta p_4 \tag{2.31}$$

式中：ρ_w —— 海水密度；

v —— 鱼雷航速；

Δp_4—— 排气系统压强损失，影响 Δp_4 的因素较多，诸如配气机构的结构和尺寸，排气管的长度和孔径，乏气的流量、成分及状态参数，以及有无排气单向阀等，因此该数值一般由实验测定；

p_0—— 鱼雷航深处的海水静压强。

$p_0 + 0.5\rho_w v^2$ 近似为鱼雷尾端排气口处的海水压强。实际上，由于鱼雷尾部速度边界层的存在，该处压强小于这个数值，其值分布在 p_0 与 $p_0 + 0.5\rho_w v^2$ 之间。

对于反舰兼反潜的通用型鱼雷，当其运行于浅航深时，排气系统出口处喉部截面流动可能处于临界状态，此时的航行深度成为临界航深。在小于临界航深的范围内，气缸排气压强与航深无关而成为常数，但该临界航深并不大；当航深大于临界航深时，由航行深度决定的海水静压 p_0 成为式(2.31) 等号右侧的主要部分。它表示为

$$p_0 = p_a + \rho_w g y \tag{2.32}$$

式中：p_a —— 海平面大气压强；

g —— 重力加速度；

y —— 鱼雷航深。

根据理论示功图，在 6 个假设过程的基础上，计算理论示功图的包围面积，可得单个气缸的理论循环功。在利用进气压降因数 α 绘制的理论示功图中，其理论循环功可表示如下：

$$W_{it} = V_e\left[\left(\frac{1+\alpha}{2}\varepsilon_1 - \frac{\varepsilon_6}{2}\right)p_1 + \frac{\varepsilon_0+\varepsilon_1}{k-1}\left(1 - \frac{p_3}{\alpha p_1}\frac{\varepsilon_0+1-\varepsilon_3}{\varepsilon_0+\varepsilon_1}\right)\times\right.$$

$$\alpha p_1 + \frac{\varepsilon_3}{2} p_3 - \left(1 - \varepsilon_6 - \varepsilon_5 - \frac{\varepsilon_3}{2}\right) p_4 - \frac{\varepsilon_0 + \varepsilon_6 + \varepsilon_5}{k-1} \times$$
$$\left(\frac{p_6}{p_4} \frac{\varepsilon_0 + \varepsilon_6}{\varepsilon_0 + \varepsilon_6 + \varepsilon_5} - 1\right) p_4 - \frac{\varepsilon_6}{2} p_6 \Big] \tag{2.33}$$

式中：W_{it} —— 单个气缸的理论循环功；

V_e —— 气缸有效容积；

ε_3 —— 提前排气比；

ε_5 —— 压缩比；

ε_6 —— 提前进气比。

从理论示功图看出，膨胀过程和压缩过程均为等熵过程，故有

$$\alpha p_1 [(\varepsilon_0 + \varepsilon_1) V_e]^k = p_3 [(\varepsilon_0 + 1 - \varepsilon_3) V_e]^k \tag{2.34}$$

$$p_4 [(\varepsilon_0 + \varepsilon_6 + \varepsilon_5) V_e]^k = p_6 [(\varepsilon_0 + \varepsilon_6) V_e]^k \tag{2.35}$$

由式(2.34) 和式(2.35)，可得

$$p_3 = \left(\frac{\varepsilon_0 + \varepsilon_1}{\varepsilon_0 + 1 - \varepsilon_3}\right)^k \alpha p_1 \tag{2.36}$$

$$p_6 = \left(\frac{\varepsilon_0 + \varepsilon_6 + \varepsilon_5}{\varepsilon_0 + \varepsilon_6}\right)^k p_4 \tag{2.37}$$

代入 W_{it} 的表达式[见式(2.33)]，经整理得到

$$W_{it} = V_e \left\{ \frac{1+\alpha}{2} \varepsilon_1 - \frac{\varepsilon_6}{2} + \frac{\alpha(\varepsilon_0 + \varepsilon_1)}{k-1} \left[1 - \left(\frac{\varepsilon_0 + \varepsilon_1}{\varepsilon_0 + 1 - \varepsilon_3}\right)^{k-1}\right] + \right.$$
$$\left. \frac{\alpha \varepsilon_3}{2} \left(\frac{\varepsilon_0 + \varepsilon_1}{\varepsilon_0 + 1 - \varepsilon_3}\right)^k \right\} p_1 - V_e \left\{ 1 - \varepsilon_6 - \varepsilon_5 - \frac{\varepsilon_3}{2} + \right.$$
$$\frac{\varepsilon_0 + \varepsilon_6 + \varepsilon_5}{k-1} \left[\left(\frac{\varepsilon_0 + \varepsilon_6 + \varepsilon_5}{\varepsilon_0 + \varepsilon_6}\right)^{k-1} - 1\right] +$$
$$\left. \frac{\varepsilon_6}{2} \left(\frac{\varepsilon_0 + \varepsilon_6 + \varepsilon_5}{\varepsilon_0 + \varepsilon_6}\right)^k \right\} p_4 \tag{2.38}$$

理论指示功就可表示成

$$W_{it} = (A p_1 - B p_4) V_e \tag{2.39}$$

式中：A，B—— 正值常数，可分别描述为

$$A = \frac{1+\alpha}{2} \varepsilon_1 - \frac{\varepsilon_6}{2} + \frac{\alpha(\varepsilon_0 + \varepsilon_1)}{k-1} \left[1 - \left(\frac{\varepsilon_0 + \varepsilon_1}{\varepsilon_0 + 1 - \varepsilon_3}\right)^{k-1}\right] +$$
$$\frac{\alpha \varepsilon_3}{2} \left(\frac{\varepsilon_0 + \varepsilon_1}{\varepsilon_0 + 1 - \varepsilon_3}\right)^k \tag{2.40}$$

$$B = 1 - \varepsilon_6 - \varepsilon_5 - \frac{\varepsilon_3}{2} + \frac{\varepsilon_0 + \varepsilon_6 + \varepsilon_5}{k-1} \left[\left(\frac{\varepsilon_0 + \varepsilon_6 + \varepsilon_5}{\varepsilon_0 + \varepsilon_6}\right)^{k-1} - 1\right] +$$
$$\frac{\varepsilon_6}{2} \left(\frac{\varepsilon_0 + \varepsilon_6 + \varepsilon_5}{\varepsilon_0 + \varepsilon_6}\right)^k \tag{2.41}$$

由式(2.39)，考虑理论示功图的丰满系数 f、机械效率 η_e，可得发动机的输出功率为

$$N_e = C'_e (A p_1 - B p_4) n \tag{2.42}$$

式中：N_e —— 发动机的输出功率；

C'_e—— 正值常数,其表达式为

$$C'_e = i_e z_e V_e f \eta_e \tag{2.43}$$

式中:z_e —— 发动机的气缸数目;

i_e —— 发动机每转一周各个气缸的工作循环数,发动机单轴输出时,主轴旋转一周即为发动机转动一周,而发动机双轴输出时,内外轴相对旋转一周即为发动机转动一周。

由式(2.42)得到发动机的输出转矩为

$$M_e = C_e(Ap_1 - Bp_4) \tag{2.44}$$

式中:C_e—— 正值常数,其表达式为

$$C_e = \frac{i_e z_e V_e f \eta_e}{2\pi} \tag{2.45}$$

2.3.2　发动机的工质秒耗量

根据发动机的理论示功图,计算进气过程结束时和压缩过程丌始时两个状态下的气缸中气体的质量差,考虑余隙容积的影响,可以得到其工质秒耗量的理论值。

参阅理论示功图,设进气过程结束时一个气缸中工质气体的质量为 m',则

$$m' = \frac{p_1}{RT_1}(\varepsilon_0 + \xi \varepsilon_1)V_e \tag{2.46}$$

式中,填充因数 ξ 可以表示为

$$\xi = 1 - \left(1 + \frac{\varepsilon_0}{\varepsilon_1}\right)(1 \quad \alpha^{\frac{1}{k}}) \tag{2.47}$$

其值根据已知的 α,ε_0,ε_1 和 k 计算得到。此外,又设压缩过程开始时一个气缸中工质气体的质量为 m'',则

$$m'' = \frac{p_4}{RT_4}(\varepsilon_0 + \varepsilon_6 + \varepsilon_5)V_e \tag{2.48}$$

因此,进行一次工作循环每个气缸消耗的工质为

$$m = m' - m'' = \frac{p_1}{RT_1}\xi \varepsilon_1 V_e\left(1 + \frac{\varepsilon_0}{\xi \varepsilon_1} - \frac{p_4 T_1}{p_1 T_4}\frac{\varepsilon_0 + \varepsilon_6 + \varepsilon_5}{\xi \varepsilon_1}\right) \tag{2.49}$$

在气缸提前排气过程中,因气缸和废气室之间存在压差,故经膨胀后的工质有一部分迅速地自气缸流入废气室。同时,气缸中剩余工质进行再膨胀,压强由 p_3 下降到气缸排气压强 p_4。假设上述再膨胀过程也简化为等熵过程,即

$$\frac{T_1}{T_4} = \frac{T_1}{T_3}\frac{T_3}{T_4} = \left(\frac{p_1}{p_4}\right)^{\frac{k-1}{k}} \tag{2.50}$$

式中,温度 T 的下标对应示功图中的各个状态。

将式(2.50)代入式(2.49),可得

$$m = \frac{p_1}{RT_1}\xi \varepsilon_1 V_e\left\{1 + \frac{\varepsilon_0}{\xi \varepsilon_1}\left[1 - \left(\frac{p_4}{p_1}\right)^{\frac{1}{k}}\frac{\varepsilon_0 + \varepsilon_6 + \varepsilon_5}{\varepsilon_0}\right]\right\} \tag{2.51}$$

根据每个气缸每一个工作循环的工质秒耗量,可以导出在发动机中进行热功转换的工质秒耗量,即

$$\dot{m}'_{\text{fo}}=\frac{i_{\text{e}}z_{\text{e}}\xi\,\varepsilon_1 V_{\text{e}}}{RT_{\text{c}}}\left\{1+\frac{\varepsilon_0}{\varepsilon_1\xi}\left[1-\left(\frac{p_4}{p_1}\right)^{\frac{1}{k}}\frac{\varepsilon_0+\varepsilon_6+\varepsilon_5}{\varepsilon_0}\right]\right\}p_1 n \tag{2.52}$$

考虑到各个机构的气体泄漏量、燃烧不完全、气体向气缸壁的散热等因素，实际发动机的工质秒耗量可描述为

$$\dot{m}_{\text{fo}}=C_{\text{em}}p_1 n \tag{2.53}$$

式中，正值组合因数 C_{em} 可表述为

$$C_{\text{em}}=(1+x)\frac{i_{\text{e}}z_{\text{e}}\xi\,\varepsilon_1 V_{\text{e}}}{RT_{\text{c}}}\left\{1+\frac{\varepsilon_0}{\varepsilon_1\xi}\left[1-\left(\frac{p_4}{p_1}\right)^{\frac{1}{k}}\frac{\varepsilon_0+\varepsilon_6+\varepsilon_5}{\varepsilon_0}\right]\right\} \tag{2.54}$$

式中：x—— 工质泄漏因数，一般由实验确定。

2.4 推进器的机理模型

除使用火箭发动机的鱼雷外，一般鱼雷均使用对转螺旋桨或泵喷射推进器。本节简要分析这两种推进器的吸收转矩和提供的推力。

2.4.1 对转螺旋桨的转矩和推力

鱼雷用螺旋桨为串列、对转螺旋桨，其结构紧凑，前后两桨所受力矩方向相反，能够平衡鱼雷雷体受到的转矩，防止鱼雷横滚，且可以回收旋转能量，因此效率较高。为了理解螺旋桨的特性，可以从螺旋桨叶元的运动和受力情况进行分析。

如图 2.2 所示，图中，Ox_{b} 轴表示鱼雷雷体的纵轴，近似为鱼雷的航行速度方向；r_0 为该叶元的回转半径；$r_0\boldsymbol{\omega}$ 为该叶元相对于雷体的线速度；$\boldsymbol{v}$ 为螺旋桨处的海水来流速度（它对应于鱼雷的航速）；α 为该叶元的攻角；$\boldsymbol{F}$ 为叶元产生的推力；$\boldsymbol{R}$ 为叶元受到的阻力。

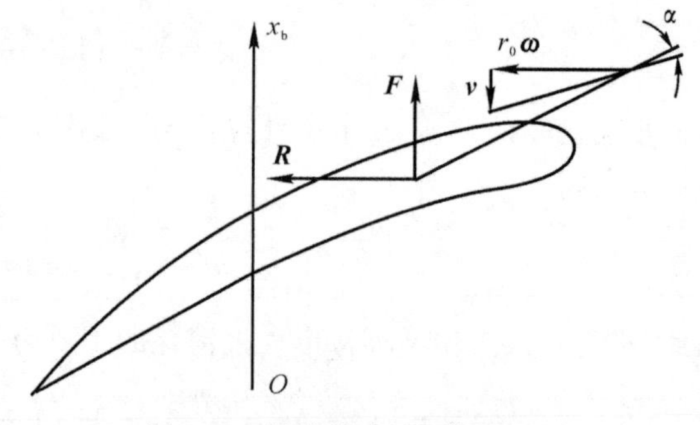

图 2.2 螺旋桨叶元工作机理

螺旋桨的转动、鱼雷相对于海水的运动，对应于叶元相对于海水的运动。桨的转速对应于叶元相对于雷体的线速度，该线速度与鱼雷航速的矢量和对应于叶元相对于海水运动的速度，而鱼雷的航速与转速的比值影响了叶元的攻角。叶元所受到的阻力对应于螺旋桨的吸收转矩，而所提供的升力对应于螺旋桨提供的推力。

在叶元形状、桨叶安装角度确定的情况下，叶元所受到的阻力和提供的升力由相对运动速度和攻角决定；对应到螺旋桨上，就是螺旋桨的吸收转矩、提供的推力由转速、航速转速比来决定。

螺旋桨的高速转动将产生很大的噪声，其频率分布也很宽，在不同方向上的传播强度与潜艇噪声相似，因而对自导作用距离的影响也很大。根据螺旋桨理论，当螺旋桨转速超过在规定正常工作条件下的临界转速时就会产生大量空泡，这不但使螺旋桨的推力和效率下降，同时还将产生强空泡噪声，使自导作用距离降低。因而在满足总体战术技术要求的情况下，螺旋桨的

转速不能高于其临界空泡转速。根据经验，航速在 50 kn 以下的鱼雷，螺旋桨的转速应控制在 2 000 r/min 以内，一般其推进效率可达 83%。

螺旋桨的诱导作用使得鱼雷尾部的海水运动速度加快，降低了鱼雷尾部的海水静压力，加大了鱼雷雷体的摩擦阻力和压差阻力，造成了额外的雷体阻力，在雷体-螺旋桨系统中，该阻力被螺旋桨所产生的部分推力所平衡。因此螺旋桨的总推力中，一部分消耗于克服鱼雷航行阻力，另一部分消耗于克服称之为推力减额的附加阻力，即

$$F = F_{\mathrm{p}} + \Delta F \tag{2.55}$$

式中：F —— 螺旋桨提供的总推力；

ΔF —— 推力减额（或附加阻力）；

F_{p} —— 雷体-螺旋桨系统中桨提供的净推力。

推力中用来克服鱼雷运动阻力的部分称为螺旋桨的有效推力，而用推力减额因数来描述推力减额值，即

$$t = \frac{\Delta F}{F} \tag{2.56}$$

式中：t —— 推力减额因数。

因此，螺旋桨总推力的需求值为

$$F = \frac{F_{\mathrm{p}}}{1 - t} \tag{2.57}$$

推力减额因数可由经验公式进行估算，取值在 0.15 ～ 0.27 之间。

由于鱼雷航行时作为黏性流体的海水在其表面形成了边界层，边界层内的海水速度小于鱼雷航速，所以螺旋桨处的海水来流速度并不等同于鱼雷航速。当螺旋桨和鱼雷在实际流体中运动时，鱼雷的前进速度和螺旋桨在敞水试验中的轴向速度之差称为雷体的伴流速度，两者的关系可由下式描述：

$$v_{\mathrm{p}} = v(1 - \omega) \tag{2.58}$$

式中：v_{p} —— 螺旋桨在敞水中的轴向速度；

v —— 鱼雷航速；

ω —— 雷体伴流因数，一般取值为 0.18 ～ 0.23，须要注意的是，ω 沿桨叶半径而变化，桨叶的梢部小，而根部最大，估算时可取等效值。

由空泡理论可知，鱼雷航行深度越大，同一个螺旋桨的临界转速越大，即越不易产生空泡，因而为了限定临界转速的量值，对同一个螺旋桨要限定最小沉深，此深度即为鱼雷航行的最浅深度。

对于新设计的螺旋桨应进行水池拖曳敞水试验及空泡试验，并取得敞水试验曲线。描述敞水试验的曲线一般是以相对进程为自变量，以螺旋桨效率、推力因数、力矩因数为因变量的函数关系。

如前所述，螺旋桨的吸收转矩受到航速转速比的影响，一般航速转速比用相对进程来描述，即

$$J = \frac{v_{\mathrm{p}}}{nD_{\mathrm{p}}} \tag{2.59}$$

式中：J —— 相对进程；

D_p —— 前桨直径；

n —— 桨转速。

综合前、后桨，螺旋桨提供的总推力由推力因数来描述，即

$$F = K_F \rho_\omega D_p^4 n^2 \tag{2.60}$$

式中：ρ_w —— 海水密度；

K_F —— 推力因数。

螺旋桨的吸收转矩则由力矩因数来描述，即

$$M_p = K_M \rho_w D_p^5 n^2 \tag{2.61}$$

式中：K_M —— 螺旋桨的力矩因数；

M_p —— 螺旋桨的吸收转矩。

螺旋桨的敞水效率等于有效功率和消耗功率之比，即

$$\eta_p = \frac{F v_p}{M_p 2\pi n} = \frac{J K_F}{2\pi K_M} \tag{2.62}$$

式中：η_p —— 螺旋桨的敞水效率。

考虑式(2.57)、式(2.58)可得螺旋桨的推进效率，它等于推进功率和消耗功率之比，即

$$\eta_F = \frac{F_p v}{M_p 2\pi n} = \eta_k \eta_p \tag{2.63}$$

式中：η_F —— 螺旋桨的推进效率；

η_k —— 雷体影响因数，其表达式为

$$\eta_k = \frac{1-t}{1-\omega} \tag{2.64}$$

一般以相对进程 J 为横坐标、以力矩因数 K_M 为纵坐标形成的曲线是单调下降的，在鱼雷变深、变速航行的动态过程中，相对进程将发生变化。在其变化的范围内，该曲线可以由一条直线来近似描述，即

$$K_M = a_{M0} - a_{M1} J \tag{2.65}$$

式中：a_{M0}, a_{M1} —— 正值常数。

如前所述，螺旋桨的推力也受到相对进程 J 的影响。以相对进程 J 为横坐标、以推力因数 K_F 为纵坐标形成的曲线也是单调下降的，在鱼雷变深、变速航行的动态过程中，相对进程将发生变化。在其变化的范围内，该曲线也可以由一条直线来近似描述，即

$$K_F = a_{F0} - a_{F1} J \tag{2.66}$$

式中：a_{F0}, a_{F1} —— 正值常数。

考虑到式(2.58)描述的鱼雷前进速度和螺旋桨在敞水中轴向速度的比例关系，式(2.65)可变形为

$$K_M = a_{M0} - a_{M1}(1-\omega)\frac{v}{n D_p} \tag{2.67}$$

而考虑到式(2.57)描述的螺旋桨推力与鱼雷阻力的关系以及式(2.58)，在雷体-螺旋桨系统中，桨提供的净推力表达为

$$F_p = (1-t) K_p \rho_w D_p^4 n^2 = (1-t)\left[a_{F0} - a_{F1}(1-\omega)\frac{v}{n D_p}\right]\rho_w D_p^4 n^2 \tag{2.68}$$

观察式(2.67)以及式(2.68)，以定义

$$J = \frac{v}{nD_{\mathrm{p}}} \tag{2.69}$$

来替代式(2.59)的定义也是可行的。只要对于式(2.65)中的因数 a_{M1} 按照伴流因数进行修正，其公式的形式可保持不变，仍然可以用式(2.69)、式(2.65)、式(2.61)来描述螺旋桨的吸收转矩。只要对于式(2.66)中的因数 a_{F0} 按照推力减额系数进行修正，因数 a_{F1} 按照推力减额因数和伴流因数进行修正，其公式的形式也可保持不变，仍然可以用式(2.69)、式(2.66)以及与式(2.60)形式类似的下式来描述螺旋桨在雷体-螺旋桨系统中提供的净推力：

$$F_{\mathrm{p}} = K_F \rho_{\mathrm{w}} D_{\mathrm{p}}^4 n^2 \tag{2.70}$$

2.4.2　泵喷射推进器的转矩特性和推力特性

鱼雷用泵喷射推进器是由多叶片的转子、定子及减速导管构成的。由于采用了减速导管，使得叶片附近的海水静压提高，从而有效延缓了空泡的产生，降低了噪声水平。同时，由于采用多叶片转子和定子，加上导管内的流场相对均匀，所以高阶线谱噪声降低。总体而言，采用泵喷射推进器替代螺旋桨主要是从降低鱼雷航行自噪声的角度来考虑的。

泵喷射推进器的特性描述与对转螺旋桨是类似的，在此无须赘述。值得指出的是，由于导管的存在，使得力矩因数较少地受到相对进程变化的影响，所以，以相对进程为横坐标、以力矩因数为纵坐标形成的曲线较之于螺旋桨的曲线更“平坦”一些。因此，在鱼雷航行变深的过程中，由推进器负荷变化引起的转速变化程度要稍许轻一些。

2.5　鱼雷运动方程

鱼雷航行时受到的阻力可分为摩擦阻力、压差阻力和兴波阻力。由于鱼雷航行深度较大，本身直径又较小，所以兴波阻力可以忽略不计。相比较而言，摩擦阻力远大于压差阻力，是航行阻力的主要部分，因此工程上通常将鱼雷航行阻力分成摩擦阻力和剩余阻力两项来考虑。鱼雷航行的摩擦阻力因数可以近似用平板的摩擦阻力因数来估计，这样处理并不会引起过大的误差。

鱼雷航行阻力近似与航速的二次方成正比。不仅鱼雷速度决定阻力，鱼雷的姿态、舵角也会影响阻力的量值。由于鱼雷本身总是存在一些正、负浮力(战雷一般是负浮力，有些操雷是正浮力)，为了维持鱼雷的正常航行，需要一定的攻角来产生升力以对抗正、负浮力。同时，鱼雷在水平面、纵平面做机动时，其攻角、侧滑角、舵角都将变化。攻角、侧滑角、舵角的变化都将影响到阻力的量值，但是就总体而言，鱼雷的航行阻力主要还是取决于航速。在针对动力系统控制问题的系统模型建立方面，鱼雷的航行阻力可以近似描述为

$$R_x = A_x v^2 \tag{2.71}$$

式中：R_x —— 鱼雷的航行阻力。

式(2.71)中的系数 A_x 可按照常数处理，即

$$A_x = C_x \frac{\rho_{\mathrm{w}}}{2} \Omega \tag{2.72}$$

式中：Ω —— 鱼雷沾湿面积；

C_x —— 航行阻力因数，可以表述为摩擦阻力因数 C_{f} 和涡阻因数 C_{w} 之和。其中，摩擦阻

力因数可以按照下式进行估算：

$$C_{\mathrm{f}}=\frac{0.455}{(\lg Re)^{2.58}} \tag{2.73}$$

式中，雷诺数为

$$Re=\frac{vL}{\nu} \tag{2.74}$$

式中：L —— 鱼雷长度；

ν —— 海水运动黏度。

而涡阻因数 C_{w} 则可按照下式进行估算：

$$C_{\mathrm{w}}=0.09\frac{S}{\Omega_{\mathrm{t}}}\sqrt{\frac{\sqrt{S}}{2L_{\mathrm{t}}}} \tag{2.75}$$

式中：S —— 鱼雷横截面积；

Ω_{t} —— 无鳍舵雷体沾湿面积；

L_{t} —— 雷尾尖削长度。

按式(2.75)计算的数值一般比鱼雷实际的涡阻因数大一些。但是鱼雷实航时是借着操纵仪器自动控制舵角来实现航行的，处在一种动平衡状态，而水池的拖曳试验是稳定的直线航行。此外，雷体表面并不是完全光顺的，还有一些对流体运动性能有影响的结构。因此在计算实际雷体阻力时，要增加一个阻力因数补偿，通常取为按水池试验数据计算的总阻力因数的10%左右。因此航行阻力因数可以估计为

$$C_{x}=1.1(C_{\mathrm{f}}+C_{\mathrm{w}}) \tag{2.76}$$

需要指出的是，鱼雷在不同海水温度下航行时，由于海水密度、黏度的变化，其所受的阻力也稍有不同。

鱼雷变深航行时，负(正)浮力在航速方向上将产生分力，从而破坏了水平航行时的推力-阻力关系，这对于动力推进系统而言乃是一种扰动。考虑推进器推力、航行阻力以及负(正)浮力，由动量方程得出鱼雷纵平面运动动力学方程为

$$(m_{\mathrm{t}}+\lambda_{11})\dot{v}=F_{\mathrm{p}}-R_{x}-\Delta G\sin\Theta \tag{2.77}$$

式中：m_{t} —— 鱼雷的质量；

λ_{11} —— 纵向附加质量，它一般小于鱼雷质量的3%；

ΔG —— 负浮力；

Θ —— 弹道倾角(本书定义鱼雷抬头姿态为正)。

而鱼雷航行深度的变化率——纵平面运动学方程——显然可以描述如下：

$$\dot{y}=-v\sin\Theta \tag{2.78}$$

式中：y —— 鱼雷航深。

2.6 热动力推进系统机理模型

根据前5节的讨论，可以形成针对控制问题的开式循环活塞发动机鱼雷热动力推进系统的数学模型。该模型可作为仿真计算的框架模型，同时也是进行系统特性分析和控制规律综合所面向的对象。

2.6.1 鱼雷纵平面运动学方程

鱼雷纵平面运动学方程为

$$\dot{y} = -v\sin\Theta \tag{2.79}$$

2.6.2 鱼雷纵平面动力学方程

鱼雷纵平面动力学方程为

$$(m_t + \lambda_{11})\dot{v} = F_p - R_x - \Delta G\sin\Theta \tag{2.80}$$

推进器提供的推力为

$$F_p = K_F \rho_w D_p^4 n^2 \tag{2.81}$$

推力因数为

$$K_F = a_{F0} - a_{F1} J \tag{2.82}$$

相对进程为

$$J = \frac{v}{nD_p} \tag{2.83}$$

航行阻力为

$$R_x = A_x v^2 \tag{2.84}$$

2.6.3 动力系统动力学方程

由动量矩方程得出动力系统动力学方程为

$$I_e \dot{\omega} = M_e - M_z \tag{2.85}$$

式中：I_e —— 动力推进系统的折合转动惯量，包括主机、辅机及其传动机构、传动轴、推进器及其带动的部分海水折合到发动机主轴的转动惯量；

ω —— 对应于发动机转速的角频率；

M_z —— 动力推进系统的阻转矩。

角频率为

$$\omega = 2\pi n \tag{2.86}$$

发动机输出转矩为

$$M_e = C_e (Ap_1 - Bp_4) \tag{2.87}$$

式中：$p_1 \approx 0.99 p_c$，p_c 为燃烧室压力。

当航深大于临界航深时，排气压强的计算公式为

$$p_4 = p_0 + 0.5\rho_w v^2 + \Delta p_4 \tag{2.88}$$

海水静压为

$$p_0 = p_a + \rho_w g y \tag{2.89}$$

系统阻转矩则包括发动机带动的所有转动部件吸收的转矩，即

$$M_z = M_p + M_o + M_w + M_g + M_f \tag{2.90}$$

推进器的吸收转矩为

$$M_p = K_M \rho_w D_p^5 n^2 \tag{2.91}$$

力矩因数为

$$K_M = a_{M0} - a_{M1} J \tag{2.92}$$

滑油泵的吸收转矩为

$$M_o \approx C_o n^2 \tag{2.93}$$

海水泵的吸收转矩为

$$M_w \approx C_w n^2 \tag{2.94}$$

发电机的吸收转矩为

$$M_g \approx \frac{C_g}{n} \tag{2.95}$$

对于MK-46或某重型鱼雷，其定量燃料泵的吸收转矩为

$$M_f \approx C_f \Delta p_f \tag{2.96}$$

泵提供的压差为

$$\Delta p_f = p_{bo} - p_{bi} \tag{2.97}$$

对于MK-46鱼雷，泵后压强为燃烧室头部压强，即

$$p_{bo} = p_c + \Delta p_c \tag{2.98}$$

式中：Δp_c—— 安装于燃烧室头部的喷嘴、单向阀等产生的压降。

对于某重型鱼雷，P_{bo}为流量调节阀前的压强。它们的泵前压强P_{bi}均为燃料舱的挤代压强。

对于使用变量燃料泵的转速闭环控制的鱼雷，其燃料泵的吸收转矩为

$$M_f \approx C_f \Delta p_f \tan\alpha \tag{2.99}$$

泵提供的压差由式(2.97)描述；泵后压强由式(2.98)描述，其为燃烧室头部喷嘴前压强。其中，P_{bi}为海水静压，或燃料舱的挤代压强。

总体而言，相对于整个系统的控制问题，辅机的吸收转矩只占发动机输出转矩的一小部分，对于它们转矩特性的描述无须特别地追求精确。

2.6.4 燃烧室内压强变化率

燃烧室内压强变化率为

$$\dot{p}_c = \frac{RT_c}{V} \dot{m}_f \tag{2.100}$$

燃烧室内的燃气质量变化率为

$$\dot{m}_f = \dot{m}_{fi} - \dot{m}_{fo} \tag{2.101}$$

对于压强开环控制的MK-46鱼雷，供入燃烧室的推进剂流量是压强调节阀的输出流量；对于流量开环控制的某重型鱼雷，供入燃烧室的推进剂流量是流量调节阀的输出流量。

燃料泵的输出流量：

$$\dot{m}_{bf} \propto n \tag{2.102}$$

关于压强调节阀、流量调节阀的特性将在后面章节中介绍。

对于使用变量燃料泵的闭环控制的鱼雷，供入燃烧室的推进剂流量就是燃料泵的输出流量，即

$$\dot{m}_{bf} \approx C_{mf} n \tan\alpha \tag{2.103}$$

发动机的工质秒耗量为

$$\dot{m}_{fo}=C_{em}p_1n \tag{2.104}$$

正值组合因数：

$$C_{em}=(1+x)\frac{i_e z_e \xi \varepsilon_1 V_e}{RT_c}\left\{1+\frac{\varepsilon_0}{\varepsilon_1\xi}\left[1-\left(\frac{p_4}{p_1}\right)^{\frac{1}{k}}\frac{\varepsilon_0+\varepsilon_6+\varepsilon_5}{\varepsilon_0}\right]\right\} \tag{2.105}$$

本节所述的方程构成了使用活塞发动机的鱼雷开式循环热动力推进系统的机理模型。

2.7　机理模型的系统参数整定

根据以上各节对于系统物理过程的分析，取得了系统的机理模型，该模型构成了系统的框架，确立了方程式中各参数的物理意义和大致的取值范围。

为了对系统进行精确的描述，以上机理模型必须根据试验数据进行验证和修正。机理模型与实际系统的差别主要体现在发动机输出转矩项中的因数 A，B 和工质秒耗量项中的因数 C_{em} 上。在理论上它们取决于发动机结构参数和工质气体的特性，而事实上它们在不同的运行工况下将要发生变化，其变化是由于在不同的运行工况下，理论示功图与实际示功图的形状的贴近程度发生了变化，所以可以根据试验数据对于它们进行以转速和航深为参变量的多项式拟合。

另外，对于试验给出的雷体阻力、推进器推力，还应当考虑推进器形成的推力减额而进行统一性修正。

注意到工质秒耗量因数 C_{em} 是组合变量$(p_4/p_c)^{1/k}$ 的线性函数[见式(2.105)]，根据固定航速、不同深度时的工质秒耗量试验值，取得 C_{em} 的计算值，即

$$C_{em}=\frac{\dot{m}_{fo}}{p_c n} \tag{2.106}$$

在同一转速下，C_{em} 与$(p_4/p_c)^{1/k}$ 之间的线性度良好，可以得到

$$C_{em}=C_{em\_a}+C_{em\_b}\left(\frac{p_4}{p_c}\right)^{\frac{1}{k}} \tag{2.107}$$

式中：C_{em_a}，C_{em_b}—— 拟合因数。

对于该拟合因数根据高、低两个极限稳定转速进行二次拟合，可确立如下关系：

$$C_{em}=C_{em\_a\_c}+C_{em\_a\_k}\omega+(C_{em\_b\_c}+C_{em\_b\_k}\omega)\left(\frac{p_4}{p_c}\right)^{\frac{1}{k}} \tag{2.108}$$

式中：$C_{em\_a\_c}$，$C_{em\_a\_k}$，$C_{em\_b\_c}$，$C_{em\_b\_k}$—— 常数。

根据试验数据，取得动力推进系统在同一转速、两个极限深度下的总吸收转矩。注意到式(2.87)，将因数 C_e 并入因数 A，B 进行考虑，可取得关系式为

$$M_e=Ap_c-Bp_4 \tag{2.109}$$

在同一转速下，整个深度范围内该式可以良好地描述发动机转矩。

对于该拟合因数 A，B，根据高、低两个极限稳定转速进行二次拟合，可确立如下关系：

$$M_c=(A_c+A_k\omega)p_c-(B_c+B_k\omega)p_4 \tag{2.110}$$

式中，A_c，A_k，B_c，B_k 均可按照常数处理。

按照以上方法拟合的系统方程可以满足仿真计算的需要，其计算精度可以保证在工程精度以内。

第3章　热动力推进系统的压强调节阀控制

本章及第4章介绍开式循环鱼雷热动力推进系统的转速开环控制。本章将围绕MK-46鱼雷展开讨论针对海水背压变化进行补偿的压强调节阀控制方案，同时探讨使用双速压强调节阀构成变速系统的技术可行性。本章内容包括动力推进系统的模型简化、压强调节阀控制的物理机理、实现方法、性能分析、动态过程以及系统匹配分析。

3.1　压强调节阀控制的动力推进系统的模型简化

对系统数学模型进行简化，突出其主要矛盾和矛盾的主要方面，不仅是控制规律综合的需要，更是对系统特性深刻认识的需要。本节从系统的物理机理方面对第2章给出的开式循环鱼雷热动力推进系统的数学模型进行变形和简化。

3.1.1　鱼雷纵平面动力学方程的变形

将转速-角频率关系代入相对进程表达式，得

$$J = \frac{2\pi v}{D_{\mathrm{p}}\omega} \tag{3.1}$$

将相对进程代入推进器推力因数式，得

$$K_F = a_{F0} - a_{F1}\frac{2\pi v}{D_{\mathrm{p}}\omega} \tag{3.2}$$

将推力因数代入推进器推力，得

$$F_{\mathrm{p}} = \frac{a_{F0}\rho_{\mathrm{w}} D_{\mathrm{p}}^4}{4\pi^2}\omega^2 - \frac{a_{F1}\rho_{\mathrm{w}} D_{\mathrm{p}}^3}{2\pi} v\omega \tag{3.3}$$

将阻力、推力代入鱼雷运动动力学方程，得

$$\dot{v} = a_{v0}\omega^2 - a_{v1}v\omega - a_{v2}v^2 - a_{v3}\Delta G\sin\Theta \tag{3.4}$$

常数 a_{v0}，a_{v1}，a_{v2}，a_{v3} 分别为

$$a_{v0} = \frac{a_{F0}\rho_{\mathrm{w}} D_{\mathrm{p}}^4}{4\pi^2(m_t + \lambda_{11})} \tag{3.5}$$

$$a_{v1} = \frac{a_{F1}\rho_{\mathrm{w}} D_{\mathrm{p}}^3}{2\pi(m_t + \lambda_{11})} \tag{3.6}$$

$$a_{v2} = \frac{A_x}{m_{\mathrm{t}} + \lambda_{11}} \tag{3.7}$$

$$a_{v3} = \frac{1}{m_t + \lambda_{11}} \tag{3.8}$$

3.1.2　动力系统动力学方程的简化

考虑到近似关系 $p_1 \approx 0.99 p_c$ 及排气压强与航深的关系，通过适当修正因数 A，可得在鱼雷航深大于临界航深时的发动机输出转矩为

$$M_e = C_e[Ap_c - B(\rho_w g y + p_a + 0.5\rho_w v^2 + \Delta p_4)] \tag{3.9}$$

将相对进程代入推进器转矩因数，得

$$K_M = a_{M0} - a_{M1}\frac{2\pi v}{D_p \omega} \tag{3.10}$$

将转矩因数代入推进器吸收转矩，得

$$M_p = \frac{a_{M0}\rho_w D_p^5}{4\pi^2}\omega^2 - \frac{a_{M1}\rho_w D_p^4}{2\pi} v\omega \tag{3.11}$$

将转速-角频率关系代入滑油泵吸收转矩，得

$$M_o = \frac{C_o}{4\pi^2}\omega^2 \tag{3.12}$$

将转速-角频率关系代入海水泵吸收转矩，得

$$M_w = \frac{C_w}{4\pi^2}\omega^2 \tag{3.13}$$

将转速-角频率关系代入发电机吸收转矩，得

$$M_g = \frac{2\pi C_g}{\omega} \tag{3.14}$$

对于 MK－46 鱼雷，燃料泵吸收转矩为

$$M_f = C_f(p_c + \Delta p_c - p_{bi}) \tag{3.15}$$

将发动机输出转矩、推进器和辅机吸收转矩代入动力系统动力学方程，得

$$\dot{\omega} = a_{n0} p_c - a_{n1} y - a_{n2}\omega^2 + a_{n3}\omega v - \frac{a_{n4}}{\omega} - a_{n5} \tag{3.16}$$

因数 a_{n0}，a_{n1}，a_{n2}，a_{n3}，a_{n4}，a_{n5} 分别为

$$a_{n0} = \frac{C_e A - C_f}{I_e} \tag{3.17}$$

$$a_{n1} = \frac{C_e B \rho_w g}{I_e} \tag{3.18}$$

$$a_{n2} = \frac{a_{M0}\rho_w D_p^5 + C_o + C_w}{I_e 4\pi^2} \tag{3.19}$$

$$a_{n3} = \frac{a_{M1}\rho_w D_p^4}{2\pi I_e} \tag{3.20}$$

$$a_{n4} = \frac{2\pi C_g}{I_e} \tag{3.21}$$

$$a_{n5} = \frac{1}{I_e}[C_e B(p_a + 0.5\rho_w v^2 + \Delta p_4) + C_f(\Delta p_c - p_{bi})] \tag{3.22}$$

式(3.16)中因数变化不大，在针对控制问题的分析中可按照常数处理。

3.1.3 动力推进系统的简化模型

鱼雷纵平面运动学方程为

$$\dot{y}=-v\sin\Theta \tag{3.23}$$

鱼雷纵平面运动动力学方程为

$$\dot{v}=a_{v0}\omega^{2}-a_{v1}v\omega-a_{v2}v^{2}-a_{v3}\Delta G\sin\Theta \tag{3.24}$$

动力系统动力学方程为

$$\dot{\omega}=a_{n0}p_{c}-a_{n1}y-a_{n2}\omega^{2}+a_{n3}\omega v-\frac{a_{n4}}{\omega}-a_{n5} \tag{3.25}$$

3.2 压强调节机理

本节对使用压强调节阀进行转速开环控制的热动力推进系统的物理机理进行分析。

3.2.1 系统传递函数

MK－46鱼雷是使用压强阀进行发动机转速开环控制的典型代表，该鱼雷为恒速反潜鱼雷。转速控制的目的是使鱼雷在不同航深下维持航速稳定。该任务由位于燃料泵和燃烧室之间的压强调节阀来完成。

该动力推进系统的特性由式(3.23)、式(3.24)、式(3.25)描述，在平衡点 $y_0=0,v_0=0,\omega_0=0,p_{c0}=0,\Theta=0$ 处对系统进行线性化处理，并进行拉普拉斯变换，可以得到系统的传递函数表达式。系统的结构图如图3.1所示。其中，传递函数 $G_{ij}(s)$ 的下标i表示输入，j表示输出；$G_c(s)$ 为控制机构传递函数。

图3.1中所示传递函数分别为

$$G_{y\omega}(s)=-\frac{k_{y\omega}}{\tau_{\omega}s+1} \tag{3.26}$$

$$G_{p\omega}(s)=\frac{k_{p\omega}}{\tau_{\omega}s+1} \tag{3.27}$$

$$G_{v\omega}(s)=\frac{k_{v\omega}}{\tau_{\omega}s+1} \tag{3.28}$$

$$G_{\Theta y}(s)=-\frac{v_0}{s} \tag{3.29}$$

$$G_{\Theta v}(s)=-\frac{k_{\Theta v}}{\tau_{v}s+1} \tag{3.30}$$

$$G_{\omega v}(s)=\frac{k_{\omega v}}{\tau_{v}s+1} \tag{3.31}$$

式中

$$\tau_{\omega}=\frac{1}{2a_{n2}\omega_0-a_{n3}v_0-\frac{a_{n4}}{\omega_0^{2}}} \tag{3.32}$$

$$k_{y\omega}=a_{n1}\tau_{\omega} \tag{3.33}$$

$$k_{p\omega}=a_{n0}\tau_{\omega} \tag{3.34}$$

$$k_{v\omega}=a_{n3}\omega_{0}\tau_{\omega} \tag{3.35}$$

$$\tau_{v}=\frac{1}{a_{v1}\omega_{0}+2a_{v2}v_{0}} \tag{3.36}$$

$$k_{\Theta v}=a_{v3}\Delta G\tau_{v} \tag{3.37}$$

$$k_{\omega v}=(2a_{v0}\omega_{0}-a_{v1}v_{0})\tau_{v} \tag{3.38}$$

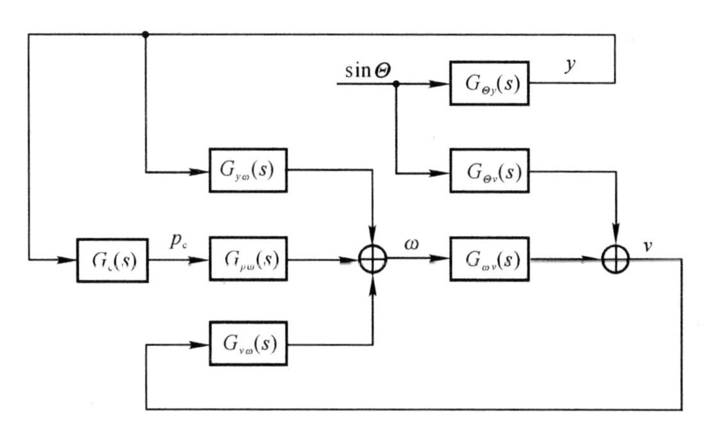

图 3.1　压强调节阀控制系统结构图

3.2.2　航深补偿

由图 3.1 可以看出，转速由航速、航深和燃烧室压强三项因素决定，即

$$\begin{aligned}\Delta\omega=&G_{y\omega}(s)\Delta y+G_{p\omega}(s)\Delta p_{c}+G_{v\omega}(s)\Delta v=\\&G_{y\omega}(s)\Delta y+G_{p\omega}(s)\Delta p_{c}+G_{\omega v}(s)G_{v\omega}(s)\Delta\omega=\\&-\frac{k_{y\omega}}{\tau_{\omega}s+1}\Delta y+\frac{k_{p\omega}}{\tau_{\omega}s+1}\Delta p_{c}+\frac{k_{\omega v}}{\tau_{v}s+1}\frac{k_{v\omega}}{\tau_{\omega}s+1}\Delta\omega\end{aligned} \tag{3.39}$$

显然，以上讨论忽略了鱼雷姿态对于航速的影响，此种情形对应了鱼雷水平航行时的工况。

如果设计控制补偿机构，使得燃烧室压强能够对航深造成的影响进行补偿，则可消除由于航深变化而带来的转速变化。

按照这一思路，观察式(3.26) 和式(3.27)，只要控制机构传递函数为

$$G_{c}(s)=\frac{a_{n1}}{a_{n0}} \tag{3.40}$$

式(3.39) 就变形为

$$\Delta\omega=\frac{k_{\omega v}}{\tau_{v}s+1}\frac{k_{v\omega}}{\tau_{\omega}s+1}\Delta\omega+\frac{\Delta y}{\tau_{\omega}s+1}\left(k_{p\omega}\frac{a_{n1}}{a_{n0}}-k_{y\omega}\right) \tag{3.41}$$

考虑式(3.33) 和式(3.34)，不难发现航深的影响完全被抑制，此时转速将只受到航速的影响，而在鱼雷水平航行状态下，如果转速不变，则航速就不变化。这样就完成了对系统转速的稳定调节。

该补偿方法从系统的物理特性角度来分析也是容易理解的。观察发动机理论示功图(见图2.1),示功图的面积对应了每个气缸的循环功,从而对应了系统的输出转矩,而示功图的面积由进气压强和排气压强决定。对于反潜鱼雷,排气压强主要由航行深度决定,当航深变化时,排气压强变化,只要进气压强随之变化,就能够使得示功图沿压强轴平移,而其面积可以保持不变,因此其输出转矩也就得到了维持。

当鱼雷水平稳定航行时,推进器等功率吸收部件的吸收转矩与其转速是近似的对应关系,因此维持了发动机输出转矩的恒定,也就维持了系统转速的恒定。

从时域的角度进行分析也可定性地得到相同的结论。考虑式(3.40),对应到动力系统动力学方程式(3.25),得到

$$\dot{\omega}=a_{n0}p_{c0}-a_{n1}y_0-a_{n2}\omega^2+a_{n3}\omega v-\frac{a_{n4}}{\omega}-a_{n5} \tag{3.42}$$

在稳态设计点,$y_0=0,v_0=0,\omega_0=0,p_{c0}=0,\Theta=0$ 处,显然满足关系:

$$0=a_{n0}p_{c0}-a_{n1}y_0-a_{n2}\omega_0^2+a_{n3}\omega_0 v_0-\frac{a_{n4}}{\omega_0}-a_{n5} \tag{3.43}$$

对式(3.42)进行简化处理,略去转速至航速之间的惯性环节,代之以比例环节。考虑关系式(3.43),对式(3.42)进行线性化处理,得到

$$T_\omega \Delta\dot{\omega}+\Delta\omega=0 \tag{3.44}$$

式中

$$T_\omega=\frac{1}{2a_{n2}\omega_0-2k_{v\omega}a_{n3}\omega_0-\frac{a_{n4}}{\omega_0^2}} \tag{3.45}$$

考虑初始条件:$\Delta\omega_0\neq 0$,式(3.44)的解为

$$\Delta\omega=\Delta\omega_0 e^{-\frac{t}{T_\omega}} \tag{3.46}$$

由于时间常数 T_ω 大于零,所以 $\Delta\omega$ 一定衰减至零。

因此,只要稳态转速和航速满足一定的关系就可以使得式(3.42)等号右侧趋近于零。这种稳态值的确定性比例关系在鱼雷水平直航时存在,而压强阀的设计能够近似满足以式(3.40)所述的关系,因此压强阀控制方案理论上可以保证鱼雷在不同航深下水平航行时的转速基本恒定。由于系统是开环的,所以在实际应用中其控制的精度取决于压强阀对航深影响进行补偿的准确度。这需要以大量的试验为基础,不断修正压强阀的设计,使之达到所需要的精度。

3.2.3 姿态变化对转速、航速的影响

当鱼雷姿态变化(如变深过程)时,由于负(正)浮力在速度轴上的投影破坏了稳态转速和航速之间的确定性比例关系,表现为推进器相对进程发生变化,所以尽管采用了以上描述的背压补偿措施,其转速还是会发生变化的。以下分析转速对于弹道倾角的响应情况。

当存在式(3.40)描述的控制时,图3.1得到简化,如图3.2所示。在考虑存在控制式(3.40)的情况下,弹道倾角到航速的传递函数为

$$G'_{\Theta v}(s)=\frac{G_{\Theta v}(s)}{1-G_{\omega v}(s)G_{v\omega}(s)}=-\frac{K_{\Theta v}(\tau_\omega s+1)}{A_2 s^2+A_1 s+1} \tag{3.47}$$

式中

$$A_1=\frac{\tau_v+\tau_\omega}{1-k_{\omega v}k_{v\omega}} \tag{3.48}$$

$$A_2=\frac{\tau_v\tau_\omega}{1-k_{\omega v}k_{v\omega}} \tag{3.49}$$

$$K_{\Theta v}=\frac{k_{\Theta v}}{1-k_{\omega v}k_{v\omega}} \tag{3.50}$$

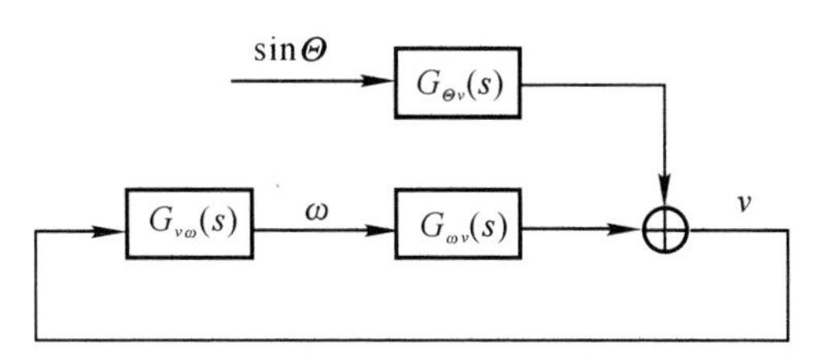

图 3.2　压强阀控制的系统简化结构图

该二阶系统的两个特征根均为负实数，系统表现为过阻尼特性。弹道倾角的输入形式可以用阶跃形式来给出，这样处理干扰信号更偏恶劣一些。系统航速对于阶跃形式输入的弹道倾角信号的响应稳态值为

$$\Delta v_{t\to\infty}=\lim_{s\to 0}G'_{\Theta v}(s)\sin\Theta=-K_{\Theta v}\sin\Theta \tag{3.51}$$

根据图 3.2 可知，弹道倾角到转速的传递函数为

$$G_{\Theta\omega}(s)=G'_{\Theta v}(s)G_{v\omega}(s)=\frac{G_{\Theta v}(s)G_{v\omega}(s)}{1-G_{\omega v}(s)G_{v\omega}(s)}=$$

$$-\frac{K_{\Theta\omega}}{A_2s^2+A_1s+1} \tag{3.52}$$

式中：

$$K_{\Theta\omega}=K_{\Theta v}k_{v\omega} \tag{3.53}$$

系统转速对于阶跃形式输入的弹道倾角信号的响应稳态值为

$$\Delta\omega_{t\to\infty}=\lim_{s\to 0}G_{\Theta\omega}(s)\sin\Theta=-K_{\Theta\omega}\sin\Theta \tag{3.54}$$

如第 2 章推进器特性分析中指出的，推进器转矩因数对于相对进程为总体下降的曲线关系，而泵喷射推进器的曲线较之于对转螺旋桨更“平坦”一些，不同的推进器特性将影响系统转速的变化情况。考虑极限情况，认为泵喷射推进器的转矩因数对于相对进程的关系是一条“水平直线”，或者讲该转矩因数为常数，对应转矩因数与相对进程的关系式中的因数 a_{M1} 为零，转速动态方程中的因数 a_{n3} 也为零，$k_{v\omega}$，$K_{\Theta\omega}$ 也等于零。从式(3.54) 可知，在压强阀控制下，在该极限情况下，其转速不受鱼雷姿态的影响，而航速依然受到鱼雷姿态的影响。于是，可以得出结论：在鱼雷姿态变化的情况下，使用泵喷射推进器的系统相对于使用对转螺旋桨的系统而言，其转速的变化会更小一些。

最后应该指出，在变深过程中，压强调节阀以及燃烧室压强的过渡过程相对于整个系统的转速过渡过程是很快的，因此其输出压强对于鱼雷背压的响应可以用比例环节[见式(3.40)]来描述。

3.2.4　压强阀的换速

使用压强阀进行功率控制的鱼雷，可以通过人为改变控制压强达到换速的目的。

当鱼雷水平航行时，图 3.1 可以得到简化（见图 3.3），从而可得燃烧室压强至系统转速的传递函数为

$$G'_{p\omega}(s)=\frac{G_{p\omega}(s)}{1-G_{\omega v}(s)G_{v\omega}(s)}=\frac{K_{p\omega}(\tau_v s+1)}{A_2 s^2+A_1 s+1} \tag{3.55}$$

式中

$$K_{p\omega}=\frac{k_{p\omega}}{1-k_{\omega v}k_{v\omega}} \tag{3.56}$$

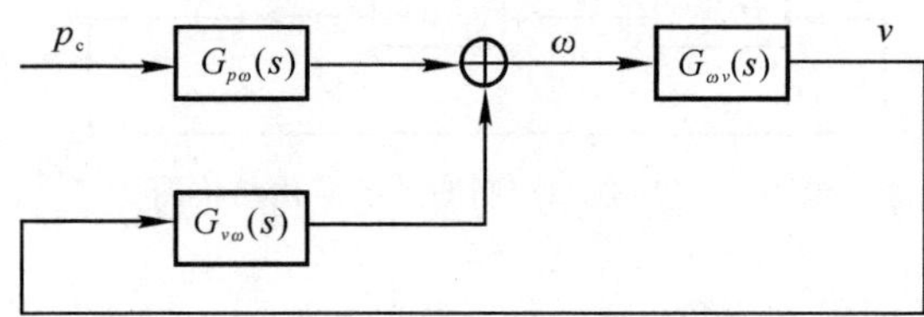

图 3.3　压强调节阀控制系统简化结构图

该二阶系统的两个特征根均为负实数，如式(3.48)、式(3.49) 所描述的 A_1，A_2。系统表现为过阻尼特性，输入阶跃压强信号，系统转速的响应是单调曲线。

应该指出，行业内对于以上控制策略的普遍称谓是“压强控制”，实际上这不是对于系统运行机理的准确描述。在鱼雷热动力系统中，燃烧室压强主要是由推进剂供应量(在稳态时等于工质秒耗量)、发动机转速以及航行深度(排气压强) 决定的。“压强控制” 实际上是给系统供应合适的推进剂流量，在某一确定的发动机转速以及排气压强的条件下，使得系统产生与之对应的燃烧室压强。由于燃烧室压强对于推进剂供应量变化的过渡过程很快，所以尽管燃烧室压强变化相对于推进剂供应量变化存在很小的滞后(二者之间是近似的纯延迟加小惯性环节)，但从表象上看是系统直接控制了燃烧室压强。关于这一点，在本章后续的基于压强阀的变速讨论中将逐步明确。对于这一点的认识是很重要的，从后续的讨论中将发现，过快的推进剂供应量变化将给系统带来很多问题。而从另外一个角度来看，如果压强阀后不带负载，则系统无论如何也不可能控制住压强。

3.3　压强调节的实现

3.3.1　压强调节阀机理模型

压强调节阀的工作原理如图 3.4 所示，系统构成如图 3.5 所示。压强调节阀上部的进口接定量燃料泵的出口和燃烧室喷嘴，静压为燃料泵出口压强；其左下部的出口接燃料泵的进口，静压为燃料舱的压强。

建立一维坐标系，正方向向下，原点位于阀芯闭死的位置。阀芯的运动可以根据动量方程描述如下：

$$(m_f + 0.5m_k)\ddot{x} = F_{yw} - F_{k0} - kx - F_{ys} - F_c - p_h A_h \tag{3.57}$$

式中：m_f，m_k —— 分别为阀芯和调节弹簧的质量；

x —— 阀开度；

F_{yw} —— 燃料作用于阀芯上的稳态力，包括静压力和稳态液动力两项；

F_{k0} —— 阀关闭时弹簧的弹力；

k —— 弹簧的刚度；

F_{ys} —— 瞬态液动力；

F_c —— 阀芯运动所受到的黏性摩擦力；

p_h —— 海水背压；

A_h —— 海水背压柱塞承压面积。

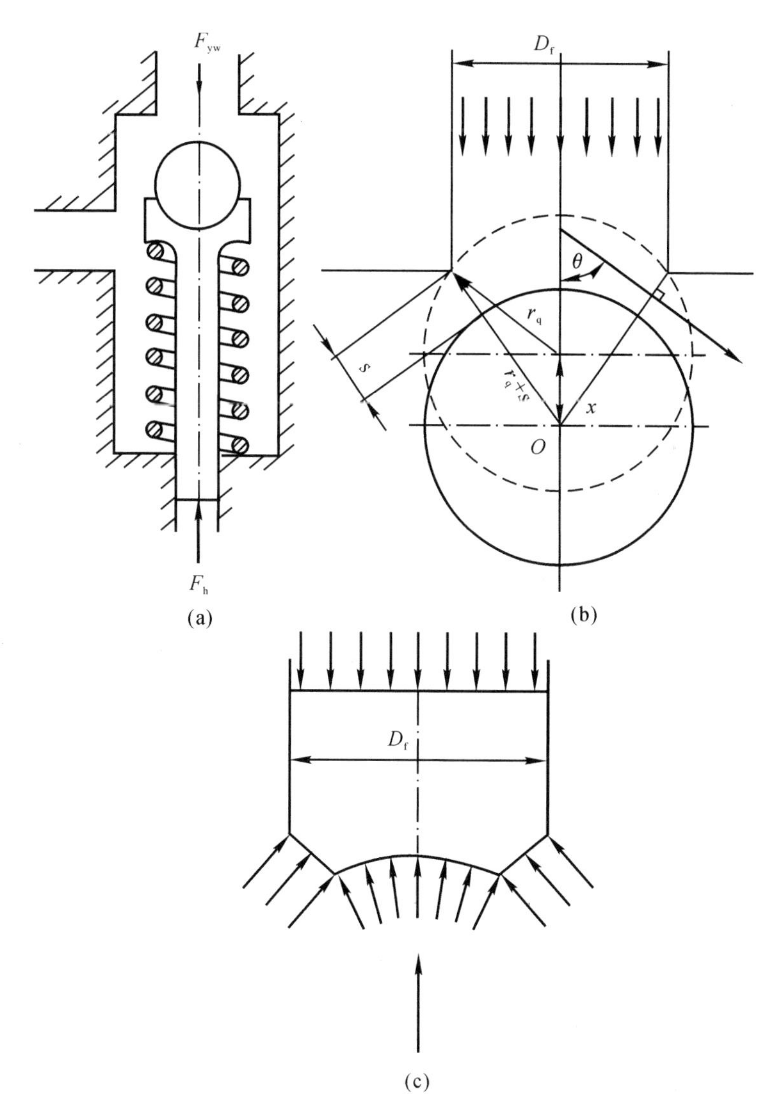

图 3.4　压强调节阀工作原理

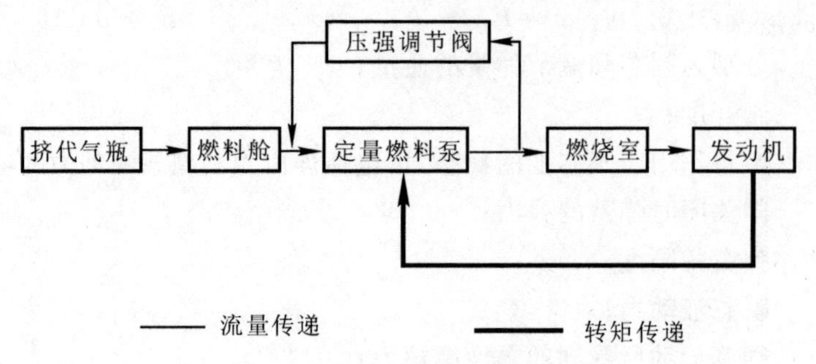

图 3.5　压强调节系统构成简图

燃料作用于阀芯上的稳态力为

$$F_{yw}=\pi r_f^2 p_{bo}-A_f p_{bi}\cos\theta-\dot{m}_y v_{yfx}\cos\theta+\dot{m}_y v_{yfb} \tag{3.58}$$

式中：r_f —— 阀口半径；

p_{bo} —— 泵后压强；

A_f —— 阀口过流面积；

p_{bi} —— 泵前压强；

θ —— 阀口处的燃料射流角；

$\dot{m}_y$ —— 阀溢流质量流量；

v_{yfx} —— 阀口处的液流速度；

v_{yfb} —— 阀口上游的液流速度。

根据图 3.4 所示的几何关系可知，在阀口关闭的情况下，钢球球心至阀口的纵向距离为 $\sqrt{r_q^2-r_f^2}$，其中，r_q 为钢球半径。而当阀口存在 x 的开度时，钢球球心至阀口的纵向距离为 $\sqrt{r_q^2-r_f^2}+x$。于是，不难求出阀口处的射流角，即

$$\theta=\arctan\frac{\sqrt{r_q^2-r_f^2}+x}{r_f} \tag{3.59}$$

阀口过流面积近似为平均周长与阀门开口宽度之积，即

$$A_f=\pi(r_f+r_q\cos\theta)s=\pi(r_f+r_q\cos\theta)\left(\frac{r_f}{\cos\theta}-r_q\right)=\frac{\pi}{\cos\theta}(r_f^2-r_q^2\cos^2\theta) \tag{3.60}$$

而根据式(3.59)可得

$$\cos\theta=\frac{r_f}{\sqrt{r_q^2+x^2+2x\sqrt{r_q^2-r_f^2}}} \tag{3.61}$$

溢流质量流量为

$$\dot{m}_y=C_f A_f\sqrt{2\rho_f(p_{bo}-p_{bi})} \tag{3.62}$$

式中：C_f —— 阀流量因数；

ρ_f —— 燃料密度。

阀口处的液流速度为

$$v_{yfx}=\frac{\dot{m}_y}{A_f\rho_f} \tag{3.63}$$

阀口上游的液流速度为

$$v_{\mathrm{yfb}}=\frac{\dot{m}_{\mathrm{y}}}{\rho_{\mathrm{f}}\pi r_{\mathrm{f}}^{2}} \tag{3.64}$$

瞬态液动力为

$$F_{\mathrm{ys}}=L_{\mathrm{y}}\frac{\mathrm{d}\dot{m}_{\mathrm{y}}}{\mathrm{d}t} \tag{3.65}$$

式中：L_{y}—— 阀口至主流道的长度。

阀芯运动所受到的黏性摩擦力为

$$F_{\mathrm{c}}=2\pi r_{\mathrm{z}}L_{\mathrm{z}}\mu\frac{\dot{x}}{\delta} \tag{3.66}$$

式中：r_{z} —— 背压柱塞半径；

L_{z}—— 柱塞摩擦长度；

μ —— 燃料动力黏度；

δ —— 柱塞与导套之间的间隙。

3.3.2　能供系统其余部分的机理模型

定量燃料泵的输出质量流量为

$$\dot{m}_{\mathrm{bf}}=C_{\mathrm{B}}n \tag{3.67}$$

式中：C_{B}—— 考虑了泵的实际排量、燃料密度、泵与主轴的传动比而得到的折合质量排量。

该流量满足如下关系：

$$\dot{m}_{\mathrm{bf}}=\dot{m}_{\mathrm{fi}}+\dot{m}_{\mathrm{y}} \tag{3.68}$$

式中：$\dot{m}_{\mathrm{fi}}$—— 供入燃烧室的推进剂质量流量。

在喷嘴处，存在关系：

$$\dot{m}_{\mathrm{fi}}=C_{\mathrm{p}}A_{\mathrm{p}}\sqrt{2\rho_{\mathrm{f}}(p_{\mathrm{bo}}-p_{\mathrm{c}})} \tag{3.69}$$

式中：C_{p} —— 喷嘴流量因数；

A_{p}—— 喷嘴过流面积。

3.3.3　动力推进系统机理模型

由式(3.57)、式(3.62)、式(3.67)、式(3.68)、式(3.69) 以及前述方程式(3.23)、式(3.24)、式(3.25)、式(2.100)、式(2.101) 构成整个动力推进系统的机理模型。该方程组封闭，输入背压和弹道倾角，可进行系统动态响应的求解。

事实上，在燃料作用于阀芯上的稳态力的表达式[见式(3.58)] 中，描述泵前压强作用力的项 $\dot{m}_{\mathrm{y}}v_{\mathrm{yfx}}\cos\theta$ 和描述阀口上游动量的项 $\dot{m}_{\mathrm{y}}v_{\mathrm{yfb}}$ 都很小，可以忽略不计。

应当指出，当鱼雷运行于浅航深时，供入燃烧室的推进剂流量变小，而定排量燃料泵的流量近似恒定，因此回流量相对会很大，这将额外消耗发动机相当数量的输出功率。而当鱼雷运行于大航深时，供入燃烧室的推进剂流量变大，回流量变小，但此时泵输出压强升高了，同样也将额外消耗发动机相当数量的输出功率。这是该调节阀、该控制方案本质上的缺点，是无法克服的。

3.3.4 比例控制的实现

由于阀的动态响应速度很快，可以仅分析其稳态关系，略去稳态液动力及各项瞬态力，根据式(3.57)、式(3.58)可得近似稳态力平衡关系为

$$\pi r_{\mathrm{f}}^{2} p_{\mathrm{bo}} \approx F_{\mathrm{k0}} + kx + p_{\mathrm{h}} A_{\mathrm{h}} \tag{3.70}$$

其偏量表达式为

$$\pi r_{\mathrm{f}}^{2} \Delta p_{\mathrm{bo}} \approx k\Delta x + A_{\mathrm{h}} \Delta p_{\mathrm{h}} \approx A_{\mathrm{h}} \Delta p_{\mathrm{h}} \tag{3.71}$$

或

$$\frac{\Delta p_{\mathrm{bo}}}{\Delta p_{\mathrm{h}}} \approx \frac{A_{\mathrm{h}}}{A_{\mathrm{fb}}} \tag{3.72}$$

式中：A_{fb}—— 阀口承压面积，$A_{\mathrm{fb}} = \pi r_{\mathrm{f}}^{2}$。

这里的推导利用了阀开度变化很小这一假设，即 $\Delta x \approx 0$。式(3.72)表明，泵后压强相对于稳态设计点的偏量与背压相对于稳态设计点的偏量近似成正比，该比值为阀口承压面积与背压柱塞面积之比。

对应到前述的控制机构传递函数式(3.40)，将式(3.72)改写为

$$\frac{\Delta p_{\mathrm{bo}}}{\Delta y} \approx \frac{A_{\mathrm{h}}}{A_{\mathrm{fb}}} \rho_{\mathrm{w}} g \tag{3.73}$$

式(3.73)应当等同于式(3.40)，而压强调节阀的关键结构参数显然应当满足关系：

$$\frac{A_{\mathrm{h}}}{A_{\mathrm{fb}}} \rho_{\mathrm{w}} g = \frac{a_{n1}}{a_{n0}} \tag{3.74}$$

代入式(3.17)和式(3.18)，可得

$$\frac{A_{\mathrm{h}}}{A_{\mathrm{fb}}} = \frac{B}{A - \dfrac{C_{\mathrm{f}}}{C_{\mathrm{e}}}} \tag{3.75}$$

由于 $A \gg C_{\mathrm{f}}/C_{\mathrm{e}}$，所以式(3.75)可以简化为

$$\frac{A_{\mathrm{h}}}{A_{\mathrm{fb}}} \approx \frac{B}{A} \tag{3.76}$$

由此看出，压强调节阀的关键结构参数与发动机特性是紧密关联的，整个系统控制性能的优劣取决于压强调节阀对于发动机排气压强变化予以补偿的准确性，这也是开环控制方式的普遍特征。

3.3.5 算例

图3.6和图3.7描述了在压强阀控制条件下负浮力鱼雷下潜变深过程中，各状态变量的过渡过程。两图中，纵坐标描述各状态变量相对于变深前的稳态值进行归一化处理所得的无量纲量。图3.7中，曲线1～5分别描述燃料供应量、泵后压强、燃烧室压强、鱼雷航速以及发动机转速。由图示可知，在变深过程中，由于负浮力的影响，造成推进器负荷变化，从而使得变深状态相对于水平直航状态发生偏离。变深过程结束后，系统将自动稳定地回归水平直航状态的平衡点。

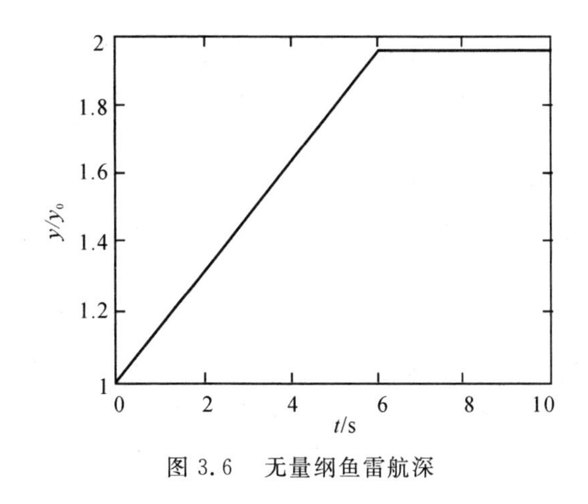

图 3.6　无量纲鱼雷航深

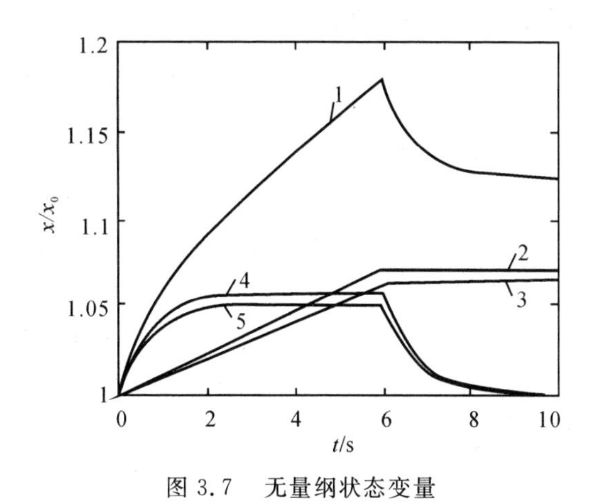

图 3.7　无量纲状态变量

3.4　压强调节阀性能分析及系统匹配

3.4.1　压强调节阀结构参数对于性能的影响

观察发动机输出转矩与进气压强、排气压强的关系[见式(2.44)]：

$$M_e = C_e(Ap_1 - Bp_4)$$

可知，从系统物理意义的角度来讲，压强调节阀的功能关系也可以表达为：该阀的航深补偿功能，体现在使得气缸进气压强相对于稳态设计点的偏量与排气压强相对于稳态设计点的偏量成正比。考虑到气缸进气压强与泵后压强相差不多，而排气压强与背压近似相同，从实现的角度上讲，阀的功能又转化为泵后压强相对于稳态设计点的偏量与背压相对于稳态设计点的偏量近似成正比。

根据对压强调节阀的稳态力分析可知，该比例关系主要由阀口承压面积与背压柱塞面积之比来保证，由式(3.76) 描述，或者直接根据发动机输出转矩恒定而作粗略的分析，即

$$A\Delta p_1 - B\Delta p_4 = 0 \tag{3.77}$$

得到

$$\frac{B}{A} = \frac{\Delta p_1}{\Delta p_4} \approx \frac{\Delta p_{bo}}{\Delta p_h} \approx \frac{A_h}{A_{fb}} \tag{3.78}$$

由式(3.78) 可知，该阀的控制精度是由阀特性对于系统特性的近似程度决定的，从另外的一个侧面也说明了该阀只能在一个稳态点上实现无差控制，而在整个工况范围内只能实现近似的转速恒定。

而阀的稳态设计点则是保证在某一工况下，发动机的输出转矩[见式(2.44)] 的值恰好与系统阻转矩相等，显然，该要求主要由阀口承压面积、背压柱塞面积、调节弹簧刚度、弹簧预压缩量来保证。

压强调节阀的设计应遵循如下原则：

(1) 根据发动机特性，取得不同航深下的燃烧室压强、工质秒耗量稳态值，这是压强调节

阀控制对象的特性；

(2) 选择阀的结构参数，使之在稳态设计点处满足阀的流量平衡关系及稳态力平衡关系，从而保证稳态设计点的准确性，同时应与燃料泵的折合排量(对应于发动机转速的燃料泵排量)保持协调；

(3) 调整阀口承压面积与背压柱塞面积之比，使之满足全航深范围内的恒速要求；

(4) 弹簧刚度的选择应使得全工况范围内阀开度变化量足够小，且阀开度相对于预压缩量足够小。

图 3.8 ～ 图 3.11 描述了当阀口承压面积与背压柱塞面积之比、弹簧刚度、弹簧预压缩量分别变化时，系统各状态量的变化情况。在四个图中，“。”线型描述原始设计状态；“+”线型描述仅当背压柱塞直径变化为原值的1.1 倍时，系统各状态量的变化情况；“ * ”线型描述仅当弹簧刚度变化为原值的 1.05 倍时，系统各状态量的变化情况；“△”线型描述当弹簧预压缩量变化为原值的 1.05 倍时，系统各状态量的变化情况。

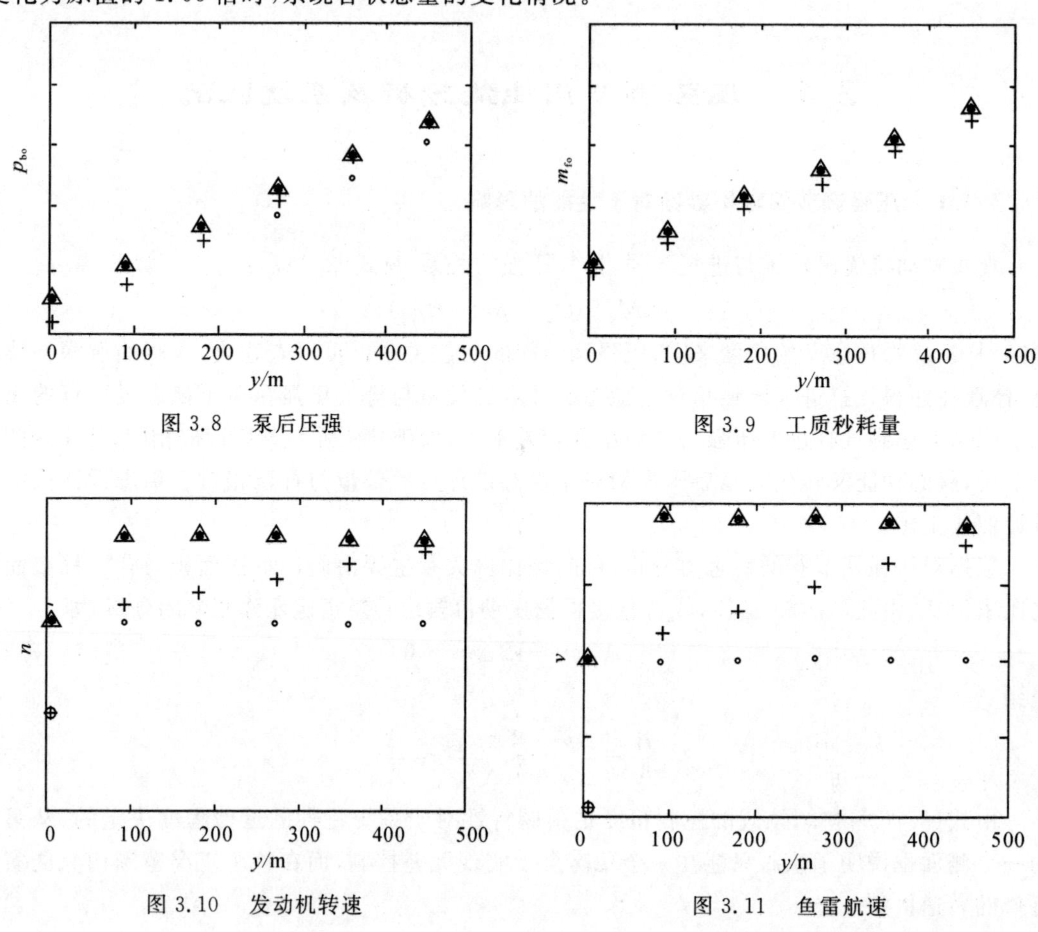

图 3.8　泵后压强

图 3.9　工质秒耗量

图 3.10　发动机转速

图 3.11　鱼雷航速

由图看出，当弹簧刚度和预压缩量发生变化时，系统各状态量均发生偏离，但是曲线与设计状态的曲线斜率基本一致，因此这两个参数主要影响稳态设计点的位置，而对于背压补偿性能的影响不大。在图 3.10 和图 3.11 中，尽管转速、航速发生了偏差，但这两个参数基本不随航深变化而变化，这表明了以上结论正确。

但当阀口承压面积与背压柱塞面积之比发生变化时，系统各状态量不仅发生偏离，而且曲线与设计状态的曲线从斜率也发生变化。因此，该参数不仅影响稳态设计点的位置，而且对背压补偿性能也会产生影响，从图 3.10 和图 3.11 中可以看出，转速、航速不仅发生了偏差，而且随航深变化而变化表明了这一点，并说明阀对背压进行补偿的程度随阀口承压面积与背压柱塞面积之比的减小而增强。

另外，从所示曲线可以看出，转速和航速在浅水状态下明显偏小，这是由于在浅水状态下，发动机气缸排气时其流动已经到达临界状态，排气压强成为常数，不随航深变化而变化，但是压强调节阀却随航深变浅而降低进气压强，从而造成发动机功率输出不足。

3.4.2　压强调节阀控制系统的匹配

当鱼雷水平恒速运行时，雷体的航行阻力与航速的二次方成正比，推进器提供的推力与转速的二次方成正比，故航速与转速成正比，由于采用定量燃料泵，所以燃料泵的输出流量与航速、转速成正比。

在某一航深下，发动机需要某一进气压强以输出一定的转矩，对应于此时的进气压强、排气压强以及转速，应满足某一确定的推进剂供应量要求。在考虑了喷嘴压降以后，压强调节阀应输出一定的推进剂流量，从而系统产生一定的喷嘴前压强。

压强调节阀必须同时满足力平衡[见式(3.57)] 和流量平衡[见式(3.62)、式(3.67)、式(3.68)、式(3.69)] 两个关系，显然燃料泵的折合排量在此影响了阀的特性，即不同的燃料泵排量将形成不同的阀输出特性，因此泵与阀是不能割裂开来的。

一般来讲，泵与阀的特性应适应于发动机的特性。而稳态设计点则除了由阀口承压面积、背压柱塞面积、调节弹簧刚度、弹簧预压缩量来保证以外，还必须配合于泵的折合排量。泵与阀的配合首先应满足在最大推进剂供应量的情况下(或最小阀溢流量的情况下)，阀能够良好工作，同时在整个工况范围内为了减小由于弹簧弹力变化而造成的阀特性变化，阀的开度变化量不应过大。

3.5　压强调节阀的变速控制

可以设想，使用压强调节阀控制方式也可形成多速制。例如，系统可以使用高压、低压两个压强调节阀串联安装，通过人为地将低速阀打开或关闭来进行速制切换，系统构成如图3.12所示。例如，将 Ⅱ 速(低速) 阀的稳态点设计成低输出压强，将 Ⅰ 速(高速) 阀的稳态点设计成高输出压强。当两个阀处于自然状态时，显然 Ⅰ 速阀关闭，其溢流量为零，阀本体成为一个通道；此时 Ⅱ 速阀正常工作，系统运行于低速状态；而人为地将 Ⅱ 速阀关闭后，其溢流量为零，阀本体成为一个通道；此时 Ⅰ 速阀自然打开，系统将运行于高速状态。通过人为地实施或解脱对 Ⅱ 速阀的约束，可以完成系统在两个速制之间的切换。

图 3.13 和图 3.14 描述了在以较低的 Ⅱ 速阀人为关阀速度控制下的系统，自 Ⅱ 速向 Ⅰ 速切换时各变量的过渡过程。两图中，纵坐标描述各状态变量相对于变速前的稳态值进行归一化处理所得的无量纲量。图 3.13 中，曲线 1,2 分别描述 Ⅱ 速阀和 Ⅰ 速阀的开度，图 3.14 中，曲线 1 ～ 5 分别描述燃料供应量、燃烧室压强、泵后压强、发动机转速及鱼雷航速。在时标 0 处开始人为地逐步关闭 Ⅱ 速阀，此时系统泵后压强逐步升高；在时标0.4 s左右达到 Ⅰ 速阀开启

压强，Ⅰ速阀打开，两阀同时工作；在时标 0.8 s 左右 Ⅱ 速阀完全关闭，系统由 Ⅰ 速阀独立进行控制，系统逐步过渡到 Ⅰ 速稳定状态。

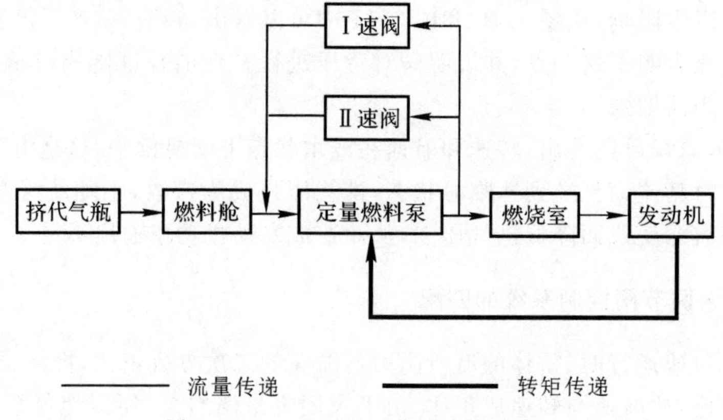

图 3.12　双速压强调节系统构成简图

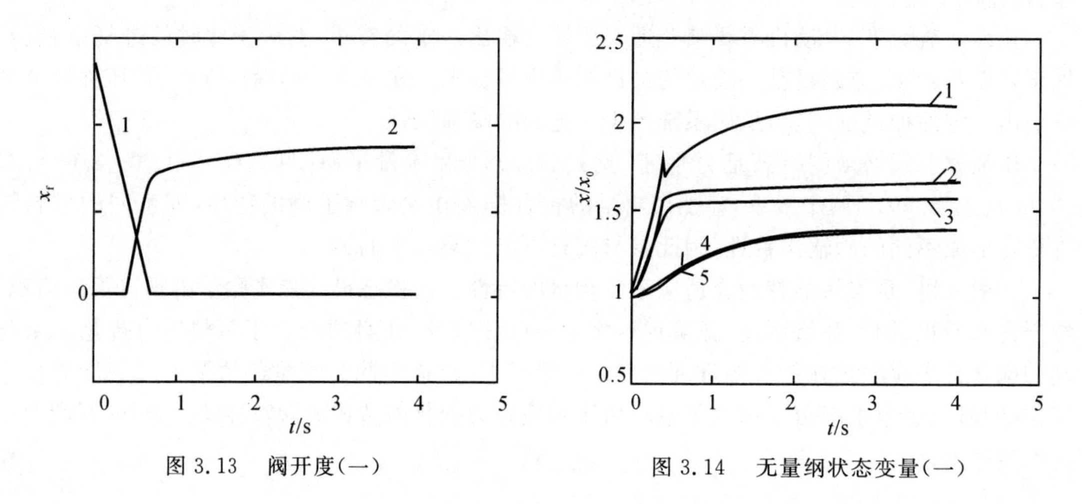

图 3.13　阀开度(一)

图 3.14　无量纲状态变量(一)

在 Ⅰ 速阀打开的时刻，系统受到一次干扰，反应在推进剂供应量上出现微幅的变化，该变化是很微弱的，不会对系统产生大的影响。

在此关阀速度下，泵后压强和燃烧室压强无超调、过渡过程不足 1 s，转速、航速过渡过程约 3 s，可以满足系统换速的快速性要求，除 Ⅰ 速阀打开时刻推进剂供应量有稍许干扰外，整个换速过程尚算平稳。

由于 Ⅱ 速阀人为关阀速度较低，泵后压强能够较好地跟随推进剂供应量的变化，在 Ⅱ 速阀关闭之前 Ⅰ 速阀就已经开启，系统工况转换得以较平稳地进行。而如果 Ⅱ 速阀人为关阀速度太高，系统特性将发生变化。

图 3.15 和图 3.16 描述了以过高的 Ⅱ 速阀人为关阀速度控制下的系统，自 Ⅱ 速向 Ⅰ 速切换时各变量的过渡过程。两图中，纵坐标描述各状态变量相对于变速前的稳态值进行归一化处理所得的无量纲量。图 3.15 中，曲线 1，2 分别描述 Ⅱ 速阀和 Ⅰ 速阀的开度；图 3.16 中，曲线 1～5 分别描述燃料供应量、燃烧室压强、泵后压强、发动机转速及鱼雷航速。在时标 0 处开始人为地关闭 Ⅱ 速阀。由于关阀速度过快，燃烧室压强对于推进剂供应量的响应特性是近似

的惯性环节，对于使用凸轮发动机的轻型鱼雷（如 MK－46 鱼雷），该惯性环节的时间常数小于 0.1 s，所以系统燃烧室压强、泵后压强升高得相对较慢。在 Ⅱ 速阀完全关闭后泵后压强还未达到 Ⅰ 速阀的开启压强，Ⅰ 速阀无法打开，于是造成一段时间内溢流量为零，推进剂供应量严重超调。Ⅰ 速阀打开后，迅速增大的开度又使得推进剂供应量迅速下降，系统受到一次强干扰，反映在推进剂供应量上出现幅度大、变化快的波动。由于燃烧室压强的惯性特性，对于这样类似脉冲输入的干扰，在宏观上燃烧室压强并未反映出剧烈的变化，但从微观上来看，如此强烈的推进剂供应量冲击必将影响燃烧室的正常燃烧工作，给系统的安全运行带来隐患。

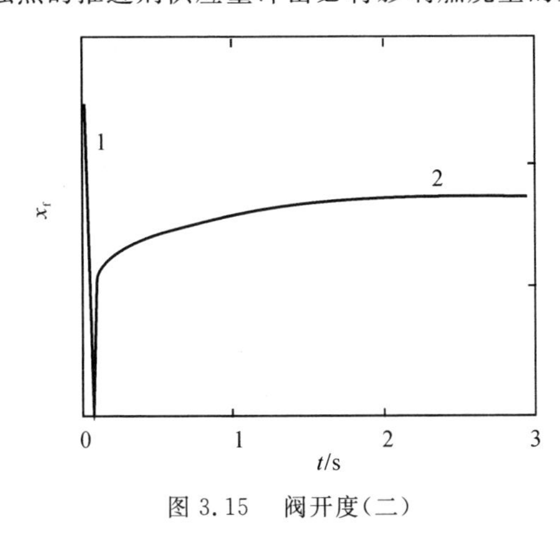

图 3.15　阀开度（二）

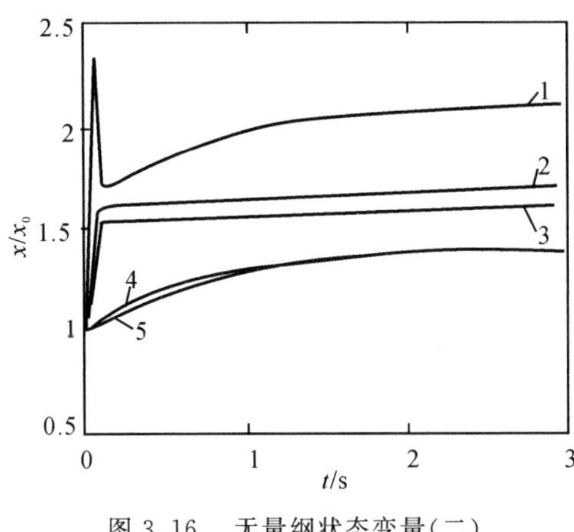

图 3.16　无量纲状态变量（二）

另外，尽管使用了很高的 Ⅱ 速阀人为关阀速度，但是受制于整个系统的大惯性特征，转速、航速的过渡过程依然维持在 3 s 左右，系统的快速性并未得到明显的改善。过高的 Ⅱ 速阀人为关阀速度对于快速性的贡献不大。

因此，使用这种加速方式最好设置 Ⅱ 速阀人为关阀速度的上限，体现在系统运行上就是应防止零溢流现象的出现。

当系统由高速向低速进行速制切换时，可以通过逐步解脱对 Ⅱ 速阀的约束来完成。图 3.17 和图 3.18 描述了在以较低的 Ⅱ 速阀约束解脱速度控制下的系统，自 Ⅰ 速向 Ⅱ 速切换时各变量的过渡过程。两图中，纵坐标描述各状态变量相对于变速前的稳态值进行归一化处理所得的无量纲量。图 3.17 中，曲线 1，2 分别描述 Ⅱ 速阀和 Ⅰ 速阀的开度；图 3.18 中，曲线 1 ～ 5 分别描述燃料供应量、燃烧室压强、泵后压强、发动机转速及鱼雷航速。在时标 0 处开始人为地逐步解脱对 Ⅱ 速阀的约束，两阀同时工作。此时系统泵后压强逐步降低，在时标 0.5 s 左右 Ⅰ 速阀关闭，系统由 Ⅱ 速阀独立进行控制。Ⅱ 速阀的运动受到约束机构的限制，其运动速度不能超过约束解脱速度，随着泵后压强的进一步降低，推动 Ⅱ 速阀运动的来自高压区燃料的推力逐步减小，Ⅱ 速阀开度加大的趋势逐步减弱。在时标 1 s 左右 Ⅱ 速阀脱离顶杆，系统逐步过渡到 Ⅱ 速稳定状态。

在 Ⅱ 速阀脱离顶杆的时刻，系统受到一次干扰，在推进剂供应量上出现微幅的变化。该变化是很微弱的，不会对系统产生大的影响。在此关阀速度下，泵后压强和燃烧室压强无超调、过渡过程 1 s 左右，转速、航速过渡过程约 3 s，可以满足系统换速的快速性要求。除 Ⅱ 速阀脱离顶杆时刻推进剂供应量有稍许干扰外，整个换速过程尚算平稳。

由于 Ⅱ 速阀约束解脱速度较低，泵后压强能够较好地跟随推进剂供应量的变化，Ⅱ 速阀开度的超调量不是很大，推进剂供应量的变化并不剧烈，系统工况转换得以较平稳地进行。而如果 Ⅱ 速阀约束解脱速度太高，系统特性将发生变化。

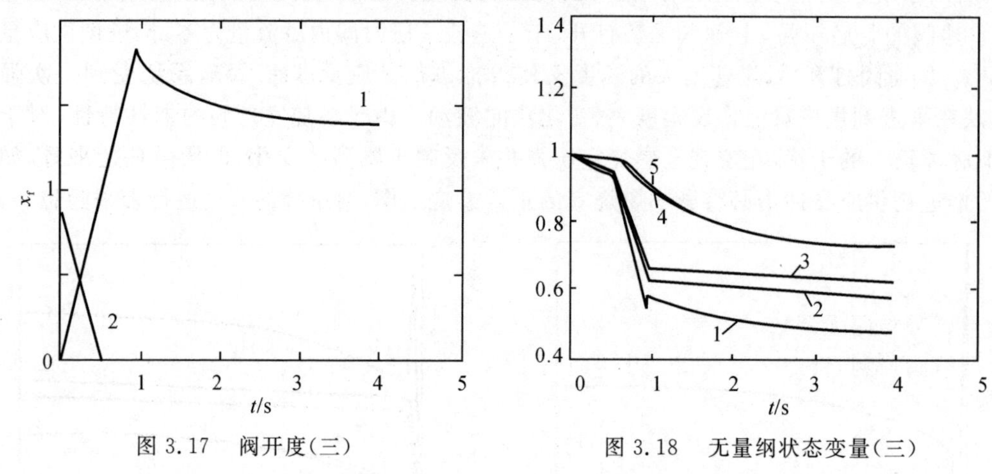

图 3.17　阀开度(三)　　　　图 3.18　无量纲状态变量(三)

图 3.19 和图 3.20 描述了以过高的 Ⅱ 速阀约束解脱速度控制下的系统，自 Ⅰ 速向 Ⅱ 速切换时各变量的过渡过程。两图中，纵坐标描述各状态变量相对于变速前的稳态值进行归一化处理所得的无量纲量。图 3.19 中，曲线 1,2 分别描述 Ⅱ 速阀和 Ⅰ 速阀的开度；图 3.20 中，曲线 1 ～ 5 分别描述燃料供应量、燃烧室压强、泵后压强、发动机转速及鱼雷航速。

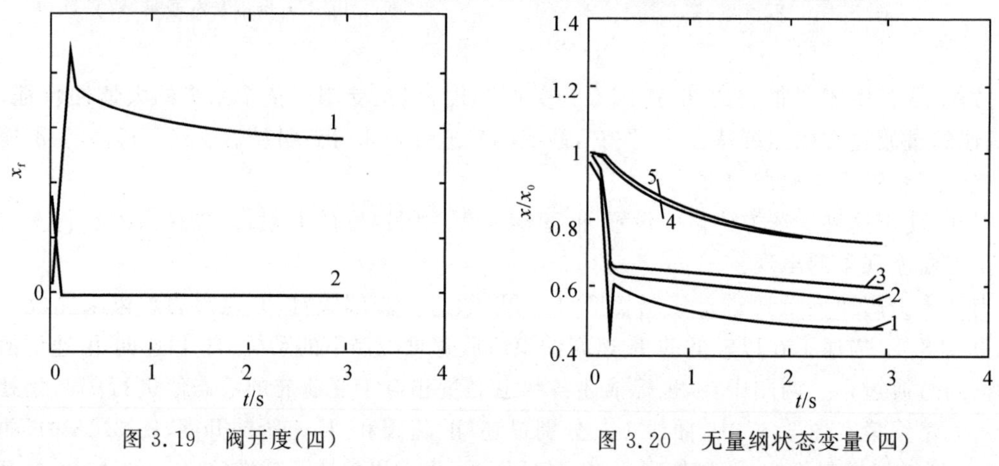

图 3.19　阀开度(四)　　　　图 3.20　无量纲状态变量(四)

由于 Ⅱ 速阀开阀速度过快，系统燃烧室压强、泵后压强降低得相对较慢，造成 Ⅱ 速阀开度的超调量过大，推进剂供应量的变化很剧烈。系统受到一次强干扰，在推进剂供应量上出现大幅度的变化，其极限情况是推进剂供应量减小过多从而造成断流，这是很危险的。类似于加速的情况，尽管在宏观上燃烧室压强并未反映出剧烈的变化，但从微观上来看，如此强烈的推进剂供应量冲击也必将影响燃烧室的正常燃烧工作，给系统的安全运行带来隐患。

另外，尽管使用了很高的 Ⅱ 速阀约束解脱速度，但是受制于整个系统的大惯性特征，转速、航速的过渡过程依然维持在 3 s左右，系统的快速性并未得到明显的改善。过高的 Ⅱ 速阀约束解脱速度对于快速性的贡献不大。

因此，使用这种减速方式也最好设置 Ⅱ 速阀约束解脱速度的上限，以防止推进剂供应量的变化过于剧烈。

第4章 热动力推进系统的流量调节阀控制

流量调节与压强调节同属转速开环控制的范畴。本章讨论开式循环鱼雷热动力推进系统的流量调节阀控制，针对海水背压变化进行补偿，以及可进行速制切换的流量调节阀控制方案展开讨论。本章内容包括动力推进系统的模型简化、流量调节阀控制的物理机理、实现形式、性能分析以及系统匹配分析。应当指出的是，压强调节与流量调节在数学处理上是统一的，本质上是一致的，只是其控制实现的形式不同而已。

4.1 流量调节阀控制的动力推进系统的模型简化

流量调节系统与压强调节系统是类似的，对系统数学模型进行的简化也很类似，其不同点主要表现在燃料泵后压强有所差别。

4.1.1 燃烧室特性分析

对于发动机的工质秒耗量，观察发动机的理论示功图(见图2.1)，在进气温度并不随进气压强作剧烈变动的情况下(开式循环鱼雷热动力系统正是如此，这是由于推进剂中燃烧剂、氧化剂以及冷却剂的配比恒定而使得燃烧温度基本恒定)，气缸的进气量主要由进气压强 p_1 决定，而排气压强 p_4 对进气量的影响则体现在提前进气阶段。p_4 的大小决定了乏气压缩过程结束时的气缸压强，于是影响了提前进气过程的进气量。但是无论如何，进气压强 p_1 是决定进气量的主要因素，在进气压降因数变动不大的情况下，进气量近似正比于进气压强。考虑到进气压强与燃烧室压强近似相等，在工况变化不大的范围内，发动机工质秒耗量中的正值组合因数可按照 $C_{em} \approx \text{const}$ 处理。

将发动机工质秒耗量代入燃烧室动态方程，其变形为

$$\frac{V_c}{RT_c C_{em}}\dot{p}_c + np_c = \frac{\dot{m}_{fi}}{C_{em}} \tag{4.1}$$

或

$$\dot{p}_c = a_{p0}\dot{m}_{fi} - a_{p1}\omega p_c \tag{4.2}$$

式中

$$a_{p0} = \frac{RT_c}{V_c} \tag{4.3}$$

$$a_{p1} = \frac{RT_c C_{em}}{2\pi V_c} \tag{4.4}$$

对于式(4.2)，由于转速变化的过渡过程比燃烧室压强变化的过渡过程要慢得多，式(4.2)近似为一个惯性环节，其时间常数 $1/(\omega a_{p1})$ 的值很小(对于轻型鱼雷，该值不到 0.1s；对于重型鱼雷，该值在 0.1 s 左右)，所以式(4.1) 可以简化为

$$p_c = \frac{a_{p0}}{a_{p1}\omega}\dot{m}_{fi} \tag{4.5}$$

或

$$p_c = \frac{2\pi \dot{m}_{fi}}{C_{em}\omega} \tag{4.6}$$

式(4.6) 给出了稳态情况下，燃烧室压强与推进剂供应量之间的量值估计关系。

当鱼雷运行于稳速调节过程中时，由于转速变动量很小，使用式(4.6) 描述系统动态过程是合适的，而当鱼雷运行于变速控制过程中时，由于转速变动量很大，式(4.6) 只能用来近似描述系统动态过程的初始阶段，而整个动态过程则须考虑转速的变动。然而无论对于哪种控制工况，燃烧室压强与推进剂流量的稳态值均可使用式(4.6) 来描述。显然，式中的角频率应取最终的稳态值。

4.1.2 热动力推进系统简化模型

鱼雷纵平面运动学方程为

$$\dot{y} = -v\sin\Theta \tag{4.7}$$

鱼雷纵平面运动动力学方程为

$$\dot{v} = a_{v0}\omega^2 - a_{v1}v\omega - a_{v2}v^2 - a_{v3}\Delta G\sin\Theta \tag{4.8}$$

动力系统动力学方程为

$$\dot{\omega} = a_{n0}p_c - a_{n1}y - a_{n2}\omega^2 + a_{n3}\omega v - \frac{a_{n4}}{\omega} - a_{n5} \tag{4.9}$$

燃烧室特性方程为

$$\dot{p}_c = a_{p0}\dot{m}_{fi} - a_{p1}\omega p_c \tag{4.10}$$

其中，式(4.9) 与描述压强控制方式的式(3.16) 是类似的，仅泵前、泵后压强有所不同。

4.2 流量调节机理

4.2.1 传递函数

某重型鱼雷是使用流量阀进行转速开环控制的典型代表，该鱼雷为双速制反舰反潜通用型鱼雷。转速控制的目的是使得鱼雷在不同航深下维持航速稳定，同时要求航速能够在两个速度之间转换。该任务由位于燃料泵和燃烧室之间的流量调节阀来完成。

该动力推进系统的特性由式(4.7)、式(4.8)、式(4.9)、式(4.10) 描述，在平衡点 $y_0=0$，$v_0=0$，$\omega_0=0$，$\dot{m}_{fi0}=0$，$p_{c0}=0$，$\Theta=0$ 处对系统进行线性化处理，并进行拉普拉斯变换，可以得到系统的传递函数表达式。系统的结构图如图 4.1 所示。其中，传递函数 $G_{ij}(s)$ 的下标 i 表示输入，j 表示输出；$G_c(s)$ 为控制机构传递函数。

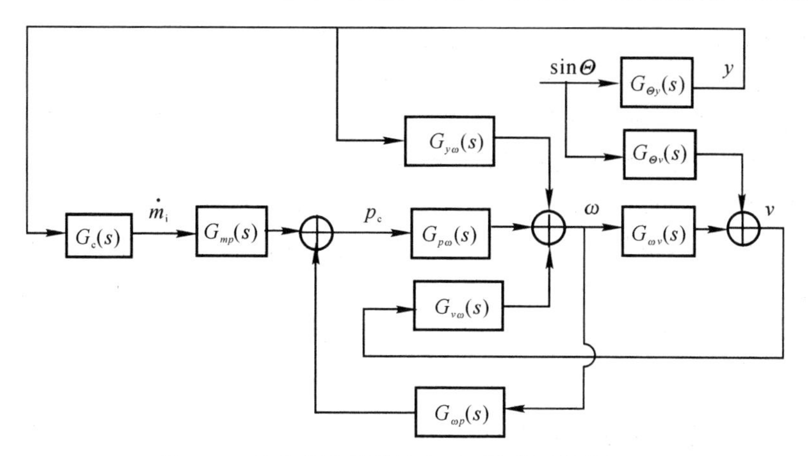

图 4.1　流量阀控制的转速开环控制系统结构图

在图 4.1 中：

$$G_{mp}(s)=\frac{k_{mp}}{\tau_p s+1} \tag{4.11}$$

$$G_{\omega p}(s)=-\frac{k_{\omega p}}{\tau_p s+1} \tag{4.12}$$

$$\tau_p=\frac{1}{a_{p1}\omega_0} \tag{4.13}$$

$$k_{mp}=a_{p0}\tau_p \tag{4.14}$$

$$k_{\omega p}=a_{p1}p_{c0}\tau_p \tag{4.15}$$

其余各传递函数的表达式与压强调节阀的情形相同，见第3 章。

由图 4.1 看出，转速由航速、航深和进入燃烧室的流量三项因素决定，即

$$\Delta\omega=G_{y\omega}(s)\Delta y+G_{p\omega}(s)[G_{mp}(s)\Delta\dot{m}_{fi}+G_{\omega p}(s)\Delta\omega]+G_{v\omega}(s)\Delta v \tag{4.16}$$

或

$$\Delta\omega[1-G_{p\omega}(s)G_{\omega p}(s)-G_{\omega v}(s)G_{v\omega}(s)]=[G_{y\omega}(s)+G_{p\omega}(s)G_{mp}(s)G_c(s)]\Delta y \tag{4.17}$$

显然，以上讨论忽略了鱼雷姿态对于航速的影响，此种情形对应于鱼雷水平航行时的工况。

如果设计控制机构，使得 $G_{y\omega}(s)+G_{p\omega}(s)G_{mp}(s)G_c(s)=0$，则进入燃烧室的流量就能够对航深造成的影响进行补偿，就可消除由于航深变化而带来的转速变化。按照该思想，考虑到 $G_{mp}(s)$ 是小惯性环节，观察式 $G_{y\omega}(s)$，$G_{mp}(s)$，$G_{p\omega}(s)$，只要控制机构传递函数为

$$G_c(s)\approx\frac{k_{y\omega}}{k_{mp}k_{p\omega}}=\frac{a_{n1}a_{p1}}{a_{n0}a_{p0}}\omega_0 \tag{4.18}$$

式(4.17) 就变形为

$$\Delta\omega[1-G_{p\omega}(s)G_{\omega p}(s)-G_{\omega v}(s)G_{v\omega}(s)]\approx 0 \tag{4.19}$$

不难发现，航深的影响完全被抑制，此时转速将只受到航速的影响，而在鱼雷水平航行状态下，如果转速不变，则航速就不变化，这样就完成了对系统转速的稳定调节。

该补偿方法从系统的物理特性角度来分析也是容易理解的。考察燃烧室特性简化的结果

以及关于发动机的工质秒耗量的分析，它们近似与进气压强和转速之积成正比，在转速基本不变的情况下，推进剂流量就对应了进气压强。与压强阀调节方式类似，当航深变化时，排气压强变化，只要进气压强（或推进剂流量）随之变化，就能够使得示功图沿压强轴平移，而其面积可以保持不变，因此其输出转矩也就得到了维持。

当鱼雷水平稳定航行时，推进器等功率吸收部件的吸收转矩与其转速是一一对应的关系，所以维持了发动机输出转矩的恒定也就维持了系统转速的稳定。因此，流量阀控制方案理论上可以保证鱼雷在不同航深下水平航行时的转速稳定。由于系统是开环的，所以在实际应用中其控制的精度取决于流量阀对航深影响进行补偿的准确度，这需要以大量的试验为基础，不断修正流量阀的设计使之达到所需要的精度。

4.2.2 姿态变化对系统的影响

尽管采用了以上控制措施，在鱼雷姿态变化（如变深）过程中，其转速还是会发生变化的。由类似于压强调节阀的分析可知，当存在式(4.18)描述的控制时，图 4.1 将得到简化，如图 4.2 所示。

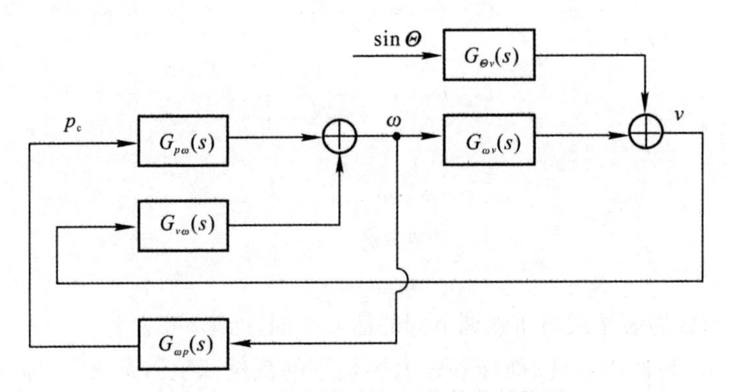

图 4.2 流量阀控制的系统简化结构图

考虑存在控制式(4.18)的情况下，弹道倾角到航速的传递函数为

$$G'_{\Theta v}(s)=\frac{G_{\Theta v}(s)[1-G_{\omega p}(s)G_{p\omega}(s)]}{1-G_{\omega v}(s)G_{v\omega}(s)-G_{\omega p}(s)G_{p\omega}(s)}=$$

$$-\frac{K_{\Theta v}(B_2 s^2+B_1 s+1)}{A_3 s^3+A_2 s^2+A_1 s+1} \tag{4.20}$$

式中

$$A_1=\frac{\tau_v+\tau_\omega+\tau_p-k_{\omega v}k_{v\omega}\tau_p+k_{\omega p}k_{p\omega}\tau_v}{1-k_{\omega v}k_{v\omega}+k_{\omega p}k_{p\omega}} \tag{4.21}$$

$$A_2=\frac{\tau_v\tau_\omega+\tau_p(\tau_v+\tau_\omega)}{1-k_{\omega v}k_{v\omega}+k_{\omega p}k_{p\omega}} \tag{4.22}$$

$$A_3=\frac{\tau_v\tau_\omega\tau_p}{1-k_{\omega v}k_{v\omega}+k_{\omega p}k_{p\omega}} \tag{4.23}$$

$$K_{\Theta v}=\frac{k_{\Theta v}(1+k_{p\omega}k_{\omega p})}{1-k_{\omega v}k_{v\omega}+k_{\omega p}k_{p\omega}} \tag{4.24}$$

$$B_2 = \frac{\tau_\omega \tau_p}{1 + k_{p\omega} k_{\omega p}} \tag{4.25}$$

$$B_1 = \frac{\tau_\omega + \tau_p}{1 + k_{p\omega} k_{\omega p}} \tag{4.26}$$

该三阶系统表现为过阻尼特性。弹道倾角的输入形式可以用阶跃形式来给出，这样处理干扰信号更偏恶劣一些。系统航速对于阶跃形式输入的弹道倾角信号的响应稳态值为

$$\Delta v_{t\to\infty} = \lim_{s\to 0} G'_{\Theta v}(s)\sin\Theta = -\sin\Theta K_{\Theta v} \tag{4.27}$$

由图 4.2 可知，弹道倾角到转速的传递函数为

$$G_{\Theta\omega}(s) = \frac{G_{\Theta v}(s) G_{v\omega}(s)}{1 - G_{\omega v}(s) G_{v\omega}(s) - G_{\omega p}(s) G_{p\omega}(s)} = \frac{K_{\Theta\omega}(\tau_p s + 1)}{A_3 s^3 + A_2 s^2 + A_1 s + 1} \tag{4.28}$$

式中，分母的因数见式(4.21)、式(4.22)、式(4.23)，而开环增益为

$$K_{\Theta\omega} = \frac{k_{\Theta v} k_{v\omega}}{1 - k_{\omega v} k_{v\omega} + k_{\omega p} k_{p\omega}} \tag{4.29}$$

转速对于阶跃输入的弹道倾角信号响应的稳态值为

$$\Delta\omega_{t\to\infty} = \lim_{s\to 0} G_{\Theta\omega}(s)\sin\Theta = -\sin\Theta K_{\Theta\omega} \tag{4.30}$$

类似于第 3 章的分析，在流量阀控制下，在鱼雷姿态变化的情况下，使用泵喷射推进器的系统相对于使用对转螺旋桨的系统而言，其转速的变化会更小一些。

比较压强控制方式与流量控制方式，以同样的姿态角变深，流量控制方式形成的稳态转速偏差、航速偏差均较压强控制方式的小。这是由于根据航深给出的推进剂供应量在发动机转速变动的情况下，改变了燃烧室压强的结果。例如，负浮力鱼雷在上爬过程中，流量控制机构随时根据当地航深提供相应的推进剂供应量，然而由于推进器负荷加大使得转速降低，根据发动机工质秒耗量与转速、燃烧室压强的关系可知，燃烧室压强必然较压强控制方式下的大，所以转速将较压强控制方式下的高，而负浮力鱼雷在下潜过程中，推进器负荷减小使得转速升高，燃烧室压强必然较压强控制方式下的小，所以转速将较压强控制方式下的低。

最后应该指出，在变深过程中，流量调节阀的过渡过程相对于整个系统的转速过渡过程是很快的，其输出压强对于鱼雷航深的响应可以用比例环节[见式(4.18)]来描述。

4.2.3　流量阀控制方案的变速

观察图 4.1，略去弹道倾角的影响，不难得到系统结构图，如图 4.3 所示。而流量到转速的传递函数为

$$G_{m\omega}(s) = \frac{G_{mp}(s) G_{p\omega}(s)}{1 - G_{\omega v}(s) G_{v\omega}(s) - G_{\omega p}(s) G_{p\omega}(s)} = \frac{K_{m\omega}(\tau_v s + 1)}{A_3 s^3 + A_2 s^2 + A_1 s + 1} \tag{4.31}$$

式中，分母中的系数见式(4.21)、式(4.22)、式(4.23)，而开环增益为

$$K_{m\omega} = \frac{k_{mp} k_{p\omega}}{1 - k_{\omega v} k_{v\omega} + k_{\omega p} k_{p\omega}} \tag{4.32}$$

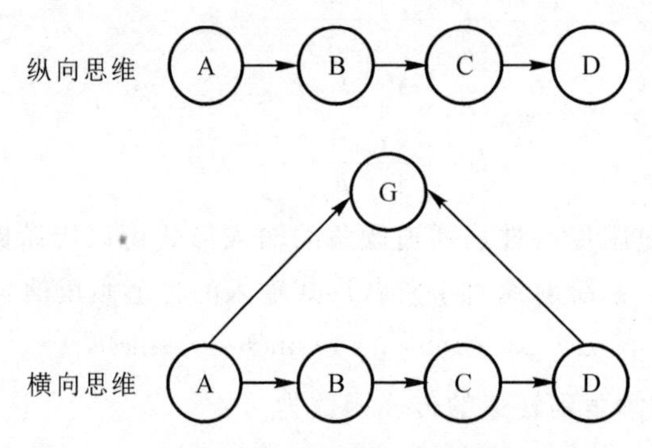

图 4.3　流量阀控制的转速开环控制系统结构图

式(4.31)描述的系统表现为过阻尼特性，它的输出(转速)对于阶跃信号的输入(流量变化)的响应是一个单调过程。

因为 k_{mp}，$k_{\omega p}$ 是稳定角速度 ω_0 的函数，故 $K_{m\omega}$ 也是稳定转速的函数，所以双速流量调节阀的两个控制位置的配置也必须按照式(4.32)表示的开环增益来估算，而在每个控制位置上对航深的补偿应按照式(4.18)进行，对于航深进行补偿的程度是不同的。

应该指出，使用流量调节阀进行变速有可能引起燃烧室压强的超调，不利于系统的安全运行。推进剂流量至燃烧室压强的传递函数为

$$G'_{mp}(s)=G_{mp}(s)+G_{\omega p}(s)G_{m\omega}(s)=$$

$$\frac{K_{mp}(D_3s^3+D_2s^2+D_1s+1)}{C_4s^4+C_3s^3+C_2s^2+C_1s+1} \tag{4.33}$$

式中

$$C_4=A_3\tau_p \tag{4.34}$$

$$C_3=A_2\tau_p+A_3 \tag{4.35}$$

$$C_2=A_1\tau_p+A_2 \tag{4.36}$$

$$C_1=A_1+\tau_p \tag{4.37}$$

$$K_{mp}=k_{mp}-k_{\omega p}K_{m\omega} \tag{4.38}$$

$$D_3=\frac{A_3k_{mp}}{K_{mp}} \tag{4.39}$$

$$D_2=\frac{A_2k_{mp}}{K_{mp}} \tag{4.40}$$

$$D_1=\frac{A_1k_{mp}-k_{\omega p}K_{m\omega}\tau_v}{K_{mp}} \tag{4.41}$$

其中，A_1，A_2，A_3 分别见式(4.21)、式(4.22)、式(4.23)。

对于式(4.33)表示的系统输入阶跃流量信号，燃烧室压强响应出现超调，但是响应曲线仅出现一个峰值，在达到最高值后，又逐步衰减至稳态。

考察燃烧室特性简化的结果可知，推进剂流量近似与进气压强和转速之积成正比。在转速基本不变的情况下，推进剂流量对应于进气压强，所以在对于航深进行补偿从而维持发动机输出功率恒定方面，流量阀调节和压强阀调节是相似的。但在变速工况下，例如加速过程，如果流量阀的动作相对于转速的变化很快，流量已经到达了高速制的要求值，但转速增大得较

慢，则压强必然超调很大，随着转速的逐步攀升，燃烧室压强会逐步下降至稳态值。而在减速过程中，如果流量阀的动作相对于转速的变化很快，流量已经到达了低速制的要求值，但转速减小得较慢，则压强必然反向超调很大，随着转速的逐步降低，燃烧室压强会逐步上升至稳态值。因此在流量阀变速的过程中，双速制流量调节阀的两个控制位置之间的转换不应过快，以免对燃烧室形成过大的压强冲击。

4.3　流量调节的实现

4.3.1　流量调节阀机理模型

1. 主阀机理模型

流量调节阀的工作原理如图 4.4 所示，系统构成如图 4.5 所示，其上部阀芯为平衡阀芯，中部阀芯为主阀芯，下部阀芯为节流阀芯。

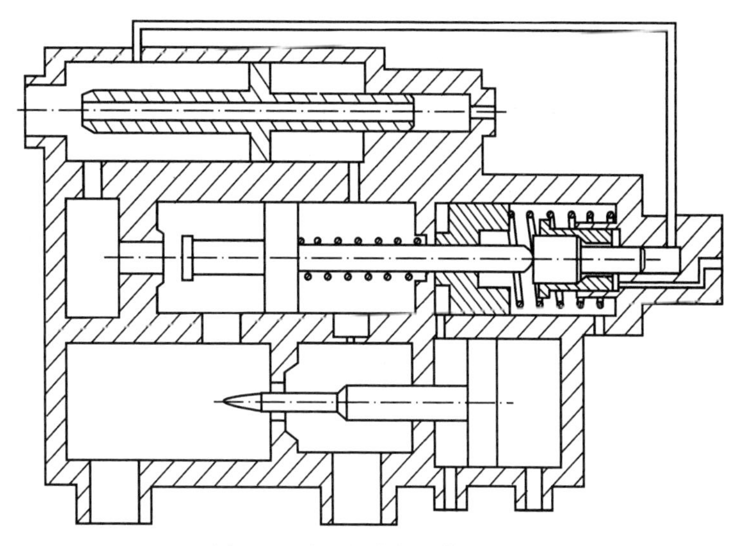

图 4.4　流量调节阀工作原理图

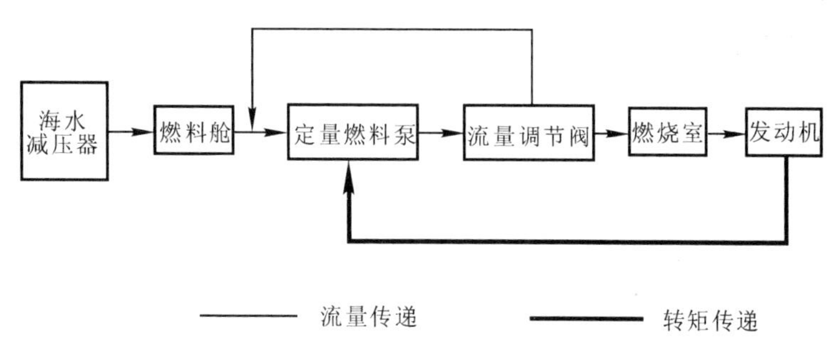

图 4.5　流量调节系统构成简图

节流阀芯左、右两侧分别接定量燃料泵的出口和燃烧室头部单向阀，由位于其右方的活塞（由海水泵后的带压海水驱动）带动，共有两个稳定位置，每一个位置对应了一个过流面积。其两侧的压差和过流面积共同作用，向燃烧室供应合适的推进剂流量。

平衡阀芯左侧出口为回流口，接定量燃料泵的进口，右侧同样承受定量燃料泵的进口压强。平衡阀芯左、右主承压面积近似相等，其结构设计能够良好地协调流体静压力、液动力之间的关系，使得主承压面积两侧压强近似相等。由于平衡阀的左、右两腔分别与主阀口下游、主阀主承压面右侧相连通，所以主阀口下游、主阀主承压面右侧的压强也能够近似相等。平衡阀的存在可以使得主阀口处的节流压强差大幅度减小，降低了主阀口过流量（系统溢流量）对于主阀开度变化的敏感程度，有利于主阀的工作，同时将燃料由泵后高压区向泵前低压区的溢流分成两次进行，有利于降低流体噪声。

主阀芯左、右两端的承压面面积相同，且承受相同的压强，这便构成了一对平衡力。主阀芯右侧感知海水压强，由于主承压面左侧与节流阀左侧相连通，主承压面右侧则通过阻尼孔与节流阀右侧相连通，所以在稳态时主承压面两侧的压强分别等同于节流阀两侧的压强。其结构设计能够良好地协调海水侧流体静压力、燃料侧流体静压力、弹簧弹力之间的关系，对应于不同的海水背压，给出合理的节流阀两侧的压差，配合不同的节流阀过流面积来间接地控制推进剂的供应流量，从而达到对航深进行补偿的目的。

主阀主承压面右侧与节流阀右侧之间的阻尼孔加大了平衡阀芯和主阀芯的运动阻尼，可以改善它们在过渡过程中的动态品质。为了配合两个节流阀过流面积，海水侧承压面积也是两个，它们切换时也由海水泵后高压海水驱动，并与节流阀的位置切换协调进行。

系统共有两个稳态工作位置，体现在节流阀口的两个面积、海水背压受力面的两个面积之上。当系统进行变速时，泵后高压海水注入或排出，海水背压受力面积切换，驱动活塞带动节流阀芯运动，节流阀口面积改变，于是流量调节阀供入燃烧室的推进剂供应量发生变化，系统最终在新的平衡点处达到平衡。

主节流口流量方程为

$$\dot{m}_{fi}=C_g A_g\sqrt{2\rho_f(p_{bo}-p_2)} \tag{4.42}$$

式中：$\dot{m}_{fi}$ —— 供入燃烧室的燃料质量流量；

C_g —— 流量因数；

A_g —— 可变节流口面积；

ρ_f —— 燃料密度；

p_{bo} —— 泵后压强；

p_2 —— 调节阀出口压强。

主阀溢流口流量方程为

$$\dot{m}_y=2\pi r_f x_f C_y\sqrt{2\rho_f(p_{bo}-p_{1l})} \tag{4.43}$$

式中：$\dot{m}_y$ —— 溢流量；

r_f —— 主阀口半径；

C_y —— 流量因数；

x_f —— 主阀开度；

p_{1l} —— 主阀下游压强，等于平衡阀左腔室压强。

主阀力平衡方程为

$$(m_f+0.5m_{kf})\ddot{x}_f=F_{yfw}-F_{kf0}-k_f x_f+F_{yfs}-F_{cf}-p_h A_h \tag{4.44}$$

式中：m_f，m_{kf} —— 分别为阀芯和调节弹簧的质量；

F_{yfw} —— 燃料作用于阀芯上的稳态力，主阀口的结构形式决定了稳态液动力很小，可忽略；

F_{kf0} —— 阀关闭时弹簧的弹力；

k_f —— 弹簧的刚度；

F_{yfs} —— 瞬态液动力；

F_{cf} —— 阀芯运动所受到的黏性摩擦力；

p_h —— 海水背压；

A_h —— 可变海水背压感受面积。

燃料作用于阀芯上的稳态力：

$$F_{yfw}=(p_{bo}-p_{1r})A_f \tag{4.45}$$

式中：A_f—— 主阀承压面积；

p_{1r}—— 主阀右腔室压强，等于平衡阀右腔室压强。

瞬态液动力为

$$F_{yfs}=L_{yf}\frac{\mathrm{d}\dot{m}_y}{\mathrm{d}t} \tag{4.46}$$

式中：L_{yf}—— 主阀口左侧腔室内的当量液柱长度。

阀芯运动所受到的阻尼力为

$$F_{cf}=2\pi r_{fg}L_{fg}\mu\frac{\dot{x}_f}{\delta_{fg}} \tag{4.47}$$

式中：r_{fg} —— 主阀杆半径；

L_{fg}—— 主阀杆当量摩擦长度；

μ —— 燃料动力黏度；

δ_{fg} —— 主阀杆与导套的间隙。

2. 平衡阀机理模型

平衡阀力平衡方程为

$$m_b\ddot{x}_b=F_{ybw}+F_{ybs}-F_{cb} \tag{4.48}$$

式中：m_b —— 阀芯质量；

x_b —— 阀开度；

F_{ybw}—— 燃料作用于阀芯上的稳态力，包括静压力和稳态液动力；

F_{ybs}—— 瞬态液动力；

F_{cb} —— 阀芯运动所受到的黏性摩擦力。

燃料作用于阀芯上的力为

$$F_{ybw}=p_{1l}A_{b1l}-p_{1r}A_{b1r}+p_{bi}A_{bil}-p_{bi}A_{bir}-(p_{1l}A_b\cos\theta_b+\dot{m}_y v_{ybx}\cos\theta_b-\dot{m}_y v_{ybi}) \tag{4.49}$$

式中：A_{b1l}，A_{b1r} —— 分别为阀左、右高压承压面积；

p_{bi} —— 泵前压强；

A_{bir}，A_{bil} —— 分别为阀芯右侧及左侧泵前压强感受面积；

θ_b —— 阀口处液流射流角；

v_{ybx} —— 阀口处液流速度，即

$$v_{ybx}=\frac{\dot{m}_y}{A_b\rho_f} \tag{4.50}$$

v_{ybi} —— 阀口下游液流速度，即

$$v_{ybi}=\frac{\dot{m}_y}{A_{bir}\rho_f} \tag{4.51}$$

A_b —— 阀口过流面积，即

$$A_b=2\pi r_b x_b \sin\theta_b \tag{4.52}$$

式中：r_b—— 阀口半径。

式(4.49)右侧括号中的部分描述稳态液动力。

瞬态液动力为

$$F_{ybs}=L_{yb}\frac{\mathrm{d}\dot{m}_y}{\mathrm{d}t} \tag{4.53}$$

式中：L_{yb}—— 阀口至泵前当量液柱长度。

阀芯运动所受到的阻尼力为

$$F_{cb}=2\pi r_{bg}L_{bg}\mu\frac{\dot{x}_b}{\delta_{bg}} \tag{4.54}$$

式中：r_{bg} —— 平衡阀杆半径；

L_{bg}—— 平衡阀杆当量摩擦长度；

δ_{bg}—— 平衡阀杆与导套的间隙。

平衡阀过流量为

$$\dot{m}_y=C_bA_b\sqrt{2\rho_f(p_{1l}-p_{bi})} \tag{4.55}$$

式中：C_b—— 流量因数。

p_{1r} 与 p_2 的关系由位于主阀右腔与节流阀右腔之间的阻尼孔特性决定，阻尼孔的作用在于对主阀芯的运动产生阻尼。其关系式为

$$A_{f1r}\dot{x}_f+A_{b1r}\dot{x}_b=C_zA_z\sqrt{\frac{2}{\rho_f}(p_{1r}-p_2)} \tag{4.56}$$

式中：C_z —— 流量因数；

A_z —— 阻尼孔面积。

4.3.2 能供系统其余部分机理模型

定量泵质量流量方程为

$$\dot{m}_{bf}=C_Bn \tag{4.57}$$

连续方程为

$$\dot{m}_{bf}=\dot{m}_{fi}+\dot{m}_y \tag{4.58}$$

弹性喷嘴结构示意如图 4.6 所示，其流量表达为

$$\dot{m}_{fi}=C_pA_p\sqrt{2\rho_f(p_3-p_c)} \tag{4.59}$$

式中：C_p —— 流量因数；

p_3 —— 喷嘴前压强；

A_p —— 过流面积，即

$$A_p = 2\pi r_p x_p \sin\theta_p \tag{4.60}$$

式中：r_p —— 阀芯半径；

x_p —— 喷嘴开度；

θ_p —— 阀口处射流角。

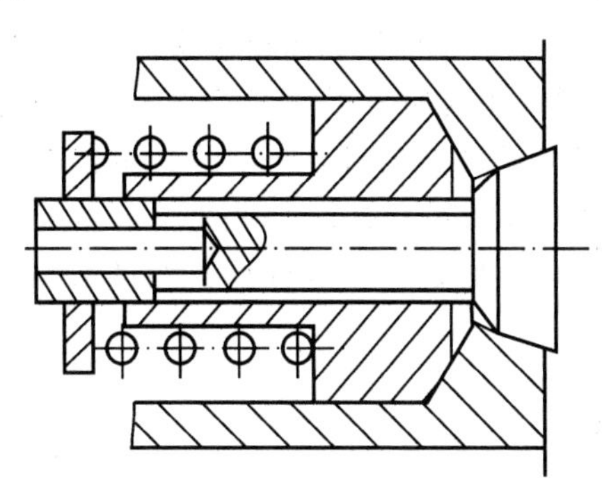

图 4.6　弹性喷嘴结构示意

喷嘴阀芯力平衡方程为

$$(m_p + 0.5m_{kp})\ddot{x}_p = F_{ypw} - F_{kp0} - k_p x_p - F_{yps} - F_{cp} \tag{4.61}$$

式中：m_p，m_{kp} —— 分别为阀芯和弹簧质量；

F_{ypw} —— 燃料作用于阀芯上的稳态力，包括静压力和稳态液动力两项；

F_{kp0} —— 阀关闭时弹簧的弹力；

k_p —— 弹簧的刚度；

F_{yps} —— 瞬态液动力；

F_{cp} —— 阀芯运动所受到的黏性摩擦力。

燃料作用于阀芯上的稳态力为

$$F_{ypw} = (p_3 - p_c)A_{pp} - \dot{m}_i v_{ypx} \cos\theta_p \tag{4.62}$$

式中：A_{pp} —— 阀芯承压面积；

v_{ypx} —— 阀口处液流速度，即

$$v_{ypx} = \frac{\dot{m}_{fi}}{A_p \rho_f} \tag{4.63}$$

瞬态液动力为

$$F_{yps} = L_{yp} \frac{d\dot{m}_{fi}}{dt} \tag{4.64}$$

式中：L_{yp} —— 喷嘴腔室内的当量液柱长度。

阀芯运动所受到的阻尼力为

$$F_{cp} = 2\pi r_{pg} L_{pg} \mu \frac{\dot{x}_p}{\delta_{pg}} \tag{4.65}$$

式中：r_{pg} —— 阀杆半径；

L_{pg} —— 阀杆当量摩擦长度；

δ_{pg} —— 阀杆与导套的间隙。

4.3.3 动力推进系统机理模型

由式(4.42)、式(4.43)、式(4.44)、式(4.48)、式(4.55)、式(4.56)、式(4.57)、式(4.58)、式(4.59)、式(4.61) 以及前述方程式(4.7)、式(4.8)、式(4.9)、式(4.10) 构成整个动力推进系统的机理模型。该方程组封闭，输入背压、弹道倾角以及换速信号，可进行动态过程的求解。

当鱼雷运行于浅航深时，供入燃烧室的推进剂流量变小，而定排量燃料泵的流量近似恒定，所以回流量会很大，这将额外消耗发动机相当数量的输出功率。而当鱼雷运行于大航深时，供入燃烧室的推进剂流量变大，回流量变小，但此时泵输出压力升高了，同样也将额外消耗发动机相当数量的输出功率。与压强阀类似，这同样是该调节阀、该控制方案本质上的缺点，是无法克服的。

4.3.4 比例控制的实现

对式(4.42) 求微分，得

$$\mathrm{d}\dot{m}_{\mathrm{fi}}=C_{\mathrm{g}}A_{\mathrm{g}}\sqrt{\frac{\rho_{\mathrm{f}}}{2\Delta p_{0}}}\,\mathrm{d}\Delta p \tag{4.66}$$

式中，$\Delta p = p_{\mathrm{bo}} - p_{2}$。

根据式(4.44)、式(4.45)，分析阀的稳态力，可得

$$A_{\mathrm{f}}\mathrm{d}\Delta p = k_{\mathrm{f}}\mathrm{d}x_{\mathrm{f}} + A_{\mathrm{h}}\mathrm{d}p_{\mathrm{h}} \approx A_{\mathrm{h}}\mathrm{d}p_{h} \tag{4.67}$$

这里利用了阀门开度的变化量很小的假设，即 $\mathrm{d}x_{\mathrm{f}} \approx 0$。将式(4.67) 代入式(4.66)，得

$$\frac{\mathrm{d}\dot{m}_{\mathrm{fi}}}{\mathrm{d}p_{\mathrm{h}}}=C_{\mathrm{g}}A_{\mathrm{g}}\sqrt{\frac{\rho_{\mathrm{f}}}{2\Delta p_{0}}}\,\frac{A_{\mathrm{h}}}{A_{\mathrm{f}}} \tag{4.68}$$

这样也就近似实现了流量阀控制所要求的理论关系。当然，在两个速制的稳态设计点处，有不同的 A_{g}，A_{h} 及 Δp_{0} 数值。

对应到前述的控制机构传递函数式(4.18)，将式(4.68) 改写为

$$\frac{\mathrm{d}\dot{m}_{\mathrm{fi}}}{\mathrm{d}y}=C_{\mathrm{g}}A_{\mathrm{g}}\sqrt{\frac{\rho_{\mathrm{f}}}{2\Delta p_{0}}}\,\frac{A_{\mathrm{h}}}{A_{\mathrm{f}}}\rho_{\mathrm{w}}g \tag{4.69}$$

式(4.69) 应当等同于式(4.18)，而流量调节阀的关键结构参数显然应当满足关系：

$$C_{\mathrm{g}}A_{\mathrm{g}}\sqrt{\frac{\rho_{\mathrm{f}}}{2\Delta p_{0}}}\,\frac{A_{\mathrm{h}}}{A_{\mathrm{f}}}\rho_{\mathrm{w}}g=\frac{a_{n1}a_{p1}}{a_{n0}a_{p0}}\omega_{0} \tag{4.70}$$

将式(3.17)、式(3.18)、式(4.3)、式(4.4) 代入式(4.70)，得到

$$\frac{C_{\mathrm{g}}A_{\mathrm{g}}}{\sqrt{\Delta p_{0}}}\,\frac{A_{\mathrm{h}}}{A_{\mathrm{f}}}=\frac{B}{A-\dfrac{C_{\mathrm{f}}}{C_{\mathrm{e}}}}\,\frac{C_{\mathrm{em}}}{\pi\sqrt{2\rho_{\mathrm{f}}}}\omega_{0} \tag{4.71}$$

由于 $A \gg C_{\mathrm{f}}/C_{\mathrm{e}}$，所以式(4.71) 可以简化为

$$\frac{C_{\mathrm{g}}A_{\mathrm{g}}}{\sqrt{\Delta p_{0}}}\,\frac{A_{\mathrm{h}}}{A_{\mathrm{f}}}=\frac{B}{A}\,\frac{C_{\mathrm{em}}}{\sqrt{2\rho_{\mathrm{f}}}}\omega_{0} \tag{4.72}$$

由此看出，与压强调节方式类似，流量调节阀的关键结构参数与发动机特性是紧密关联的。整个系统控制性能的优劣取决于流量调节阀对于发动机排气压强变化予以补偿的准确性，这也是开环控制方式的普遍特征。

另外，由式(4.72) 也可看出，为了在不同的指令转速 ω_0 下完成航深补偿功能，流量调节阀的关键结构参数也必须是可变的，在式(4.72) 中，A_g，A_h，Δp_0，C_g 的两组量值对应了两个稳态转速。

4.3.5　算例

图 4.7 ～ 图 4.16 给出了鱼雷换速时的状态变量变化情况。其中，图 4.7 和图 4.8 给出了鱼雷以较低的换速速度由 Ⅱ 速向 Ⅰ 速换速时的状态变量变化情况。两图中，纵坐标描述各状态变量相对于变速前的稳态值进行归一化处理所得的无量纲量，图 4.7 中，曲线 1,2 分别描述主阀和喷嘴的开度，图 4.8 中，曲线 1 ～ 4 分别描述了燃料供应量、燃烧室压强、喷嘴前压强、发动机转速的变化情况。

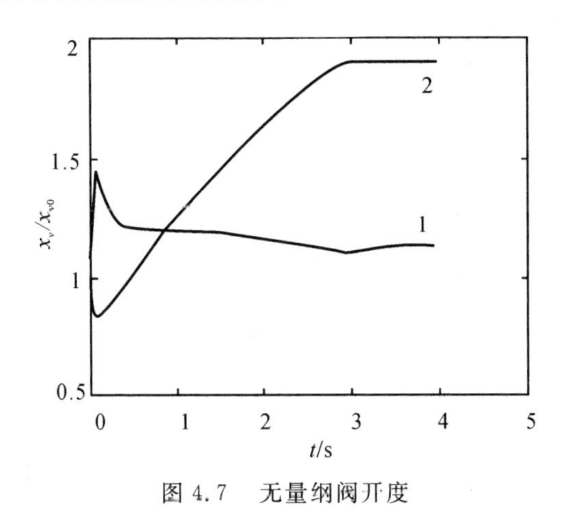

图 4.7　无量纲阀开度

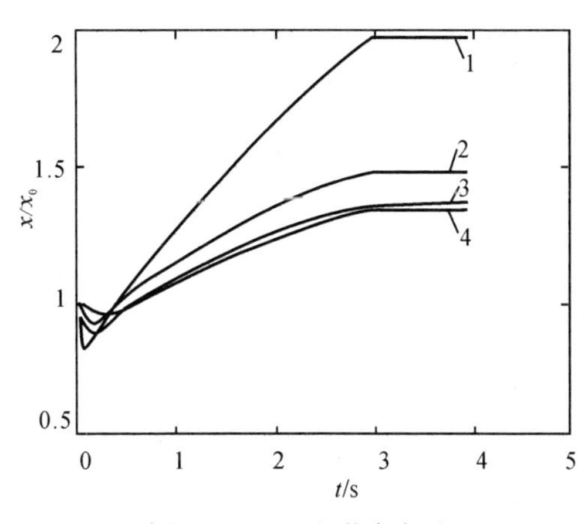

图 4.8　无量纲状态变量

由图看出，在变速初始阶段，由于海水背压承压面积的迅速变化，引起了主阀开度、推进剂溢流量的瞬时加大，造成推进剂供应量、燃烧室压强、发动机转速出现了一定程度的反冲。该反冲幅度随推动背压柱塞运动的速度增大而增大；随背压柱塞开始运动时刻与主节流面积开始变化时刻的时间差增大而增大；随主节流面积变化速度增大而减小。在变速终了阶段，燃烧室压强出现了不大的超调，该超调是由于推进剂供应流量已经基本达到稳态值，而转速不能同步跟上造成的。该超调幅度随换速速度的增大而增大，但系统转速仍然不会发生超调。由于换速过程较慢，系统各状态变量变化平稳，均不发生振荡现象。

图 4.9 ～ 图 4.12 同样给出了鱼雷由 Ⅱ 速向 Ⅰ 速换速时的状态变量变化情况，与图 4.7 ～ 图 4.8 描述的情形相比较，它的换速速度提高了。四个图中纵坐标描述各状态变量相对于变速前的稳态值进行归一化处理所得的无量纲量。图 4.9、图 4.10 分别描述主阀和喷嘴的开度；图 4.11 描述喷嘴前压强的细节；图 4.12 中，曲线 1 ～ 4 分别描述了燃料供应量、燃烧室压强、喷嘴前压强、发动机转速的变化情况。

由于海水背压承受面积先于主节流口面积完成切换，主阀开度迅速增大，所以推进剂供应量、燃烧室压强、喷嘴开度以及发动机转速均出现明显反冲。而后主节流口面积瞬时完成切换，主阀又迅速关小，造成推进剂供应量呈近似阶跃变化的情况。宏观上，由于燃烧室压强对于流量的响应是纯延迟加近似的惯性环节，所以约经过 3 倍时间常数值燃烧室压强即达到峰值。由于系统的大惯性特征，发动机转速的变化相对要缓慢得多，为了在较低的转速下消耗掉足量的推进剂供应量，发动机气缸每次配气的进气量必将加大，这将导致燃烧室压强必定发生较大的超调。

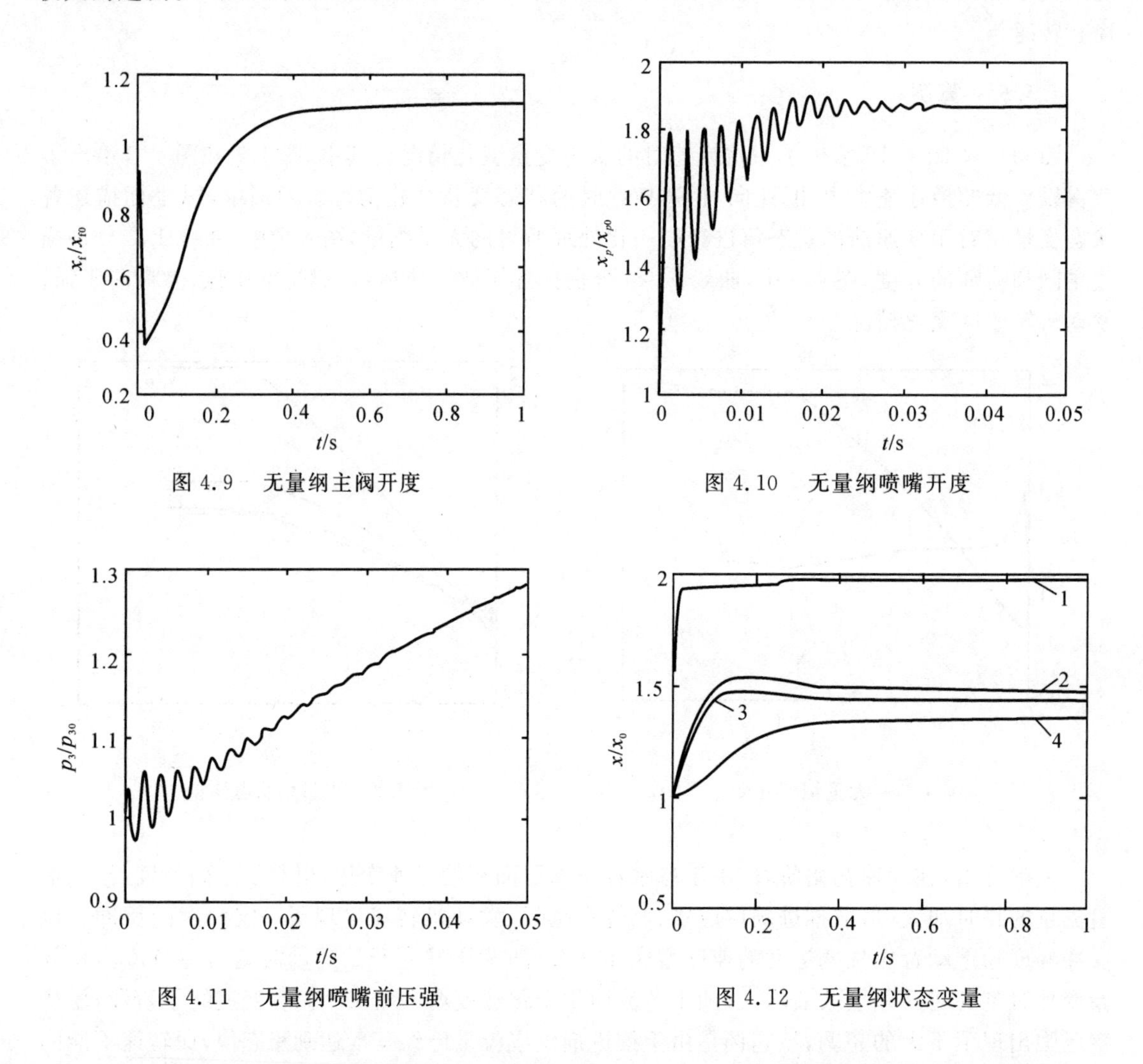

图 4.9　无量纲主阀开度

图 4.10　无量纲喷嘴开度

图 4.11　无量纲喷嘴前压强

图 4.12　无量纲状态变量

二阶环节特性的弹性喷嘴，面对如此剧烈的推进剂供应量的变化而发生了高频振荡响应(振荡细节见图 4.10)。尽管该振荡迅速衰减，但在微观上已经对燃烧室的正常汽化、热分解过程造成了极大的干扰，容易产生燃料的堆积、回火与爆燃。另外，对于采用旋转燃烧室的系统，由于燃料液体密封面处的压紧力来自于弹性喷嘴前的压强，此处出现高频大强度的压强振荡，有可能破坏密封面处的工作条件，例如，其液膜分布情况会造成密封、摩擦情况变化，甚至造成局部过热从而引起燃料热爆。此处形成的过大的高压区压强超调以及弹性环节的振荡，是换速爆炸事故发生的诱发因素。

图 4.13 ～ 图 4.14 给出了鱼雷由 Ⅰ 速向 Ⅱ 速换速时的状态变量变化情况，它的特征与加速情形一致。两图中，纵坐标描述各状态变量相对于变速前的稳态值进行归一化处理所得的无量纲量。图 4.13 中，曲线 1，2 分别描述主阀和喷嘴的开度；图 4.14 中，曲线 1 ～ 4 分别描述燃料供应量、燃烧室压强、喷嘴前压强、发动机转速的变化情况。

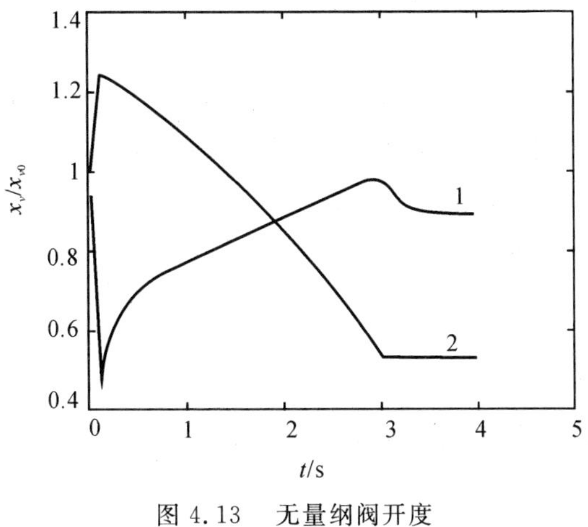

图 4.13　无量纲阀开度

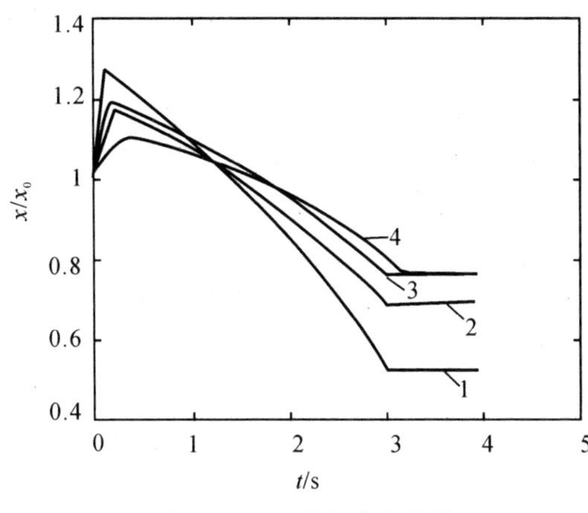

图 4.14　无量纲状态变量

应指出，发动机地面试验台架与鱼雷实航的工作条件有所不同。由于水力测功器的存在，使得系统折合转动惯量较实雷大，所以转速的过渡过程较实雷慢，由此造成的燃烧室压强超调则较实雷大。

根据以上分析得到系统如下特性：

(1) 燃烧室压强超调是由于系统转速变化跟不上推进剂供应量的变化而造成的，为了减小该超调，应加长主节流口面积变化时段。

(2) 换速过程中的流量、压强的反冲是由于背压承受面积切换过早造成的，为减小该反冲，应适当提前主节流口面积切换开始时刻，并配合以适当的切换速度。

(3) 弹性喷嘴振荡是由剧烈的推进剂供应量变化以及自身子系统的二阶特性决定的，为了消除该振荡，应加长主节流口面积变化时段，并适当调整喷嘴特性。

图 4.15 ～ 图 4.16 给出了负浮力鱼雷在下潜变深过程中，各状态变量的变化情况。两图中，纵坐标描述各状态变量相对于变深前的稳态值进行归一化处理所得的无量纲量。图 4.16 中，曲线1 ～ 4 分别描述燃烧室压强、燃料供应量、鱼雷航速、发动机转速的变化情况。

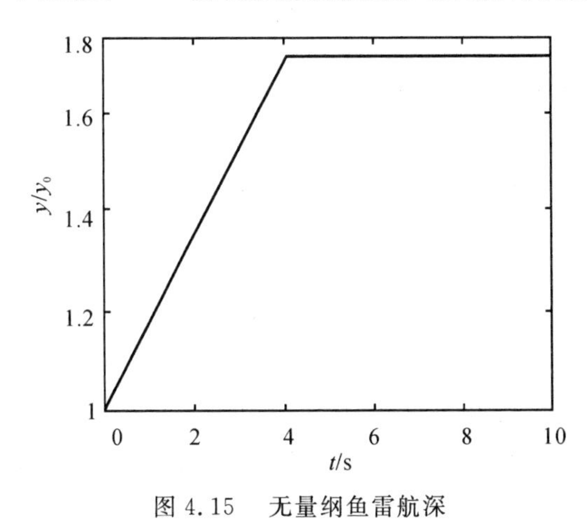

图 4.15　无量纲鱼雷航深

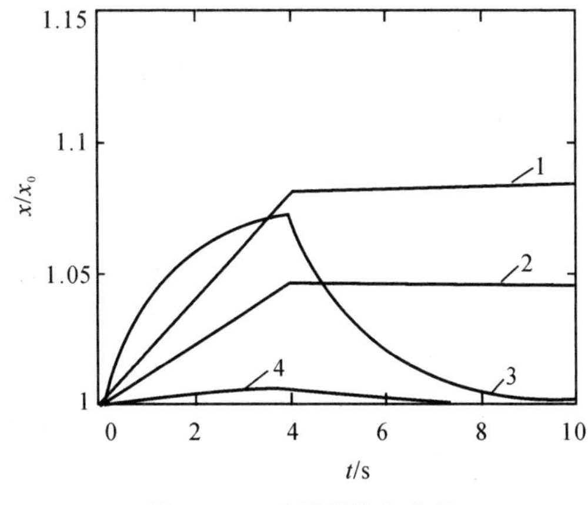

图 4.16　无量纲状态变量

由图示可知，在变深过程中，由于负浮力的影响，造成推进器负荷变化，从而使得变深状态相对于水平直航状态发生偏离，在变深过程结束后，系统自稳定地归回水平直航状态的平衡点。

正如在 4.2.2 小节中讨论的那样"以同样的姿态角变深，流量控制方式形成的稳态转速偏差、航速偏差均较压强控制方式的小"。在下潜过程中，流量控制形成的推进剂供应量小于压强控制形成的推进剂供应量，于是形成的转速偏差较小；而在上爬过程中，流量控制形成的推进剂供应量大于压强控制形成的推进剂供应量，于是形成的转速偏差也较小；对应到压强方面，两种控制形式形成的变动趋势正相反。因此流量控制方式在变深工况中的稳速性能更优越。

4.4 流量调节阀性能分析及系统匹配

4.4.1 流量调节阀结构参数对于性能的影响

观察发动机输出转矩与进气压强、排气压强的关系，以及流量与燃烧室压强的稳态关系，通过类似于压强调节阀的分析可知，从系统物理意义的角度上讲，流量调节阀的功能关系也可以表达为：该阀的航深补偿功能体现在使得气缸进气压强相对于稳态设计点的偏量与排气压强相对于稳态设计点的偏量成正比。考虑到稳速工况下气缸进气压强与工质秒耗量的对应关系，而排气压强与背压近似相同，从实现的角度上讲，阀的功能又转化为推进剂流量对于稳态设计点的偏量与背压相对于稳态设计点的偏量近似成正比。

根据对流量调节阀的传递函数实现[见式(4.68)]的分析可知，该比例关系主要由主阀承压面积与背压柱塞面积之比来保证，而该阀的控制精度则是由阀特性对于系统特性的近似程度决定的。从另外的一个侧面也说明了该阀只能在一个稳态点上实现无差控制，而在整个工况范围内只能实现近似的输出功率恒定。

而阀的稳态设计点则是保证在某一工况下，式(2.44)的值恰好与系统阻转矩相等，显然，该要求主要由主阀承压面积、背压柱塞面积、调节弹簧刚度、弹簧预压缩量来保证，而平衡阀的设计应使得该阀两侧压强尽量相等，主节流口面积应良好配合主阀形成的压差，以获得准确的推进剂供应量。显然，流量调节阀比压强调节阀复杂得多，但是，"复杂"获得的好处主要在于启动点火特性的优良。在系统点火阶段，液体推进剂点燃与固体火药柱燃尽的瞬时，燃烧室压强都将发生较剧烈的变化，压强调节阀响应该变化，也必将产生大幅、快速变化的推进剂供应量。相比较而言，流量调节阀对于燃烧室压强不敏感，流量调节方案的推进剂供应量就平稳得多。

与压强调节阀类似，流量调节阀的设计也应遵循如下原则：

(1) 根据发动机特性，取得不同航深下的燃烧室压强、工质秒耗量稳态值，这是流量调节阀控制对象的特性。

(2) 选择阀的结构参数，使之在稳态设计点处满足阀的流量平衡关系及稳态力平衡关系，这样可保证稳态设计点的准确性，同时应与燃料泵的当量排量(对应于发动机转速的燃料泵排量)保持协调。

(3) 调整主阀承压面积与背压柱塞面积之比，使之满足全航深范围内的恒速要求。

(4) 弹簧刚度的选择应使得全工况范围内阀开度变化量足够小，且阀开度相对于预压缩量足够小。

当以上各主要结构参数发生变化时，系统特性将发生变化。弹簧刚度、预压缩量以及节流面积主要影响稳态设计点的位置，而对于背压补偿性能影响不大；主阀承压面积与背压柱塞面积之比则不仅影响稳态设计点的位置，而且对背压补偿性能产生影响；阀对背压进行补偿的程度随主阀承压面积与背压柱塞面积之比的减小而增强。

图 4.17 ～ 图 4.18 描述了节流面积、主阀承压面积与背压柱塞面积之比变化时各状态变量的稳态值变化情况。其中，连续线型描述 Ⅰ 速制的节流孔面积与 Ⅰ 速制的海水背压柱塞面积配合时的各变量稳态值；“+”线型描述 Ⅰ 速制的节流孔面积与 Ⅱ 速制的海水背压柱塞面积配合时的各变量稳态值。

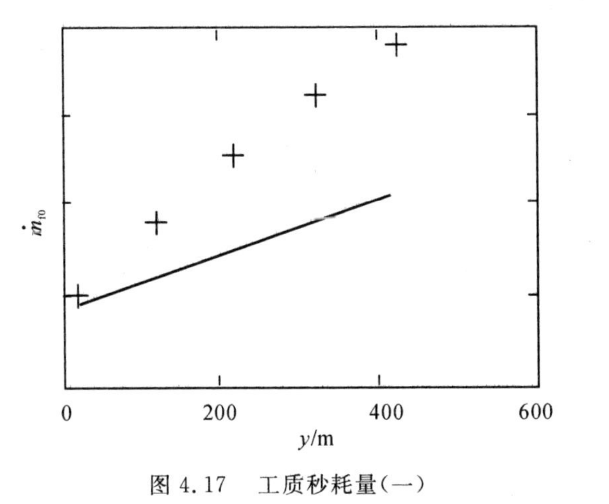

图 4.17　工质秒耗量(一)

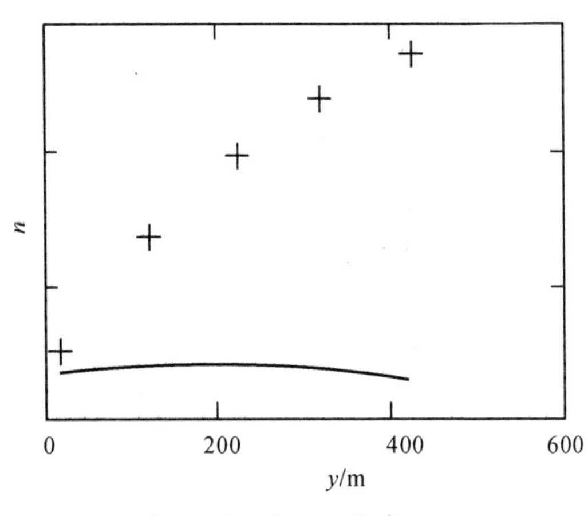

图 4.18　发动机转速(一)

这一组图线可以从不同的侧面来观察：

(1) 从连续线型可以看出随着航行深度的变化，发动机转速发生了少许变化。这是由于流量调节是开环控制的，流量调节阀的流量特性只能在一点上与系统在要求转速时的推进剂需求量相等，所以开环流量调节只能在一个稳态设计点上维持无差，在整个工况范围内只能维持各状态变量的近似恒定，其偏差取决于流量调节阀的特性与系统特性的贴近程度。

(2) 由于两组曲线对应了同一个节流孔面积、不同的主阀承压面积与背压柱塞面积之比，所以形成的节流孔两端压差不同，推进剂过流量不同，于是燃烧室压强、发动机转速、鱼雷航速均不同。

(3)“+”线型与连续线型相比较，加大了背压柱塞面积，相当于减小了主阀承压面积与背压柱塞面积之比，所以不仅稳态设计点的位置发生偏离，而且对背压补偿性能也产生了影响。阀对背压进行补偿的程度随主阀承压面积与背压柱塞面积之比的减小而增强，表现在随着航深加大，发动机转速、鱼雷航速不断升高。

(4) 对于“+”线型，可以想像，如果配合以 Ⅱ 速制的节流孔面积，各状态变量将维持在 Ⅱ 速制附近，而现在系统各状态变量得以提高，则是节流孔面积加大的结果。于是得出结论：放大节流孔面积将放大系统各状态变量的量值。

图 4.19 ～ 图 4.20 也描述了节流面积、主阀承压面积与背压柱塞面积之比变化时，各状态变量的稳态值变化情况。其中，连续线型描述 Ⅱ 速制的节流孔面积与 Ⅱ 速制的海水背压柱

塞面积配合时的各变量稳态值；“+”线型描述Ⅱ速制的节流孔面积与Ⅰ速制的海水背压柱塞面积配合时的各变量稳态值。这一组曲线与前一组曲线的特征正好相反。

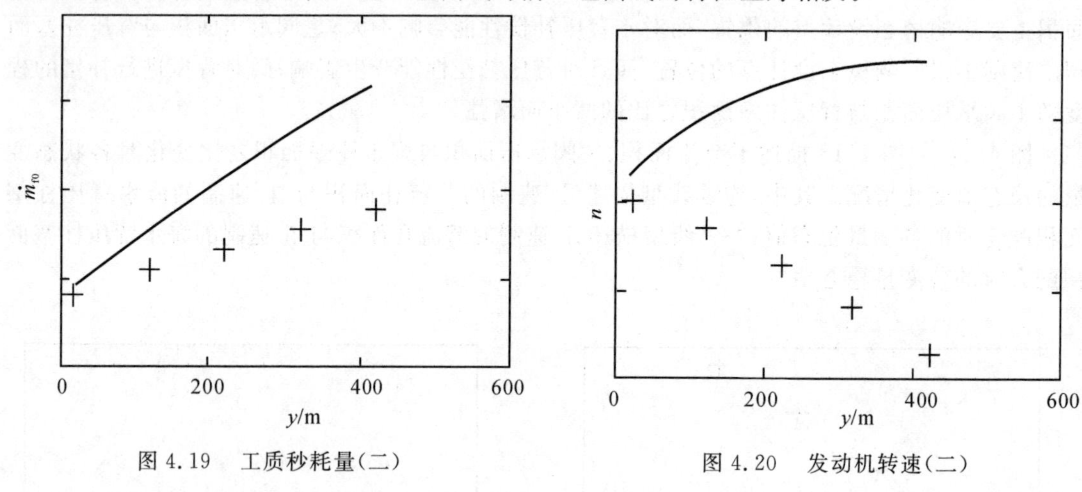

图 4.19　工质秒耗量(二)　　　　图 4.20　发动机转速(二)

与压强调节阀形式类似，如果改变弹簧刚度和预压缩量，则系统各状态量均发生偏离，但是曲线与设计状态的曲线斜率基本一致。因此，这两个参数主要影响稳态设计点的位置，而对于背压补偿性能的影响不大。随着弹簧刚度和预压缩量的加大，系统各状态变量的量值得以加大，但发动机转速、鱼雷航速基本不随航深而改变。

另外，与压强调节阀控制类似，转速和航速在浅水航行状态下也将偏小。这是由于在浅水状态下，发动机气缸排气时其流动已经到达临界状态，排气压强成为常数，不随航深变化而变化，但是流量调节阀却随航深变浅而降低推进剂供应量，从而造成发动机功率输出不足所形成的。

4.4.2　流量调节阀控制系统的匹配

与压强调节阀类似，流量调节阀也必须同时满足力平衡和流量平衡这两个关系，燃料泵的折合排量也将影响阀的特性，因此泵与阀也是不能割裂开来的。

稳态设计点除了由主阀承压面积、背压柱塞面积、调节弹簧刚度、弹簧预压缩量以及节流面积来保证以外，还必须配合于泵的折合排量。泵与阀的配合首先应满足在最大推进剂供应量的情况下(或最小阀溢流量的情况下)，阀能够良好工作，同时在整个工况范围内为了减小由于弹簧弹力变化而造成的阀特性变化，阀的开度变化不应过大。

4.5　液压阀受力分析简介

在鱼雷能源供应系统中大量使用液压阀作为控制和液压放大元件，前面的论述中涉及了球阀和锥阀。本节对使用广泛的滑阀作简要介绍，针对滑阀的分析方法可以移植到针对其他形式阀的分析中。

4.5.1　阀的静态特性

阀的静态特性即压力-流量特性，是指在稳态情况下，阀的负载流量、负载压降和阀位移三

者之间的关系，即

$$Q_{L}=f(p_{L},x_{v}) \tag{4.73}$$

式中：Q_{L} —— 负载流量；

p_{L} —— 负载压降；

x_{v} —— 阀位移。

式(4.73) 表示阀本身的工作能力和性能。

通过阀口的压力-流量方程为

$$Q_{L}=C_{d}A\sqrt{\frac{2\Delta p}{\rho}} \tag{4.74}$$

式中：C_{d} —— 流量因数；

ρ —— 液体密度；

Δp —— 阀口处的压差；

A —— 阀口面积，它是阀芯位移的函数，其变化规律取决于截流口的几何形状。

阀的静态特性通常用以下三种曲线描述：

(1) 流量特性曲线：指负载压降等于常数时，负载流量与阀开度之间的关系，将该曲线线性化，针对式(4.73)，可定义流量增益为

$$K_{Q}=\frac{\partial Q_{L}}{\partial x_{v}} \tag{4.75}$$

该式表示负载压降一定时，阀单位输入(阀门单位开度) 所引起的负载流量变化的大小。

(2) 压力特性曲线：指负载流量等于常数时，负载压降与阀开度之间的关系，将该曲线线性化，针对式(4.73)，可定义压强增益为

$$K_{p}=\frac{\partial p_{L}}{\partial x_{v}} \tag{4.76}$$

该式表示负载流量一定时，阀单位输入所引起的负载压降变化的大小。

(3) 压力-流量特性曲线：指阀开度等于常数时，负载流量与负载压降之间的关系，将该曲线线性化，针对式(4.73)，可定义流量增益为

$$K_{c}=-\frac{\partial Q_{L}}{\partial p_{L}} \tag{4.77}$$

该式表示阀开度一定时，负载压降输入所引起的负载流量变化的大小。阀在最大开度下的压力-流量特性曲线表示了阀的工作能力和规格，在负载所需的压力和流量能够被在最大开度时的压力-流量曲线所包围的时候，阀就能够满足负载要求。

4.5.2　阀的受力分析

研究阀的工作情况是从阀的受力分析开始的。阀芯受到的各项力有：阀芯质量的惯性力、轴向液动力、阀芯与阀套间的摩擦力、对中弹簧力及负载力等，在设计或使用不当的情况下，阀芯上还可能受到较大的侧向力，出现“液压卡紧”的现象。

(1) 稳态轴向液动力：液体流经阀口时速度、方向会发生变化，根据动量定理可得稳态轴向液动力为

$$F_{s}=\rho Q_{L}v\cos\theta \tag{4.78}$$

式中：θ —— 射流角，即射流速度方向与阀芯轴线的夹角；

v —— 射流最小端面处的速度，即

$$v = C_v \sqrt{\frac{2\Delta p}{\rho}} \tag{4.79}$$

式中：C_v —— 速度因数，一般可取 0.95 ～ 0.98。

对于理想矩形阀口的流量为

$$Q_L = C_d w x_v \sqrt{\frac{2\Delta p}{\rho}} \tag{4.80}$$

式中：w —— 面积梯度。

将式(4.79)、式(4.80) 代入式(4.78)，得

$$F_s = K_f x_v \tag{4.81}$$

式中：稳态液动力刚度 $K_f = 2C_d C_v w \Delta p \cos\theta$。

对于工作边为直角的理想滑阀，当阀开口量比上游阀腔尺寸小得多时，射流角可取69°，流量因数可取 0.61。稳态轴向液动力的方向总是指向阀口关闭的方向，其大小与阀的开度成正比，它的作用与阀对中弹簧的作用类似，是由液体流动所引起的一种弹性力。尽管实际滑阀的稳态轴向液动力受径向间隙和工作边圆角的影响，但是工程上仍然可使用上述公式进行计算。稳态轴向液动力一般都很大，是阀芯运动阻力中的主要部分。

在进行阀动态特性的研究中，一般需要分析阀系统(二阶环节) 的自然频率，其中，表征位置力变化强度的弹簧刚度就应该包含有调节弹簧的刚度和稳态液动力刚度两项。当阀口形成的压差较大时(流量较大而开度较小时)，稳态液动力刚度的量值是很可观的。

(2) 瞬态轴向液动力：当阀芯开度变化或压差变化时，通过阀口的流量将随时间变化，使阀腔内的液流速度也随时间变化。阀腔内液流动量的变化要对阀芯产生反作用力，即

$$F_t = M \frac{dv}{dt} \tag{4.82}$$

式中：v —— 阀腔中液体流速；

M —— 阀腔中的液体质量，即

$$M = \rho L A_v \tag{4.83}$$

式中：L —— 液流在阀腔内的实际流程长度；

A_v —— 阀腔过流端面面积。

将式(4.83) 代入式(4.82)，得

$$F_t = \rho L \frac{dQ_L}{dt} \tag{4.84}$$

流量-压力关系式[见式(4.80)] 对时间求导数，代入式(4.84)，得到

$$F_t = B_f \frac{dx_v}{dt} + C_d w x_{v0} L \sqrt{\frac{\rho}{2\Delta p_0}} \frac{d\Delta p}{dt} \tag{4.85}$$

式(4.85) 等号右侧第一项描述了由于阀芯运动而产生的瞬态液动力，它与阀芯运动速度成正比，表现为阻尼力，由下述阻尼系数来描述：

$$B_f = C_d w L \sqrt{2\rho \Delta p_0} \tag{4.86}$$

式(4.85) 等号右侧第二项则描述了由于阀口压差而产生的瞬态液动力，如果可以忽略压差变

化率的影响，则瞬态液动力与阀芯的运动速度成正比，是一个阻尼力，其方向与阀腔内液流的加速度方向相反。若瞬态液动力的方向与阀芯运动方向相反，则瞬态液动力起正阻尼的作用；若瞬态液动力的方向与阀芯运动方向相同，则瞬态液动力起负阻尼的作用。

(3) 干摩擦力：阀芯与阀套间的干摩擦力是由于阀芯与阀套不同心、阀芯与阀套的几何形状不正确等在阀芯上产生的径向不平衡液压力所造成的。

液压卡紧力可按照下式计算：

$$F = 0.27\lambda_k l d(p_1 - p_2) \tag{4.87}$$

式中：d —— 阀芯直径；

l —— 径向不平衡力作用的阀芯长度；

$p_1 - p_2$ —— 阀芯台肩两端的压力差；

λ_k —— 均压槽对液压卡紧力的修正因数，当开一条均压槽时，$\lambda_k = 0.4$，当开三条均压槽时，$\lambda_k = 0.06$，当开七条均压槽时，$\lambda_k = 0.027$。

由液压卡紧力产生的摩擦力为

$$F_k = fF = 0.27 f\lambda_k l d(p_1 - p_2) \tag{4.88}$$

式中，摩擦因数在 0.04 ～ 0.08 之间。

(4) 黏性摩擦力：阀芯与阀套间的相对运动产生黏性摩擦，黏性摩擦力可按照下式计算：

$$F_B = B_v \dot{x}_v \tag{4.89}$$

$$B_v = \mu z l R_0$$

$$R_0 = \frac{8\pi(R_2^2 - R_1^2)}{R_2^2 + R_1^2 - \dfrac{R_2^2 - R_1^2}{\ln(R_2/R_1)}}$$

式中：B_v —— 黏性摩擦因数；

μ —— 流体动力黏度；

z —— 阀芯上的台肩数；

l —— 一个台肩的长度；

R_1 —— 阀芯台肩半径；

R_2 —— 阀套孔半径。

(5) 根据以上分析，可以得到阀芯的力平衡方程为

$$F_i = m_v \ddot{x}_v + (B_v + B_f)\dot{x}_v + (K_f + K_s)x_v + K_s x_0 + F_p + F_L \tag{4.90}$$

式中：F_i —— 驱动力；

m_v —— 阀芯及阀腔油液质量；

B_v —— 阀芯及阀套间黏性摩擦因数；

B_f —— 瞬态液动力产生的阻尼系数；

K_f —— 稳态液动力刚度；

K_s —— 弹簧刚度；

x_0 —— 阀芯关闭时的弹簧压缩(伸长)量；

F_L —— 任意负载力；

若沿阀芯轴向方向上流体的静压力不平衡，则式(4.90) 还应包括流体静压力差形成的轴向推力 F_p。

式(4.90)中忽略了干摩擦的影响,因为在设计制造和使用合理的情况下,该力很小可以忽略。

显然式(4.90)描述的系统是一个二阶环节,对它进行求解可以得到其响应过程,也可以利用自动控制的有关原理进行分析。

对于不同的阀的结构,式(4.90)中各项的具体表达会有所不同,在鱼雷热动力系统中使用的各种压力调节阀、流量调节阀、减压阀等,针对它们的分析思路是基本类似的。

4.5.3 阀的经济指标

阀的经济指标一般用阀的功率输出及效率来描述。设阀的进口压强为 p_s、供油流量 Q_s、阀的出口压强(负载压强)为 p_L、阀出口流量 Q_L,则阀的输入功率为

$$N_s = p_s Q_s \tag{4.91}$$

阀的输出功率为

$$N_L = p_L Q_L \tag{4.92}$$

阀的效率为

$$\eta_v = \frac{N_L}{N_s} = \frac{p_L Q_L}{p_s Q_s} \tag{4.93}$$

对于鱼雷用的压强调节阀,阀的进、出口压强相同,但是阀的进、出口流量不同,而对于流量调节阀,阀的进、出口压强及进、出口流量均不相同。

第 5 章 变量泵闭环控制的热动力推进系统开环特性

从这一章开始将介绍开式循环鱼雷热动力推进系统的转速闭环控制。讨论围绕使用活塞发动机、具备反潜功能的鱼雷展开。本章讨论使用变排量燃料泵构成的转速闭环控制系统的特性,内容包括系统的结构图、传递函数以及系统的特性分析。

5.1 转速闭环控制的热动力推进系统的传递函数

使用转速控制器的动力系统可按照如图 5.1 所示的方式构成。发动机输出轴带动推进器和辅机转动,海水泵输出的海水除作为冷却液使用外,还通过减压器进入燃料舱挤代燃料,这样,燃料泵前的压强就近似为常数。由于挤代压力较高,燃料泵的自吸性变好,有利于燃料泵的工作。燃料泵的斜盘角(对应于泵的排量)受转速控制器的控制,转速控制器可以通过检测发电机的转速或其他方式来获得发动机的转速信号。其接受的上位机输入信号至少是指令转速,在更为复杂的系统中还可以拥有航深、鱼雷姿态等参考信号等。

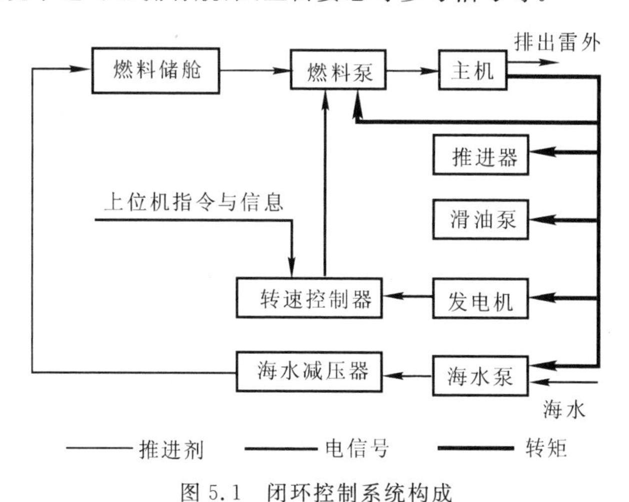

图 5.1 闭环控制系统构成

5.1.1 动力推进系统的简化模型

对于使用变排量燃料泵构成转速闭环控制的鱼雷,燃料泵吸收的发动机转矩为

$$M_f = C_f(p_c + \Delta p_c - p_{bi})\tan\alpha \tag{5.1}$$

将发动机输出转矩、推进器和辅机吸收转矩代入动力系统动力学方程，得

$$\dot{\omega}=a'_{n0}p_{c}-a_{n1}y-a_{n2}\omega^{2}+a_{n3}\omega v-\frac{a_{n4}}{\omega}-a_{n5} \tag{5.2}$$

式中

$$a'_{n0}=\frac{C_{e}A-C_{f}\tan\alpha}{I_{e}} \tag{5.3}$$

$$a_{n1}=\frac{1}{I_{e}}(C_{e}B\rho g-C_{f}p_{bi}\tan\alpha) \tag{5.4}$$

$$a_{n2}=\frac{a_{M0}\rho D_{p}^{5}+C_{o}+C_{w}}{I_{e}4\pi^{2}} \tag{5.5}$$

$$a_{n3}=\frac{a_{M1}\rho D_{p}^{4}}{2\pi I_{e}} \tag{5.6}$$

$$a_{n4}=\frac{2\pi C_{g}}{I_{e}} \tag{5.7}$$

$$a_{n5}=\frac{1}{I_{e}}[C_{e}B(p_{a}+0.5\rho v^{2}+\Delta p_{4})+C_{f}\Delta p_{c}\tan\alpha] \tag{5.8}$$

根据对燃烧室特性的简化结果，得到

$$p_{c}=\frac{\dot{m}_{fi}}{C_{em}n} \tag{5.9}$$

以及燃料泵的流量为

$$\dot{m}_{bf}\approx C_{mf}n\tan\alpha \tag{5.10}$$

将式(5.9)、式(5.10)代入式(5.2)中，得到

$$\dot{\omega}=a_{n0}\alpha-a_{n1}y-a_{n2}\omega^{2}+a_{n3}\omega v-\frac{a_{n4}}{\omega}-a_{n5} \tag{5.11}$$

式中

$$a_{n0}=\frac{C_{e}A-C_{f}\tan\alpha}{I_{e}}\frac{C_{fm}}{C_{em}} \tag{5.12}$$

式(5.11)的推导中利用了α量值不大时的近似关系$\alpha\approx\tan\alpha$，该式中其他参数的描述与前述开环流量控制系统的结果相同，此处不再赘述。

值得指出的是，式(5.11)的推导中利用了燃烧室特性的简化结果[见式(5.9)]，忽略了燃烧室压强对于推进剂供应量的近似惯性环节，以比例环节取而代之，这样的简化是有条件的。如果推进剂供应量变化特别剧烈，其变化程度与燃烧室压强惯性环节的时间常数可比拟，则燃烧室压强相对于推进剂供应量变化的滞后就应当予以考虑，这一点与开环压强阀控制下的变速工况切换速度太快时的情形类似，而如果推进剂供应量变化比较平缓，则燃烧室压强跟得上推进剂供应量的变化，其过渡过程可以忽略，此时采用这种简化才是合理的。

采用这种简化以后，系统阶次降低了一阶，系统分析大为简化，有利于突现系统的主要矛盾；在基于转速控制器＋电控变量柱塞燃料泵的能源供应系统中，泵角执行机构的时间常数大于燃烧室压强惯性环节的时间常数，而且合理的控泵信号不应该是剧烈变化的，因此这种降阶简化是适用的。

式(5.11)连同以下鱼雷纵平面运动学方程、鱼雷纵平面运动动力学方程一同构成动力推

进系统的简化模型。

鱼雷纵平面运动学方程为

$$\dot{y} = -v\sin\Theta \tag{5.13}$$

鱼雷纵平面运动动力学方程为

$$\dot{v} = a_{v0}\omega^2 - a_{v1}v\omega - a_{v2}v^2 - a_{v3}\Delta G\sin\Theta \tag{5.14}$$

5.1.2　泵角执行机构的传递函数

转速闭环控制的执行机构可以采用电控变排量柱塞燃料泵，使用转速控制器对其排量进行控制，从而达到转速控制的目的。一般来讲，转速控制器的输入信号包括指令转速、反馈转速，在更为复杂的系统中还可以拥有航深信号、鱼雷姿态信号等参考信息，而其输出的控泵信号(泵斜盘角控制信号)可以采用电压或其他形式。变量泵角控制机构响应该电压信号，使得泵的斜盘角到达控泵电压所要求的位置。

一般来讲，泵角执行机构可以是电动机或液压、气压机构，使用电机的机构系统构成简单、响应速度也足够快。以下介绍使用永磁电机构成的泵角执行机构的特性。

泵角执行机构本身是一个闭环控制系统。其指令输入是转速控制器输出的控泵电压信号，它与斜盘角位置反馈电压形成电压误差，误差经过幅度放大(比例控制)形成驱动伺服电机的电压指令，为了充分发挥电机的潜力，加快运动响应速度，该幅度放大环节可设置为带饱和的非线性环节。电机驱动电路响应该放大了的电压指令，形成 PWM 调制波驱动直流伺服电机。电机转速对于该驱动电压的响应是惯性环节，电机的转速通过减速机构比例地转化为斜盘角摆动角速度，该摆动角速度经过一次积分，得到斜盘角位置，该位置通过位置传感器形成反馈电压。

电机的转速显然满足动量矩定理，即

$$2\pi I\,\frac{\mathrm{d}n}{\mathrm{d}t} = M_{\mathrm{D}} - M_{\mathrm{z}} \tag{5.15}$$

式中：I —— 电机驱动系统(包括电机转子、传动机构及泵的斜盘组件)的折合转动惯量；

n —— 电机转速；

M_{D} —— 电机的电磁转矩；

M_{z} —— 阻转矩(主要为摩擦转矩)。

忽略电枢的去磁效应，电机电磁转矩正比于电枢电流，即

$$M_{\mathrm{D}} = C_{\mathrm{M}}\Phi i_{\mathrm{s}} \tag{5.16}$$

式中：Φ —— 电机的每极磁通；

i_{s} —— 电枢电流；

C_M —— 由电机结构决定的转矩常数，即

$$C_M = \frac{PN}{2\pi a} \tag{5.17}$$

式中：P —— 电机的极对数；

N —— 电枢绕组的总导体数；

a —— 电枢绕组的并联支路对数。

电枢电流满足电枢电路的电压平衡关系，即

$$U = E + i_s R_s \tag{5.18}$$

式中：U —— 电枢供电电压，即 PWM 调制的直流伺服电机的等效供电电压；

E —— 电枢感应电动势；

R_s —— 电枢电阻。

电枢感应电动势满足电磁感应定律，即

$$E = C_E \Phi n \tag{5.19}$$

式中：C_E —— 电机结构决定的电动势常数。应注意，此处电机转速 n 的单位是 r/s，而电机分析中常用的单位是 r/min，此处应用时注意 C_E 的正确取值为

$$C_E = \frac{PN}{a} \tag{5.20}$$

由式(5.16)、式(5.18)、式(5.19)，可得

$$M_D = C_M \Phi \left(\frac{U - C_E \Phi n}{R_s} \right) \tag{5.21}$$

代入式(5.15)，得

$$2\pi I \frac{R_s}{C_E C_M \Phi^2} \frac{\mathrm{d}n}{\mathrm{d}t} + n = \frac{U}{C_E \Phi} - \frac{R_s}{C_E C_M \Phi^2} M_z \tag{5.22}$$

式(5.22) 等号的右侧恰为电机的机械特性表达，即

$$n_w = \frac{U}{C_E \Phi} - \frac{R_s}{C_E C_M \Phi^2} M_z \tag{5.23}$$

式中：n_w —— 该 U，M_z 下的稳态转速。

于是，式(5.22) 可以表达为

$$T_M \frac{\mathrm{d}n}{\mathrm{d}t} + n = n_w \tag{5.24}$$

式中：T_M —— 电机时间常数，其表达式为

$$T_M = 2\pi I \frac{R_s}{C_E C_M \Phi^2} \tag{5.25}$$

由于伺服电机的机械特性是“硬”特性，存在近似关系为

$$n_w \approx \frac{1}{C_E \Phi} U \tag{5.26}$$

代入式(5.24)，得

$$T_M \frac{\mathrm{d}n}{\mathrm{d}t} + n \approx \frac{1}{C_E \Phi} U \tag{5.27}$$

故电机转速对于驱动电压的响应近似为惯性环节，即

$$G_{Un}(s) \approx \frac{k_{Un}}{T_M s + 1} \tag{5.28}$$

式中

$$k_{Un} = \frac{1}{C_E \Phi} \tag{5.29}$$

泵角执行机构可以按照图 5.2 所示的结构图描述。图中，$k_{n\alpha}$ 为电机转速至泵角摆动角速度的传动比，$k_{\alpha u}$ 为位置测量机构的增益。

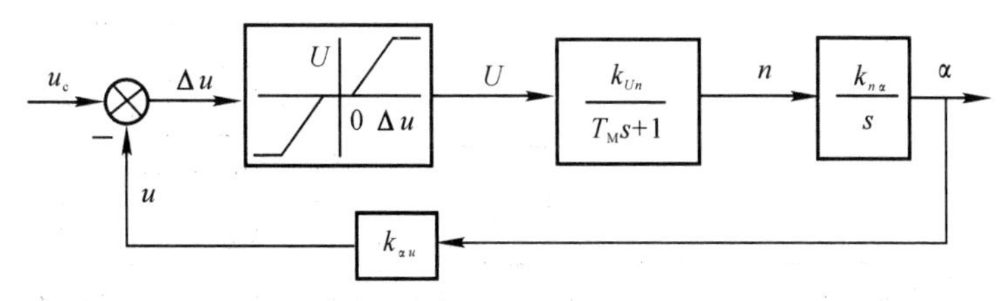

图 5.2　泵角控制机构工作原理图

图 5.2 所示中，电压放大环节还包括微弱的死区特征。考虑小信号的输入，忽略电压放大环节的饱和和死区等非线性特征，而以比例环节 k_{uU}（图中斜率）来代替，系统闭环传递函数可以表达为

$$G_{u\alpha}(s)=\frac{k_{u\alpha}}{A_{u\alpha}s^2+B_{u\alpha}s+1} \tag{5.30}$$

式中：

$$k_{u\alpha}-\frac{1}{k_{\alpha u}} \tag{5.31}$$

$$B_{u\alpha}=\frac{1}{k_{uU}k_{Un}k_{n\alpha}k_{\alpha u}} \tag{5.32}$$

$$A_{u\alpha}=\frac{T_M}{k_{uU}k_{Un}k_{n\alpha}k_{\alpha u}} \tag{5.33}$$

为了保证响应的快速性和微小的超调，对于选定的电机和传动机构，一般可以通过调整 k_{uU} 使得上述二阶系统被配置为临界阻尼特性附近或配置为过阻尼特件。k_{uU} 越小，自然频率越小，而阻尼比越大。为了简化分析过程，考虑到泵角过渡过程的小超调特征，可以使用惯性环节来替代上述二阶环节，即系统的控泵电压至斜盘角的传递函数可近似描述为

$$G_{u\alpha}(s)=\frac{k_{u\alpha}}{\tau_{u\alpha}s+1} \tag{5.34}$$

式中：$\tau_{u\alpha}$—— 时间常数。

式(5.34) 写成微分方程的形式为

$$\tau_{u\alpha}\dot{\alpha}+\alpha-\alpha_0=k_{u\alpha}u \tag{5.35}$$

式中：α_0—— 控泵电压为零时对应的稳态泵角。

5.1.3　闭环控制系统的传递函数

根据前面的分析，不难得出闭环控制系统的结构图，如图 5.3 所示。

根据系统的数学模型，式(3.23)、式(3.24)、式(5.11)、式(5.35)，在平衡点 $u_0=0$，$\alpha_0=0$，$y_0=0$，$v_0=0$，$\omega_0=0$，$P_{c0}=0$，$\Theta=0$ 处对系统进行线性化处理，并进行拉普拉斯变换，可以得到系统的传递函数表达。在数学处理中注意到泵角的数值很小，于是利用了 $\alpha\approx\tan\alpha$ 的关系。图 5.3 所示中，传递函数 $G_{ij}(s)$ 的下标 i 表示输入，j 表示输出；$G_c(s)$ 为控制机构传递函数。

$$G_{u\alpha}(s)=\frac{k_{u\alpha}}{\tau_{u\alpha}s+1} \tag{5.36}$$

$$G_{y\omega}(s)=-\frac{k_{y\omega}}{\tau_{\omega}s+1} \tag{5.37}$$

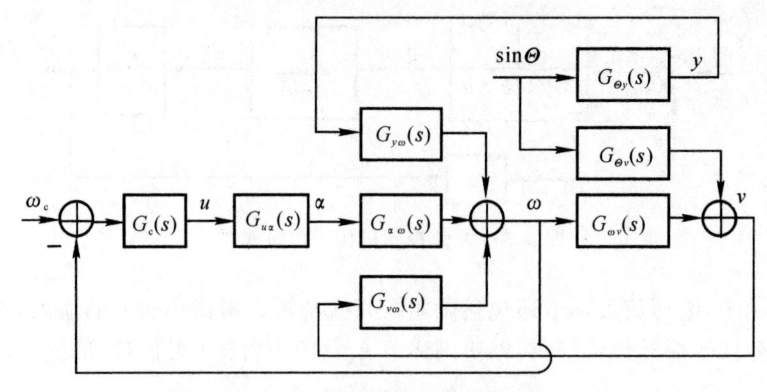

图 5.3　闭环控制系统结构图

$$G_{\alpha\omega}(s)=\frac{k_{\alpha\omega}}{\tau_{\omega}s+1} \tag{5.38}$$

$$G_{v\omega}(s)=\frac{k_{v\omega}}{\tau_{\omega}s+1} \tag{5.39}$$

$$G_{\Theta y}(s)=-\frac{v_0}{s} \tag{5.40}$$

$$G_{\Theta v}(s)=-\frac{k_{\Theta v}}{\tau_{v}s+1} \tag{5.41}$$

$$G_{\omega v}(s)=\frac{k_{\omega v}}{\tau_{v}s+1} \tag{5.42}$$

式中

$$\tau_{\omega}=\frac{1}{2a_{n2}\omega_0-a_{n3}v_0-\frac{a_{n4}}{\omega_0^2}} \tag{5.43}$$

$$k_{y\omega}=a_{n1}\tau_{\omega} \tag{5.44}$$

$$k_{\alpha\omega}=a_{n0}\tau_{\omega} \tag{5.45}$$

$$k_{v\omega}=a_{n3}\omega_0\tau_{\omega} \tag{5.46}$$

$$\tau_{v}=\frac{1}{a_{v1}\omega_0+2a_{v2}v_0} \tag{5.47}$$

$$k_{\Theta v}=a_{v3}\Delta G\tau_{v} \tag{5.48}$$

$$k_{\omega v}=(2a_{v0}\omega_0-a_{v1}v_0)\tau_{v} \tag{5.49}$$

5.2　转速闭环控制系统的开环特性

针对图 5.3,本节研究系统本身的两种特性,不包括转速控制器和泵角控制器部分。一是鱼雷姿态不发生变化时的特性,这是转速伺服器设计的对象;二是鱼雷姿态发生变化时的特性,这是转速调节器设计的对象。

5.2.1　鱼雷姿态不变化时的系统特性

根据图 5.3 所示的结构图,令弹道倾角的变化量为零,去除转速控制器和泵角控制器部分，得到系统当鱼雷姿态不变化时的系统结构图，如图 5.4 所示。这一部分是系统本身固有的特性，也是转速伺服器设计所要面对的对象，而转速控制器和泵角控制器部分是可以进行调整的，是设计的目标所在。

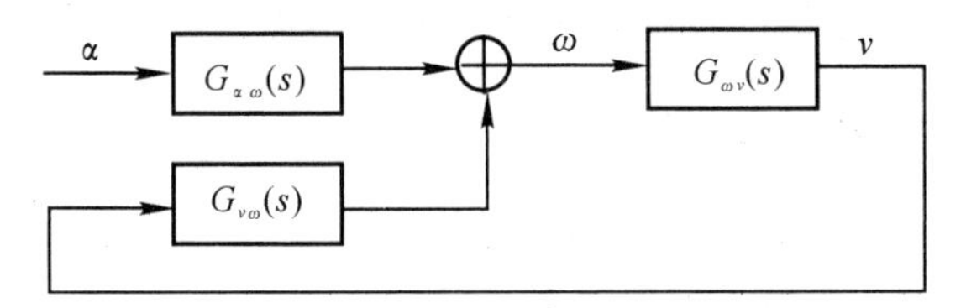

图 5.4　鱼雷姿态不变化时的系统结构图

取得该模型的目的是得到当鱼雷姿态不变化时，转速对于燃料泵排量的响应特性。根据图 5.4 所示的结构图，不难得出从泵斜盘角至系统转速的传递函数为

$$G'_{\alpha\omega}(s)=\frac{G_{\alpha\omega}(s)}{1-G_{\omega v}(s)G_{v\omega}(s)} \tag{5.50}$$

变形为

$$G'_{\alpha\omega}(s)=\frac{K_{\alpha\omega}(\tau_v s+1)}{A_2 s^2+A_1 s+1} \tag{5.51}$$

式中

$$K_{\alpha\omega}=\frac{k_{\alpha\omega}}{1-k_{\omega v}k_{v\omega}} \tag{5.52}$$

$$A_2=\frac{\tau_\omega \tau_v}{1-k_{\omega v}k_{v\omega}} \tag{5.53}$$

$$A_1=\frac{\tau_\omega+\tau_v}{1-k_{\omega v}k_{v\omega}} \tag{5.54}$$

经分析可知，该系统的两个极点、一个零点均为负实数，为过阻尼的二阶环节，即当鱼雷姿态不变化时，转速对于燃料泵排量的响应为不发生超调的单调过程。

如果在系统中考虑燃料泵角的响应过程，系统传递函数变化为

$$G_{u\omega}(s)=\frac{K_{\alpha\omega}(\tau_v s+1)}{A_2 s^2+A_1 s+1}\frac{k_{u\alpha}}{\tau_{u\alpha}s+1} \tag{5.55}$$

此时，系统增加了一个负实数极点，转速对于控泵电压的响应同样也为不发生超调的单调过程，但是响应速度显然放慢了。

从图 5.4 中看出，从转速到航速之间是一个惯性环节，因此当鱼雷姿态不变化时，航速对于燃料泵排量的响应也为不发生超调的单调过程。转速、航速对于燃料泵角、控泵电压的这个特性是重要的，因为这意味着即使转速控制部分失效（控泵电压锁死或燃料泵角锁死），鱼雷转速和航速也能够稳定在某一平衡点上，不至于发生系统崩溃的危险。

另外，还应该注意燃烧室压强与燃料泵斜盘角之间存在近似比例关系，如式（5.9）和式（5.10）所描述的。认识这一点也非常重要，这意味着只要燃料泵斜盘角的变化过程单调，燃烧室压强的变化就是单调的。为了保证系统的安全性，一般要求燃烧室压强不超调或仅存在微小的超调，利用这一特征，只要维持控制量是单调曲线就能够满足这一要求。同时，为了保证燃料的可靠燃烧，燃烧室压强不能过低，而为了保证机械部分不损伤，燃烧室压强又不能过

高，充分利用这一特性，只要维持燃料泵斜盘角在一定的限制范围内变化，也就能够满足这些安全性要求了。

系统的这些固有特性是实现转速闭环控制的基础，是控制器设计中应注意的问题，同时也是可供利用的资源，例如，尽量使得控泵电压保持单调过程。

5.2.2 鱼雷姿态变化时的系统特性

根据图 5.3 所示的系统结构图，令燃料泵排量的变化量为零，得到系统在鱼雷姿态变化时的结构图，如图 5.5 所示。这一部分既是系统本身固有的特性，也是转速伺服器设计所要面对的对象。

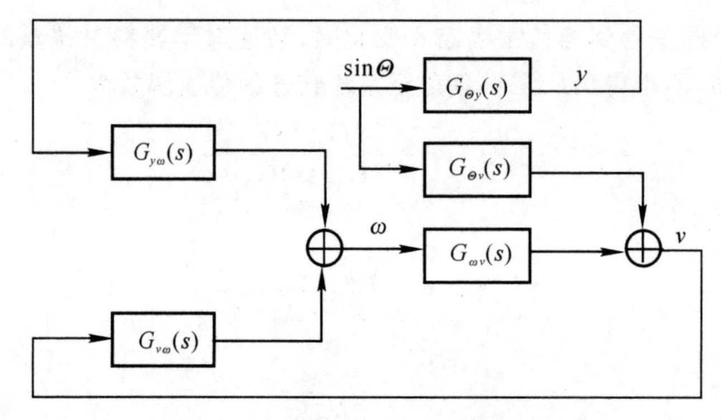

图 5.5 鱼雷姿态变化时的系统结构图

取得该模型的目的是得到在燃料泵排量恒定时转速对于弹道倾角的响应特性。

根据图 5.5 所示的系统结构图，不难得出从弹道倾角至系统转速的传递函数为

$$G_{\Theta\omega}(s)=\frac{G_{\Theta y}(s)G_{y\omega}(s)+G_{\Theta v}(s)G_{v\omega}(s)}{1-G_{\omega v}(s)G_{v\omega}(s)} \tag{5.56}$$

式(5.56) 变形为

$$G_{\Theta\omega}(s)=\frac{-K_{\Theta\omega}(B_1 s+1)}{s(A_2 s^2+A_1 s+1)} \tag{5.57}$$

式中，A_2，A_1 与式(5.51) 中的 A_2，A_1 相同，另两个因数分别为

$$K_{\Theta\omega}=\frac{v_0 k_{y\omega}}{1-k_{\omega v}k_{v\omega}} \tag{5.58}$$

$$B_1=\frac{v_0 k_{y\omega}\tau_v-k_{\Theta v}k_{v\omega}}{v_0 k_{y\omega}} \tag{5.59}$$

经分析知，该系统拥有一个零极点、两个负实数极点和一个负实数零点，即包含一个积分环节。因此，若控泵电压不变，在鱼雷变深过程中其转速将发生持续的变化，而航速也会随之变化，这是系统受到的最强烈的干扰。式(5.57) 表示的实际上是系统对于该干扰的响应特性。在转速控制器的设计中必须要注意到这一特性。

第 6 章　转速闭环的线性化(PID)控制方法

本章使用经典的线性化控制——PID 控制——方法对开式循环鱼雷热动力推进系统进行转速闭环控制律的综合。围绕转速伺服器的综合、调节器抗干扰特性、控制器的模拟电路实现，以及对于弹道倾角进行补偿以提高航速控制精度的方法进行讨论。PID 控制系统无须系统上位机提供额外的测量信号，控制方法发展成熟，算法简单易实现，系统运行稳定，控制参数整定简单，是实现性较好的方案。

在进行鱼雷热动力推进系统的分析和线性化控制综合之前，先对线性化的经典分析方法予以概述，注重回顾其一些重要的结论。

6.1　线性控制系统分析方法简介

在以线性系统为对象的经典控制理论中，常用的分析方法是时域分析法、根轨迹法和频率响应法。这些方法各有侧重点，针对系统性能的不同侧面各有优缺点。

6.1.1　时域分析法

时域分析法是一种直接分析方法，易于接受，它可以充分利用计算机仿真和计算软件，其实现简单、直观性很强，对系统的分析结论比较准确，可以提供系统时间响应的全部信息。

为了对系统性能进行分析，一般采用一些典型的输入信号，例如，阶跃函数、速度函数、加速度函数、脉冲函数、正弦函数等。这些信号具有代表性，可以反映系统的特性，同时在系统的实际应用中，它们也代表了许多实际的输入情况。例如，在鱼雷热动力系统控制中，变速信号一般以阶跃形式给出，而作为干扰信号的鱼雷姿态也可以偏恶劣地按照阶跃信号来处理，因此在鱼雷动力推进系统控制的研究中，主要研究系统对于阶跃信号的响应情况。

在评价系统的动态和静态性能时，通常会使用到以下性能指标：

(1)延迟时间：单位阶跃响应达到其稳态值 50%所需的时间。

(2)上升时间：响应从其稳态值的 10%上升到 90%所需的时间。

(3)峰值时间：响应超过稳态值，到达第一个峰值所需的时间。

(4)调节时间：响应达到并停留在稳态值的±5%误差范围内所需的最小时间。

(5)超调量：系统响应输出量的最大值超过稳态值的量与稳态值的比值。

(6)稳态误差：系统稳态输出与期望输出间的差值。

时域分析方法是很简明直观的，只要对系统的时域动态方程进行求解即可。对于简单的一阶、二阶系统可以利用常微分方程的求解方法得到解析解，而更为复杂的系统则可以利用数值方法求得数值解。计算机技术的发展提供了大量的通用软件，例如 MATLAB 软件等，使数值求解变得非常简单。一旦方程的解得到了，它就是系统的时间响应，系统的各项性能指标便一目了然了。

稳定性是控制系统最基本的要求，线性系统稳定的充分必要条件是，闭环系统特征方程的所有根都具有负实部。这意味着闭环系统经多项式分解后形成的每个模态都是稳定的。求解方法可以利用劳斯-古尔维茨稳定判据。该方法以系统特征方程的系数为依据，取得系统特征根实部的符号特性。

设系统特征方程可以写成如下形式：

$$D(s)=a_0s^n+a_1s^{n-1}+\cdots+a_{n-1}s+a_n \quad (a_0>0) \tag{6.1}$$

各阶古尔维茨行列式为

$$D_1=a_1$$

$$D_2=\begin{vmatrix} a_1 & a_3 \\ a_0 & a_2 \end{vmatrix}$$

$$D_3=\begin{vmatrix} a_1 & a_3 & a_5 \\ a_0 & a_2 & a_4 \\ 0 & a_1 & a_3 \end{vmatrix}$$

……

$$D_n=\begin{vmatrix} a_1 & a_3 & a_5 & \cdots & a_{2n-1} \\ a_0 & a_2 & a_4 & \cdots & a_{2n-2} \\ \vdots & \vdots & \vdots & & \vdots \\ 0 & 0 & 0 & \cdots & a_n \end{vmatrix} \tag{6.2}$$

n 阶特征方程的根全部具有负实部的充要条件是：特征方程的各项系数为正，且各阶古尔维茨行列式的值全部为正。

系统的误差指标是对系统提出的另一重要要求。设负反馈系统前向通道传递函数为 $G(s)$，反馈环节传递函数为 $H(s)$，则系统输入至误差的传递函数即为

$$G_e(s)=\frac{E(s)}{R(s)}=\frac{1}{1+G(s)H(s)} \tag{6.3}$$

式中：$E(s)$，$R(s)$—— 误差和输入的拉氏变换。

为了使求解简化，也可以将系统简化为单位负反馈系统，则式(6.3) 变形为

$$G_e(s)=\frac{1}{1+G(s)} \tag{6.4}$$

开环传递函数总是可以表述为

$$G(s)=\frac{k\prod_{i=1}^{m}(T_is+1)}{s^v\prod_{i=1}^{n-v}(T_is+1)} \tag{6.5}$$

式中：k—— 开环增益；分母的阶次 n 不小于分子的阶次 m。

将式(6.5) 代入式(6.4)，则式(6.3) 变形为

$$G_e(s)=\frac{s^v\prod_{i=1}^{n-v}(T_is+1)}{s^v\prod_{i=1}^{n-v}(T_is+1)+k\prod_{i=1}^{m}(T_is+1)} \tag{6.6}$$

如果 $sE(s)$ 在 s 右半平面解析，即 $sE(s)$ 的极点均位于 s 左半平面(包括坐标原点)，则可以利用拉氏变换的终值定理方便地求出系统的稳态误差，即

$$e_{ss}=\lim_{s\to 0}sE(s)=\lim_{s\to 0}s\,G_e(s)R(s) \tag{6.7}$$

如果输入为单位阶跃函数，即

$$R(s)=\frac{1}{s} \tag{6.8}$$

则将式(6.8)、式(6.6) 代入式(6.7)，可得

$$e_{ss}=\lim_{s\to 0}\frac{s^v\prod_{i=1}^{n-v}(T_is+1)}{s^v\prod_{i=1}^{n-v}(T_is+1)+k\prod_{i=1}^{m}(T_is+1)} \tag{6.9}$$

显然，在阶跃输入下，对于零型系统(即开环系统零、极点的重数 $v=0$)，则稳态误差为

$$e_{ss}=\frac{1}{1+k} \tag{6.10}$$

对于 Ⅰ 型及 Ⅰ 型以上的系统，$v=1$ 或 $v>1$，稳态误差等于零，或者说，要使系统的稳态误差为零，开环传递函数中应至少包含一个积分环节。这实际上也是 PID 控制中所谓的积分动作是无差控制的理论基础。

如果定义静态位置误差因数为

$$K_p=\lim_{s\to 0}G(s) \tag{6.11}$$

则对于零型系统，$K_p=k$，对于 Ⅰ 型及其以上的系统，$K_p\to\infty$。而静态位置误差就可以统一表述为

$$e_{ss}=\frac{1}{1+K_p} \tag{6.12}$$

相应地，在速度函数(t) 的输入下，定义静态速度误差因数为

$$K_v=\lim_{s\to 0}s\,G(s)=\frac{k}{s^{v-1}} \tag{6.13}$$

对于零型系统，$K_v=0$；对于 Ⅰ 型，$K_v=k$；对于 Ⅱ 型及其以上的系统，$K_p\to\infty$。而静态速度误差就可以统一表述为

$$e_{ss}=\frac{1}{K_v} \tag{6.14}$$

在加速度函数($t^2/2$) 的输入下，定义静态加速度误差因数为

$$K_a=\lim_{s\to 0}s^2G(s)=\frac{k}{s^{v-2}} \tag{6.15}$$

对于零型、Ⅰ 型系统，$K_a=0$；对于 Ⅱ 型系统，$K_a=k$；对于 Ⅲ 型及其以上的系统，$K_a\to\infty$。而静态加速度误差就可以统一表述为

$$e_{ss}=\frac{1}{K_a} \tag{6.16}$$

为了研究输入信号为任意时间函数时的系统稳态误差，可以使用动态误差系数方法，考虑式(6.3)，可得到

$$E(s)=G_e(s)R(s)=(C_0+C_1s+C_2s^2+C_3s^3+\cdots)R(s) \tag{6.17}$$

式中，各因数均为动态误差因数，这是在 $s=0$ 邻域内展开的无穷级数，相当于在时间域内 $t\to\infty$ 时成立的误差级数。对式(6.17)进行拉氏反变换，得到稳态误差

$$e_{ss}=\sum_{i=0}^{\infty}C_i r^{(i)}(t) \tag{6.18}$$

应当指出，该方法描述的是稳态误差随时间的变化规律，而不是描述瞬态误差随时间的变化情况。另外，由于式(6.18)在 $t\to\infty$ 时才能成立，因此若输入信号中包含有随时间增长而趋近于零的分量，则该分量不应包含在式中的输入信号及其各阶导数之内。

6.1.2 根轨迹法

由于系统的特性与其零点、极点分布之间有密切的关系，取得了系统的零点、极点分布就可以对系统特性进行定性的分析。根轨迹方法是利用系统的开环零点、极点求得闭环系统零点、极点的方法。尽管计算技术的高速发展已经为时域分析法创造了非常有利的条件，但是使用根轨迹方法进行系统分析，可以加深对于系统特性的定性认识，为系统地校正提供指导性意见，仍然有它应用的领域和必要性。

所谓根轨迹是指开环系统根轨迹增益从零变化到无穷大，闭环系统零点、极点的变化轨迹。根轨迹的绘制有以下几个基本法则：

法则1：根轨迹起始于开环极点，终了于开环零点。

法则2：根轨迹的分支数与开环有限零点数 m 和有限极点数 n 中的大者相等，它们是连续的并且对称于实轴。

法则3：当开环有限极点数 n 大于有限零点数 m 时，有 $n-m$ 条根轨迹分支沿着与实轴交角为 φ、交点为 σ 的一组渐近线趋向无穷远处，且有

$$\varphi=\frac{(2k-1)\pi}{n-m}\quad(k=0,1,2,\cdots,n-m-1) \tag{6.19}$$

$$\sigma=\frac{\sum_{i=1}^{n}p_i-\sum_{i=1}^{m}z_i}{n-m} \tag{6.20}$$

式中：p_i，z_i—— 分别为开环极点、零点。

法则4：实轴上的某一区域，若其右边开环实数零点、极点个数之和为奇数，则该区域必为根轨迹。

法则5：两条或两条以上的根轨迹分支在 s 平面上相遇又立即分开的点，称为根轨迹的分离点，分离点的坐标 d 是下列方程的解：

$$\sum_{i=1}^{m}\frac{1}{d-z_i}=\sum_{i=1}^{n}\frac{1}{d-p_i} \tag{6.21}$$

法则6：根轨迹离开开环复数极点处的切线与正实轴的交角称为起始角 θ，根轨迹进入开环复数零点处的切线与正实轴的交角称为终止角 φ，存在如下关系：

$$\theta_{p_i}=180^\circ+\left(\sum_{j=1}^{m}\varphi_{z_jp_i}-\sum_{\substack{j=1\\j\neq i}}^{n}\theta_{p_jp_i}\right) \tag{6.22}$$

$$\varphi_{z_i}=180^\circ-\left(\sum_{\substack{j=1\\j\neq i}}^{m}\varphi_{z_jz_i}-\sum_{j=1}^{n}\theta_{p_jz_i}\right) \tag{6.23}$$

法则 7:若根轨迹与虚轴相交,则交点上的根轨迹增益和角频率可用劳斯判据确定,也可令闭环特征方程中的 $s=\mathrm{j}\omega$,然后分别令其实部和虚部为零而求得。

系统的根轨迹可用如下两个方程来描述:

$$\sum_{j=1}^{m}\angle(s-z_j)-\sum_{j=1}^{n}\angle(s-p_j)=(2k+1)\pi \quad (k=0,\pm1,\pm2,\cdots) \tag{6.24}$$

$$K^*=\frac{\prod_{i=1}^{n}|s-p_i|}{\prod_{i=1}^{m}|s-z_i|} \tag{6.25}$$

式中:K^*—— 根轨迹增益。

在得到了系统的根轨迹后,就得到了系统闭环传递函数的分母,于是可以使用时域分析方法计算其响应和性能,也可以定性地取得一些结论。

稳定性:若闭环极点全部位于 s 左半平面,则系统一定是稳定的。

运动形式:若闭环系统无零点,且闭环极点均为实数极点,则时间响应一定是单调的;若闭环极点均为复数极点,则时间响应一定是振荡的。

超调量:超调量主要取决于闭环复数主导极点的衰减率,并与其他闭环零、极点接近坐标原点的程度有关。

调节时间:调节时间主要取决于最靠近虚轴的闭环复数极点的实部绝对值,若实数极点距离虚轴最近,并且它附近没有实数零点,则调节时间主要取决于该实数极点的模值。

实数零、极点影响:零点减小系统阻尼,使峰值时间提前,超调量加大;极点增大系统的阻尼,使峰值时间迟后,超调量减小。它们的作用随着它们本身接近坐标原点的程度而加强。

偶极子及其处理:若零、极点之间的距离比它们本身的模值小一个数量级,则构成了偶极子。远离原点的偶极子,其影响可忽略;接近原点的偶极子,其影响应予考虑。

主导极点:在 s 平面上,最靠近虚轴而附近又无闭环零点的一些闭环极点对于系统性能的影响最大,称为主导极点。凡比主导极点的实部大 6 倍以上的其他闭环零、极点的影响可以忽略。

一般情况下,根轨迹法可以和时域分析法配合使用。使用根轨迹法进行定性的分析,可以给出系统分析方向性、指导性的意见,而使用时域分析法进行定量的、较为准确的分析。在分析过程中,除应理解方法的理论根据外,还应注意到计算机辅助工具的使用,例如使用 MATLAB 软件,将大大提高工作的效率。

6.1.3　频率响应法

频率响应法是应用频率特性研究自动控制系统的一种经典方法。它有以下特点:

(1) 应用奈奎斯特稳定判据,可以根据系统的开环频率特性研究闭环系统的稳定性,而不必解出特征方程根。

(2) 对于二阶系统而言,频率特性与过渡过程性能指标之间有确定的对应关系,对于高阶系统来说,两者也存在近似关系。因为频率特性与系统的参数和结构密切相关,所以可以用研究频率特性的方法,把系统参数和结构的变化与过渡过程性能指标联系起来。

(3) 频率特性有明确的物理意义,很多元部件的这一特性都可用试验方法确定,这对于难以从分析其物理规律来列写动态方程的元部件和系统有很大的实际意义。

(4) 频率响应法不仅适用于线性定常系统的分析研究,还可以推广应用于某些非线性控制系统,例如描述函数法等。

(5) 当系统在某些频率范围内存在严重的噪声时,应用频率响应法,可以设计出能够满意地抑制这些噪声的系统。

(6) 系统的频率特性和传递函数存在以下关系:

$$G(\mathrm{j}\omega)=G(s)\mid_{s=\mathrm{j}\omega} \tag{6.26}$$

稳定系统的频率特性等于输出量傅氏变换与输入量傅氏变换之比。对于一个简谐信号输入,系统的稳态输出与输入信号同频率,其幅值是输入信号幅值的 $|G(\mathrm{j}\omega)|$ 倍,其相角超前输入信号 $\angle G(\mathrm{j}\omega)$,该特点是进行系统特性分析的基础。

系统的频率特性有多种表示方法:

(1) 幅相频率特性曲线(幅相曲线):以频率作为参变量,将频率特性的幅频特性和相频特性同时表现在复平面上。

(2) 对数频率特性曲线(伯德曲线):包括对数幅频和对数相频两条曲线,这两条曲线连同它们的坐标组成了对数坐标图或称伯德图。两曲线的横坐标均表示频率以对数分度,幅频曲线纵坐标为 $20\lg|G(\mathrm{j}\omega)|$,均匀分度,相频曲线纵坐标表示相频特性的函数值,均匀分度。

(3) 对数幅相曲线(尼柯尔斯曲线):该曲线的横、纵坐标都均匀分度,横坐标表示对数相频特性的相角,纵坐标表示对数幅频特性幅值的分贝数。

在上述三种曲线中,对数频率特性曲线(伯德曲线)的应用更广泛一些。

根据开环幅相曲线来判断闭环系统稳定性可以使用奈奎斯特稳定判据,即反馈控制系统稳定的充要条件是奈氏曲线逆时针包围临界点$(-1,\mathrm{j}0)$的圈数等于开环传递函数右半 s 平面的极点数。当开环传递函数没有右半 s 平面极点时,闭环控制系统稳定的充要条件是奈氏曲线不包围临界点。

判断闭环系统稳定性也可以使用对数频率稳定性判据,即一个反馈控制系统,其闭环特征方程正实部根的个数 Z,可以根据开环传递函数右半 s 平面极点的个数 P 和开环对数幅频特性为正值的所有频率范围内,对数相频曲线与 $-180°$ 线的正、负穿越数之差 $N=N_+-N_-$ 确定,即 $Z=P-2N$,Z 为零,则闭环系统稳定,Z 不为零,闭环系统不稳定,Z 就是闭环特征方程正实部根的个数。

对应对数频率特性曲线,经常使用相角裕度 γ 和幅值裕度 h 两个稳定性裕度指标作为表征频域法校正系统稳定程度的指标。幅值裕度 h 定义为幅相曲线上,相角为 $-180°$ 这一频率 ω_g 所对应的幅值的倒数,即

$$h=\frac{1}{|G(\mathrm{j}\omega_g)H(\mathrm{j}\omega_g)|} \tag{6.27}$$

式中:ω_g—— 相角交界频率。

幅值裕度 h 具有如下含义:若系统的开环传递函数增大到原来的 h 倍,则系统就处于临界稳定状态。相角裕度 γ 是幅值裕度 h 的补充,相角裕度 γ 定义为 180° 加开环幅相曲线上幅值为 1 这一点的相角,即

$$\gamma = 180^\circ + \angle(G(\mathrm{j}\omega_c)H(\mathrm{j}\omega_c)) \tag{6.28}$$

式中:ω_c—— 系统的截止频率。

相角裕度 γ 的含义是:若系统对截止频率 ω_c 的信号的相角迟后再增大 γ 角,则系统处于临界稳定状态。

应用等 M、等 N 圆图和尼柯尔斯图,可以根据系统开环频率特性曲线绘制系统闭环频率特性曲线。根据开环幅相曲线,利用等 M 圆图可以得到闭环系统的幅频特性曲线,应用等 N 圆图,可以得到闭环系统的相频特性曲线。根据单位反馈系统的开环对数幅频和开环对数相频曲线,应用尼柯尔斯图线可确定闭环对数幅频和闭环对数相频曲线。

根据系统的频率特性,可以估计系统的时域指标,例如可以根据相角裕度和闭环幅频特性曲线来估算系统的时域指标。二阶系统的相角裕度与时域指标有确定的关系,对于高阶系统则只能做粗略的估计。

频域方法在做系统校正时也可以给出指导性的意见,对于加深对系统特性的理解有重要的作用,在系统存在干扰的情况下,系统频率特性的分析就显得尤为重要。

与前述两个方法一样,在频率域的分析过程中也应注意计算机辅助工具的使用。

6.2　转速闭环控制的 PID 方法

6.2.1　控制算法的构成

本节介绍使用 PID 控制思想构成控制算法的方法。使用转速闭环控制方案的鱼雷热动力推进系统的结构如图 5.3 所示,它无须系统上位机提供额外的测量信号,例如鱼雷航深、弹道倾角等。

根据第 5 章的分析,不考虑鱼雷姿态的变化,转速伺服控制器的被控对象的传递函数为

$$G_{u\omega}(s) = \frac{K_{a\omega}(\tau_v s + 1)}{A_2 s^2 + A_1 s + 1} \frac{k_{ua}}{\tau_{ua} s + 1} \tag{6.29}$$

对于某重型鱼雷,在某参数处线性化,该系统的被控对象(前向通道部分)的根轨迹如图 6.1 所示。由图可知,如果使用比例控制,则无论比例增益选取多么大也不会使闭环系统丧失稳定性,同时注意到系统的一对零点、极点相距很近,其特性可简化为一个过阻尼的二阶环节。

由于该系统对于阶跃信号的响应为单调过程,仅从系统输入输出特性上看,系统还可用惯性环节加纯迟延环节来描述。这是仅从被控对象的输入输出特性方面来描述它而得到的近似,即

$$G_{u\omega}(s) = \frac{K\mathrm{e}^{-\tau s}}{Ts + 1} \tag{6.30}$$

式中:K —— 增益;

τ —— 纯迟延时间;

T —— 时间常数。

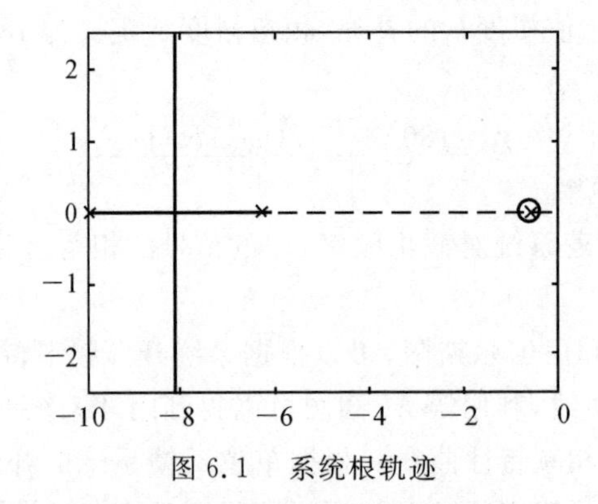

图 6.1　系统根轨迹

对于如式(6.30)描述的被控对象,可以根据对象的可控比 τ/T 来选择 PID 控制器的动作规律。当 $\tau/T < 0.2$ 时,可选择比例或比例积分动作;当 $0.2 < \tau/T < 1.0$ 时,可选择比例微分或比例积分微分动作;而当 $\tau/T > 1$ 时,采用简单控制系统不易满足控制要求,应选择更为复杂的控制系统。本系统的可控比很小,可以选择比例或比例积分动作。但是考虑到比例控制属于有差控制,所以选择比例积分动作更为合适。需要指出的是,如果转速控制器使用数字控制方法实现,由于采样周期的影响,则被控对象的纯迟延时间应适当予以放大,保守考虑时,可增加数字控制器采样周期的 1/2。在此情况下,应考虑选择比例积分动作构成控制算法,即

$$G_c(s) = K_c\left(1 + \frac{1}{T_I s}\right) \tag{6.31}$$

式中:K_c —— 比例增益;

T_I —— 积分时间。

PID 控制器的综合即转化为对这两个参数的合理选择上。

6.2.2　控制器参数整定

一般评价控制系统的性能指标可概括为稳定性、准确性和快速性。不同的使用场合对于这三个方面有不同的侧重。对应于这三个特性要求,有一系列的性能指标来表述,例如,衰减比和衰减率(相邻同相波峰值衰减的百分数,用于衡量振荡过程衰减程度)、超调量(用于衡量系统动态准确性)、残余偏差(用于衡量系统稳态准确性)、调节时间和振荡频率(用于衡量系统快速性)以及一些误差积分指标,即

误差积分(IE):

$$IE = \int_0^\infty e(t)\,dt \tag{6.32}$$

绝对误差积分(IAE):

$$IAE = \int_0^\infty |e(t)|\,dt \tag{6.33}$$

二次方误差积分(ISE):

$$ISE = \int_0^\infty e^2(t)\,dt \tag{6.34}$$

时间与绝对误差乘积积分(ITAE):

$$\text{ITAE}=\int_0^\infty t\mid e(t)\mid \mathrm{d}t \tag{6.35}$$

采用不同的积分指标，意味着估计整个过渡过程优良程度时的侧重点不同。

随着技术的发展，提出了以 0.75 衰减比和各种误差积分值为系统性能指标的控制器最佳参数整定公式，见表 6.1，它们都以式(6.30)描述的系统为被控对象。表中，Z－N 表示以 0.75 衰减比为系统性能指标的 Ziegler－Nichols 公式。表中，控制器动作规律为

$$u(t)=K_c\left(1+T_D s+\frac{1}{T_I s}\right)e(t) \tag{6.36}$$

整定公式为

$$KK_c=A\left(\frac{\tau}{T}\right)^{-B} \tag{6.37}$$

$$\frac{T_I}{T}=C\left(\frac{\tau}{T}\right)^{D} \tag{6.38}$$

$$\frac{T_D}{T}=E\left(\frac{\tau}{T}\right)^{F} \tag{6.39}$$

转速 PID 控制器的参数可以参考该表进行选择，但是应注意到鱼雷热动力系统有其本身的特性，有其特殊的要求，例如，要求转速残余误差要小、控制量超调量要小或者不超调等。因此不能依靠以上提供的参数整定方法生搬硬套。

表 6.1　控制器参数整定公式中的常数

性能指标	调节规律	A	B	C	D	E	F
Z－N	P	1	1				
IAE		0.902	0.985				
ISE		1.411	0.917				
ITAE		0.904	1.084				
Z－N	PI	0.9	1	3.333	1		
IAE		0.984	0.986	1.644	0.707		
ISE		1.305	0.959	2.033	0.739		
ITAE		0.859	0.977	1.484	0.68		
Z－N	PID	1.2	1	2	1	0.5	1
IAE		1.435	0.921	1.139	0.749	0.482	1.137
ISE		1.495	0.945	0.917	0.771	0.56	1.006
ITAE		1.357	0.947	1.176	0.738	0.381	0.995

在 PID 控制器的综合中还常常把系统配置成典型系统，系统的开环传递函数所含有的积分环节的个数决定了系统的型别，不同型别的系统对于各种输入信号的跟踪特性不同。系统型别越高，稳态精度越高，而稳定性越差。一般来讲，零型系统的稳态精度不如 Ⅰ 型和 Ⅱ 型系统，Ⅲ 型以上的系统则不易稳定，工程设计中大多将系统配置成 Ⅰ 型或 Ⅱ 型系统。就 Ⅰ，Ⅱ 两型系统比较而言，Ⅰ 型系统结构简单，可以做到超调量较小，但抗干扰能力稍差，而 Ⅱ 型

系统的超调量相对较大，但抗干扰能力较强。分析具体的应用场合的特点和要求，在鱼雷热动力推进系统的控制中，可以将系统配置成Ⅰ型系统。

注意到图6.1所示的根轨迹，系统的一对零点、极点相距很近，近似处理时可以消掉，其特性可简化为一个过阻尼的二阶环节。此时系统可以近似描述为

$$G_{u\omega}(s)=\frac{K'}{(T_1 s+1)(T_2 s+1)} \tag{6.40}$$

式中：$K'=K_{\alpha\omega}k_{u\alpha}$；

$T_2=\tau_{u\alpha}$；

T_1—— 系统较大的极点的倒数。

如果令控制器传递函数式(6.31)的积分时间等于式(6.40)中两个极点的负倒数中的一个，即 $T_{\rm I}=T_1$ 或 $T_{\rm I}=T_2$，则开环传递函数变形为

$$G_{e\omega}(s)=\frac{K}{s(Ts+1)} \tag{6.41}$$

式中：$K=K'K_{\rm c}/T_{\rm I}$；

$T=T_1$ 或 T_2。

典型Ⅰ型系统在零初始条件和阶跃输入下的各项动态指标都能够准确地计算出来。由式(6.41)可得：超调量为

$$\sigma={\rm e}^{-\left(\xi\pi/\sqrt{1-\xi^2}\right)} \tag{6.42}$$

上升时间为

$$t_{\rm r}=2\xi T\,\frac{\pi-\arccos\xi}{\sqrt{1-\xi^2}} \tag{6.43}$$

相角稳定裕度为

$$\gamma=\arctan\frac{2\xi}{\sqrt{\sqrt{1+4\xi^4}-2\xi^2}} \tag{6.44}$$

闭环幅频特性谐振峰值为

$$\left.\begin{aligned}&M_{\rm p}=1 && (\xi>0.707)\\&M_{\rm p}=\frac{1}{2\xi\sqrt{1-\xi^2}} && (0\leqslant\xi\leqslant 0.707)\end{aligned}\right\} \tag{6.45}$$

自然振荡频率为

$$\omega_{\rm n}=\sqrt{\frac{K}{T}} \tag{6.46}$$

阻尼比为

$$\xi=0.5\sqrt{\frac{1}{KT}} \tag{6.47}$$

转速PID控制器的参数也可以参考以上配置典型系统的方法进行选择。应该指出，无论以何种方法综合的控制器参数都必须经过仿真分析和实验，不断进行调整，使之满足系统提出的各种性能和安全要求。

6.3　PID 控制系统性能估计

本节介绍估计 PID 控制算法构成的控制系统性能的方法，包括根轨迹和数字仿真分析两个工具，具体分析系统的简化线性模型的转速、航速对于阶跃指令(期望转速)、阶跃干扰(弹道倾角)的响应情况。

6.3.1　系统转速对于阶跃指令的响应

在第 6.2 节中，通过对被控对象式(6.29)进行不同程度的简化，给出了 PID 控制器参数整定的基本原则。本节通过分析其根轨迹和闭环响应情况来确定控制器参数。

被控对象的根轨迹如图 6.1 所示，控制器的结构为 PI 动作。鱼雷热动力推进系统要求响应的超调量要小，根据这一要求进行多种 PI 控制器参数的配置。

根据图 5.3 所示的系统结构图，略去弹道倾角的影响，考虑控制器和被控对象的传递函数可知，转速对于期望转速的闭环系统传递函数为

$$G_{cl}(s)=\frac{G_{u\omega}(s)G_c(s)}{1+G_{u\omega}(s)G_c(s)} \tag{6.48}$$

而将控制器传递函数改写为

$$G_c(s)=K_c\frac{s+\dfrac{1}{T_I}}{s} \tag{6.49}$$

若将控制器零点配置在被控对象左侧第二个极点和零点之间，则系统根轨迹如图 6.2 所示，根轨迹指出系统一定稳定，而控制系统最好的响应情况如图 6.3 所示，其响应过程没有超调。

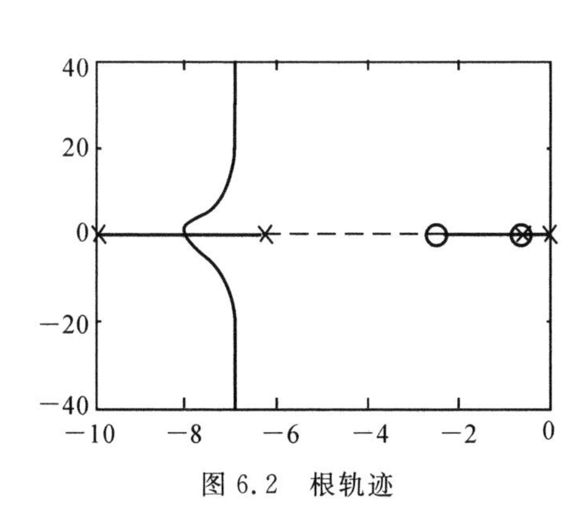

图 6.2　根轨迹

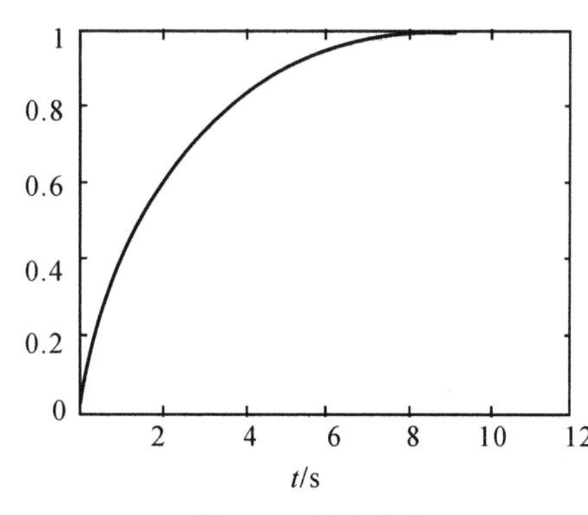

图 6.3　转速响应

可见对于该系统选择 PI 控制律是很安全的，而控制器的零点应该配置在被控对象左侧第二个极点附近。控制器零点太靠左，积分作用太强，上升时间太大，同时比例增益太小；控制器零点太靠右，积分作用太弱，上升时间也太大，同时比例增益也不能选得太大。

由于控制器中包含积分环节，所以转速的残余误差均为零。

如前文所述，控泵电压直接控制了变排量燃料泵的斜盘角，而斜盘角与燃烧室压强之间是

近似的比例关系,故一旦斜盘角出现超调,燃烧室压强也必然随之出现超调。这对于燃烧室和整个动力系统来讲都类似于一个冲击,不利于系统的安全运行。燃烧室内的压强本身已经非常高了,动力系统各元部件均已工作于受力极限附近,燃烧室压强的超调是系统运行的安全隐患,尤其在大航深、高航速时更是如此。因此,从系统安全性角度考虑,不希望控泵电压出现较大的正向超调(控泵电压大于稳定运行时的值)。另外,从推进剂的燃烧条件来看,推进剂的稳定燃烧需要一定的压强条件,燃烧室压强过低将破坏推进剂的稳定燃烧条件,这在浅航深、低航速时更显得重要,所以也不希望控泵电压出现较大的反向超调(控泵电压小于稳定运行时的值)。这一点是鱼雷热动力推进系统的特点。

根据图 5.3 所示的系统结构图,不考虑鱼雷姿态的变化,鱼雷航速对于转速指令的传递函数为

$$G_{uv}(s)=G_{u\omega}(s)G_{\omega v}(s) \tag{6.50}$$

显然航速的响应慢于转速的响应,这是转速至航速之间是惯性环节的缘故。

6.3.2 控制系统的抗干扰特性

控制系统的抗干扰特性主要体现在系统对于鱼雷姿态(如弹道倾角)的响应情况上。

根据图 5.3 所示的系统结构图,令指令转速输入为零,得到弹道倾角到转速的传递函数为

$$G_{\Theta\omega}(s)=\frac{G_{\Theta v}(s)G_{v\omega}(s)+G_{\Theta y}(s)G_{y\omega}(s)}{1+G_{c}(s)G_{u\alpha}(s)G_{\alpha\omega}(s)-G_{v\omega}(s)G_{\omega v}(s)} \tag{6.51}$$

将式(6.51)变形为

$$G_{\Theta\omega}(s)=\frac{v_0 k_{y\omega}(\tau_v s+1)(\tau_{u\alpha}s+1)-k_{\Theta v}k_{v\omega}s(\tau_{u\alpha}s+1)}{s(\tau_v s+1)(\tau_\omega s+1)(\tau_{u\alpha}s+1)+\dfrac{K_c k_{u\alpha}k_{\alpha\omega}}{T_I}(T_I s+1)(\tau_v s+1)-k_{\omega v}k_{v\omega}s(\tau_{u\alpha}s+1)} \tag{6.52}$$

式(6.52)的增益为

$$K_{\Theta\omega}=\frac{v_0 k_{y\omega}}{k_{u\alpha}k_{\alpha\omega}}\frac{T_I}{K_c} \tag{6.53}$$

所以,存在弹道倾角时,控制系统转速的残余误差为

$$\Delta\omega_{t\to\infty}=K_{\Theta\omega}\sin\Theta=\frac{v_0 k_{y\omega}}{k_{u\alpha}k_{\alpha\omega}}\frac{T_I}{k_c}\sin\Theta \tag{6.54}$$

从式(6.54)可以看出,转速的残余误差与控制器积分时间成正比,与比例增益成反比,故加大控制器的比例增益或减小积分时间对于系统的抗干扰特性是有贡献的,但是同时系统的超调量将随之增大。因此,控制器的参数选择应该综合考虑各个方面的要求和限制,不能只照顾到某一方面的性能。

根据图 5.3 所示的系统结构图,令指令转速输入为零,还可以得到弹道倾角对航速的影响,即

$$G_{\Theta v}(s)=G_{\omega v}(s)\omega+G_{\Theta v}(s)\sin\Theta \tag{6.55}$$

其航速残余误差为

$$\Delta v_{t\to\infty}=(k_{\omega v}K_{\Theta\omega}-k_{\Theta v})\sin\Theta \tag{6.56}$$

对于某重型鱼雷,当控制器积分时间为 0.4、比例增益为 0.02、弹道倾角为 48° 时,控制系

统航速的残余误差为 0.22 m/s 或 0.43 kn。可见使用 PI 控制器形成的系统其航速的抗干扰能力也可以接受,可以满足鱼雷航速的准确性指标。

另外,从式(6.54) 可以看出,转速偏差与弹道倾角同符号,这表示,当鱼雷上爬时转速加大,而下潜时转速减小,这与开环控制的情形正好相反。观察式(6.56) 看出,这种转速与弹道倾角同符号的特性有利于减小航速偏差。

6.4 仿真分析

本章针对系统的简化线性模型给出了 PI 控制算法及其性能估计方法,并给出了其控制参数的选择原则。从控制律实现的角度来看,针对系统简化线性模型的 PI 算法仅需要系统转速一个参量,算法简单、计算量小,实现性很好。本节针对某重型鱼雷的数学模型给出 PI 控制的仿真算例。

算例描述了鱼雷在恒定深度下的变速特性以及变深过程中的稳速特性。图 6.4 给出了各状态变量相对于变速前的稳态值进行归一化处理后得到的无量纲量,其中,曲线 1~5 分别描述了鱼雷在恒定深度下的速制切换时的控泵电压、燃料泵斜盘角、燃烧室压强、系统转速、鱼雷航速的过渡过程,期望转速以阶跃信号形式给出。从曲线中可以看出,控泵电压变化平稳,燃料泵斜盘角不出现超调,因此燃烧室压强也没有超调,系统转速、航速均为单调过程,且准确性良好。

图 6.5~6.6 描述了鱼雷在变深过程中的稳速控制情况,给出了各状态变量相对于变速前的稳态值进行归一化处理后得到的无量纲量。图 6.6 中的曲线 1~5 分别描述了控泵电压、燃料泵斜盘角、燃烧室压强、系统转速、鱼雷航速的过渡过程,鱼雷弹道倾角以阶跃信号形式给出(与鱼雷实际的航行情况相比较该扰动更恶劣)。从曲线中可以看出,泵控电压变化平稳,燃料泵斜盘角不出现抖动,系统转速、航速变化平稳,残余误差很小。在变深过程中,转速与航速的变化趋势是相反的,这一点可由式(6.56)来解释。可以想像,如果进一步减小控制器的比例增益或加大积分时间,则变深过程中转速偏差会进一步加大,而航速偏差却会进一步减小,考虑到控制器需要兼顾变速和变深两种工作模式,该特性为此提供了有利的条件。

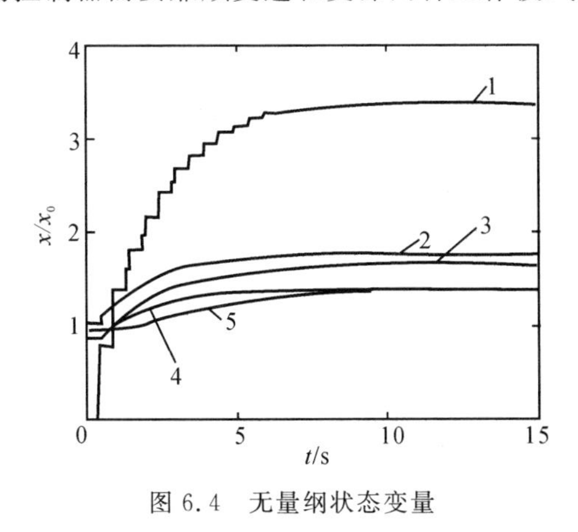

图 6.4　无量纲状态变量

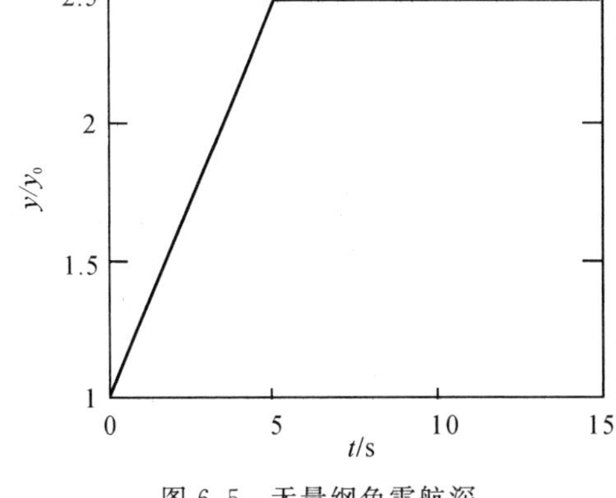

图 6.5　无量纲鱼雷航深

仿真分析表明,针对系统进行 PI 控制是可行的,它的主要缺点是快速性能稍差,为了保证燃烧室压强不出现超调，系统整个的响应都比较慢。

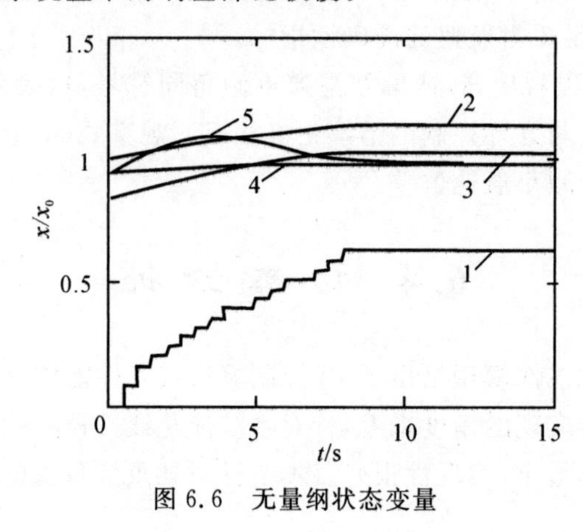

图 6.6 无量纲状态变量

6.5 PID 控制器的实现和修正

本节介绍 PID 控制器的实现方法，包括模拟和数字两种方案，并且为了提高航速的控制精度，对控制器的指令转速进行修正。

6.5.1 PI 控制器的模拟电路实现

PI 控制器可以使用模拟电路来实现。图 6.7 描述了一种使用集成运算放大器构成 PI 控制器的基本原理，这种实现方法是比较成熟的。测速发电机轴连接在发动机的输出轴或隔板组件的功率传动轴上，其转速正比于发动机转速，其输出的直流电压也正比于发动机转速，从而构成反馈环节；指令转速以直流电压的方式输入，与反馈电压按照集成运算放大器的差动输入接法连接，第一个集成运算放大器的输出电压等于二者之差，于是构成误差输出；该输出电压输入到第二个集成运算放大器的反相端，通过第二个集成运算放大器完成对误差信号的比例积分运算。

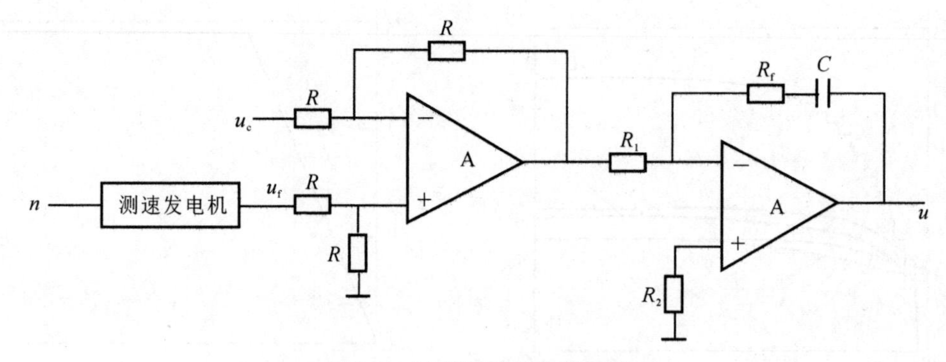

图 6.7 PI 控制器的模拟实现

通过对图 6.7 所示电路的分析，应用集成运算放大器“虚短路”和“虚断路”的特性，不难给出控制器的输出电压为

$$u = \frac{R_f}{R_1}(u_c - u_f) + \frac{1}{R_1 C}\int_0^t (u_c - u_f)\mathrm{d}t \tag{6.57}$$

式(6.57) 对应于控制器传递函数式(6.31),第一项为比例环节,第二项为积分环节,电路中各元件的参数显然应满足以下关系:

$$K_c = \frac{R_f}{R_1} \tag{6.58}$$

$$\frac{K_c}{T_I} = \frac{1}{R_1 C} \tag{6.59}$$

6.5.2 PI 控制器的数值算法

PI 控制器也可以使用数字电路来实现,例如使用单片机构成控制器。

使用数字电路实现 PI 控制器的算法,应注意到两个问题:采样周期的选择、算法的选择和修正。

数字控制器采样周期的选择方法较多,可以根据闭环连续系统的单位阶跃响应情况来确定,也可以根据开环系统频率特性来确定。

闭环系统的转速阶跃响应情况如图 6.6 所示,可以考虑采样周期小于该曲线上升时间的 1/4。

开环系统的频率特性如图 6.8 所示,可以考虑采样角频率取大于穿越频率的 10 倍。另外采样频率的选择还应使得系统能够尽量避免出现"波纹"现象。

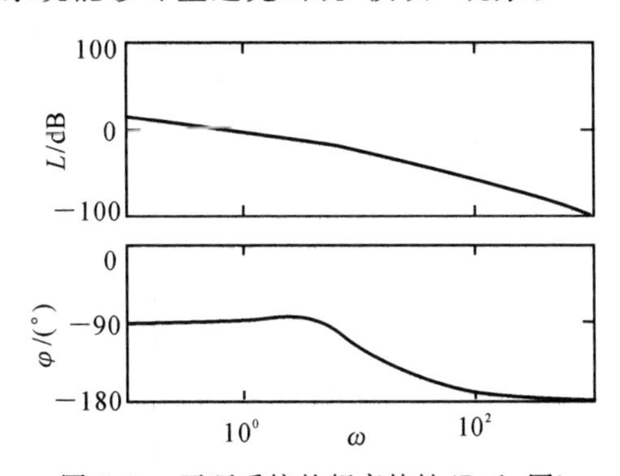

图 6.8　开环系统的频率特性(Bode 图)

尽管控制器的运算速度足够快,理论上可以将采样周期选择得很小,但是考虑到执行机构 —— 泵角驱动系统 —— 的响应速度,采样周期也不宜选择得太小。

对应于控制器的传递函数式(6.31),可以使用 z 变换将其变换到 z 域去。z 变换为

$$s = \frac{1 - z^{-1}}{T} \tag{6.60}$$

式中:T—— 采样周期。

于是式(6.31) 变换为

$$G(z) = K_c + K_c \frac{T}{T_I}\frac{1}{1 - z^{-1}} \tag{6.61}$$

其迭代算式为

$$u(k)=K_{c}e_{k}+K_{c}\frac{T}{T_{I}}\sum_{i=0}^{k}e_{i} \tag{6.62}$$

式中，误差 $e=\omega_{c}-\omega$。

式(6.62) 称为位置式 PID 算法，随着时间的增长，其计算量和存储量都要相应地增加。为了克服这些缺点，更广泛使用的是增量式算法，即

$$\Delta u(k)=K_{c}(e_{k}-e_{k-1})+K_{c}\frac{T}{T_{I}}e_{k} \tag{6.63}$$

$$u(k)=u(k-1)+\Delta u(k) \tag{6.64}$$

如果系统长期无法达到指令要求，就有可能产生积分饱和现象，为了消除该现象，可以在控泵电压计算值超出极限值时，将其人为地锁定在极限值上。

使用如式(6.63)和式(6.64)描述的数字增量式算法时，应根据仿真结果对各控制参量——采样周期、比例增益及积分时间——做进一步的修正。

6.5.3　提高航速控制精度的修正方法

在控制器的实现中，必然会发生各种偏差从而带来控制精度的下降，更重要的是，在鱼雷变深过程中，由于负浮力的影响，使得水平航行时的恒定相对进程发生变化。因此即使发动机转速不变，鱼雷航速也会发生变化。为了更好地控制航速的精度，对于数字转速控制器，可以在鱼雷变深过程中对其转速指令进行修正，从而达到更好地补偿弹道倾角影响的目的。

由于变排量燃料泵的输出流量就是系统的工质秒耗量，燃料泵的流量近似正比于排量和转速之积，而控泵电压又对应了燃料泵的排量，系统转速信号可测量，所以控制器可以很容易地估计燃料的消耗量，从而可以方便地估计鱼雷的负浮力。如果鱼雷弹道倾角的测量值能够传送到数字式转速控制器的话，则指令转速修正就可以完成。

由于鱼雷水平稳定航行时，推进器的相对进程基本保持恒定，所以根据指令转速可以折算出指令航速，即

$$v_{c}=JD_{p}\frac{\omega_{c}}{2\pi} \tag{6.65}$$

根据鱼雷纵平面运动动力学方程，令方程等号左边为零，航速为指令航速，弹道倾角为测量值，负浮力为估计值，即得到方程为

$$0=a_{v0}\omega_{cx}^{2}-a_{v1}v_{c}\omega_{cx}-a_{v2}v_{c}^{2}-a_{v3}\Delta G\sin\Theta \tag{6.66}$$

式中：ω_{cx}—— 修正指令角速度。

解式(6.66)，得

$$\omega_{cx}=\frac{a_{v1}v_{c}+\sqrt{(a_{v1}v_{c})^{2}+4a_{v0}(a_{v2}v_{c}^{2}+a_{v3}\Delta G\sin\Theta)}}{2a_{v0}} \tag{6.67}$$

在鱼雷航行变深过程中，如果系统转速是由式(6.67) 给出的值，则鱼雷航速将维持不变。故按照式(6.67) 形成的指令转速可以使得鱼雷在航行变深过程中的航速静态偏差减小。

第7章 转速闭环的非线性(变结构)控制方法

本章使用非线性变结构控制思想对开式循环鱼雷热动力推进系统进行转速闭环控制律的综合。围绕变结构控制思想及其在鱼雷热动力推进系统控制中的应用展开讨论。由于非线性控制的算法比较复杂,包含有非线性的运算环节,使用模拟器件难以完成,所以该算法只能够使用数字计算机实现。另外,由于非线性变结构控制中需要对系统模型进行复现,其所需要的模型状态参数更多一些,它需要上位机提供诸如航深或弹道倾角等状态参量的测量值。

在进行鱼雷热动力推进系统的分析和非线性控制综合之前,首先对于非线性控制分析的理论基础予以概述,注重明确其一些重要的分析思想和结论。

7.1 李雅普诺夫理论基础

研究非线性控制系统稳定性的最有用和最一般的方法是李雅普诺夫理论,它包括线性化方法和直接方法两方面的内容。李雅普诺夫线性化方法是线性控制的理论依据,而直接法是非线性系统分析和设计的最重要的工具。

本节主要介绍针对自治系统的李雅普诺夫直接方法,该理论是建立在一系列定义的基础之上的。

定义1 若非线性系统的状态方程能够写成

$$\dot{\boldsymbol{x}} = \boldsymbol{f}(x) \tag{7.1}$$

的形式,则该系统是自治的,否则即为非自治的。

定义2 若 $x(t)$ 一旦等于某个状态 x^*,它在未来时间内就一直保持等于 x^*,则该状态 x^* 为系统的一个平衡点,即

$$\boldsymbol{0} = \boldsymbol{f}(x^*) \tag{7.2}$$

定义3 若对于任意 $R > 0$,存在 $r > 0$,使得对于所有 $t \geqslant 0$,若 $\| x(0) \| < r$,就有 $\| x(t) \| < R$,则平衡点 $x = 0$ 是稳定的。

定义4 若某个平衡点0是稳定的,而且存在某一 $r > 0$,使得 $\| x(0) \| < r$ 意味着当 $t \to \infty$ 时 $x(t) \to 0$,则该平衡点是渐近稳定的。

定义5 若存在两个严格正数 α 和 λ,使得围绕原点的某个球域内,对于任意时间,总有

$$\| x(t) \| \leqslant \alpha \| x(0) \| \mathrm{e}^{-\lambda t} \tag{7.3}$$

则平衡点0是指数稳定的。

定义6 若渐近(或指数)稳定性对于任意初始状态均能够保持,则平衡点是全局渐近(或指数)稳定的。

定义 7 一个标量连续函数 $V(x)$，若 $V(0)=0$，而且在一个球域内满足

$$x \neq 0 \Rightarrow V(x) > 0 \tag{7.4}$$

则该函数 $V(x)$ 是局部正定的。若 $V(0)=0$，而且上述性质在整个状态空间上都成立，则函数 $V(x)$ 是全局正定的。

定义 8 若在一个球域内，函数 $V(x)$ 是正定的且具有连续偏导数，而且若它沿着系统式(7.1)的任意状态轨迹的时间导数是半负定的，即

$$\dot{V}(x) \leqslant 0 \tag{7.5}$$

则函数 $V(x)$ 是系统式(7.1)的李雅普诺夫函数。

定理 1 若在一个球域内，存在一个李雅普诺夫函数，则平衡点是局部稳定的，而若 $\dot{V}(x)$ 是负定的，则平衡点是渐近稳定的。

定理 2 若系统存在一个状态 x 是正定的，且具有连续偏导数的标量连续函数 $V(x)$，$\dot{V}(x)$ 是负定的，且当 $\|x\| \to \infty$ 时，$V(x) \to \infty$，则原点处的平衡点是全局渐近稳定的。

至此，可以看出，非线性控制系统的稳定性问题就转化为寻找一个李雅普诺夫函数的问题了。克拉索夫斯基提供了较为实用的方法。

定理 3 由式(7.1)定义的自治系统，其平衡点是原点，令 $\boldsymbol{A}(x)$ 表示系统的雅克比矩阵，即

$$\boldsymbol{A}(x) = \frac{\partial \boldsymbol{f}}{\partial x} \tag{7.6}$$

若矩阵 $\boldsymbol{F} = \boldsymbol{A} + \boldsymbol{A}^{\mathrm{T}}$ 在原点的某一邻域 Ω 内是负定的，那么它在原点处的平衡点是渐近稳定的。该系统的一个李雅普诺夫函数为

$$V(x) = \boldsymbol{f}^{\mathrm{T}}(x)\boldsymbol{f}(x) \tag{7.7}$$

若 Ω 是整个状态空间，而且当 $\|x\| \to \infty$ 时 $V(x) \to \infty$，则该平衡点是全局渐近稳定的。

定理 4 由式(7.1)定义的自治系统，其平衡点是原点，令 $\boldsymbol{A}(x)$ 表示系统的雅克比矩阵，那么原点是渐近稳定的充分条件是，存在两个对称正定矩阵 $\boldsymbol{P}$ 和 $\boldsymbol{Q}$，使得对于任意 $x \neq 0$，矩阵

$$\boldsymbol{F}(x) = \boldsymbol{A}^{\mathrm{T}}\boldsymbol{P} + \boldsymbol{P}\boldsymbol{A} + \boldsymbol{Q} \tag{7.8}$$

在原点的某一邻域 Ω 内是半负定的。而该系统的一个李雅普诺夫函数为

$$\boldsymbol{V}(x) = \boldsymbol{f}^{\mathrm{T}}(x)\boldsymbol{P}\boldsymbol{f}(x) \tag{7.9}$$

若 Ω 是整个状态空间，而且当 $\|x\| \to \infty$ 时 $V(x) \to \infty$，则该系统就是全局渐近稳定的。

寻找李雅普诺夫函数是一个困难的工作，除以上提供的数学方法外，基于对系统物理过程的理解，可以根据系统的物理意义形成李雅普诺夫函数。对于某些复杂的系统，在很多情况下这种方法是很有效的。

事实上，李雅普诺夫稳定性理论本身就是基于系统物理过程的数学拓展。李雅普诺夫函数是正定的，它对应了系统拥有的能量，其时间导数是负定的，对应地其系统能量是单调衰减的，系统的能量衰减到零，系统自然静止(稳定)。

例如，一个质量-弹簧-阻尼器系统，如图 7.1 所示。

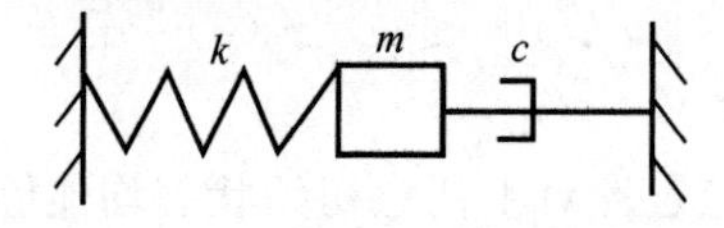

图 7.1 质量-弹簧-阻尼器系统

系统动态方程可以描述为

$$\left.\begin{aligned}\dot{x}&=v\\ \dot{v}&=-\frac{cv+kx}{m}\end{aligned}\right\}\tag{7.10}$$

式中：x —— 自弹簧自然状态起算的质量块位移；

v —— 质量块运动速度；

m —— 质量块的质量；

c —— 黏性阻尼因数；

k —— 弹簧刚度。

选取系统拥有的机械能作为李雅普诺夫函数，即

$$V(x,v)=\frac{1}{2}mv^2+\frac{1}{2}kx^2\tag{7.11}$$

式(7.11) 等号右侧第一项描述了质量块运动的动能，第二项描述了弹簧产生的弹性势能。

求式(7.11) 的时间导数，得

$$\dot{V}(x,v)=(m\dot{v}+kx)v\tag{7.12}$$

考虑式(7.10)，式(7.12) 变形为

$$\dot{V}(x,v)=-cv^2\tag{7.13}$$

显然，式(7.13) 小于或等于零，按照李雅普诺夫稳定性理论，该系统稳定。而从物理角度来分析，式(7.13) 说明系统的机械能逐步衰减，无论系统初始状态如何，系统运动都将衰减直至静止状态。

以上系统属于线性系统范畴，如果将系统阻尼改造为库仑摩擦，则系统成为非线性系统，即

$$\left.\begin{aligned}\dot{x}&=v\\ \dot{v}&=-\frac{c\,\mathrm{sgn}(v)+kx}{m}\end{aligned}\right\}\tag{7.14}$$

依然选取系统拥有的机械能作为李雅普诺夫函数，则李雅普诺夫函数的时间导数为

$$\dot{V}(x,v)=-c\,|\,v\,|\tag{7.15}$$

系统依然稳定。

若系统不存在摩擦阻尼，则式(7.13) 或式(7.15) 等于零，系统就不能稳定，从物理角度上讲，系统将维持简谐运动直至永远。

又例如一个电容-电感-电阻器系统，如图 7.2 所示，图中 C，R，L 分别表示电容、电阻和电感。

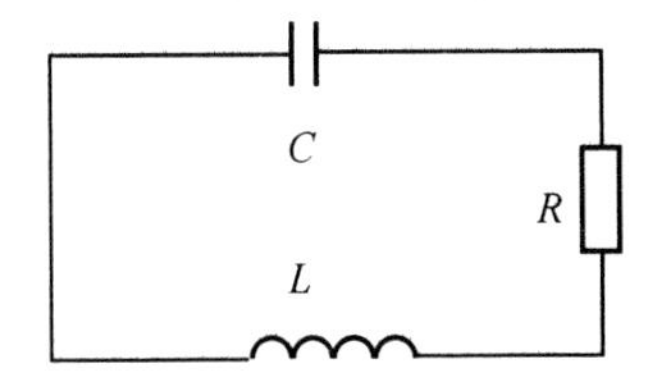

图 7.2　电容-电感-电阻器系统

系统动态方程可以描述为

$$\left.\begin{aligned}\dot{U}_C &= \frac{I}{C}\\ U_C &= -(IR + L\dot{I})\end{aligned}\right\} \tag{7.16}$$

式中：U_C —— 电容两端的电压；

I —— 回路电流；

R —— 电阻；

C —— 电容；

L —— 电感。

选取系统储存的能量作为李雅普诺夫函数，即

$$V(I,\dot{I},U_C) = \int IU_C \mathrm{d}t + \int I(L\dot{I})\mathrm{d}t \tag{7.17}$$

式(7.17)等号右侧第一项描述了电容器的能量，第二项描述了电感的能量。

求式(7.17)的时间导数，得

$$\dot{V}(I,\dot{I},U_C) = (L\dot{I} + U_C)I \tag{7.18}$$

考虑式(7.16)，式(7.18)变形为

$$\dot{V}(I,\dot{I},U_C) = -RI^2 \tag{7.19}$$

显然，式(7.19)小于或等于零，按照李雅普诺夫稳定性理论，该系统稳定。而从物理角度来分析，式(7.19)说明系统储存的能量逐步衰减，无论系统初始状态如何，系统运动都将衰减直至静止状态。式(7.19)等号右端恰好为电阻器消耗的发热功率。

而若系统不存在电阻器，则式(7.19)等于零，系统不能稳定，从物理角度上讲，系统将维持简谐运动直至永远。

因此，李雅普诺夫稳定性理论来源于物理过程，合理地解释了物理过程，同时也为物理过程的分析提供了普遍适用的方法。李雅普诺夫方法是非线性控制分析和设计的最重要的工具，采用该方法进行控制系统设计基本上有两个思路，而且这两个思路都有试凑的特点。第一种方法是首先假设控制律的一种形式，然后找到一个李雅普诺夫函数来判定所选控制律能否使得系统稳定。相反，第二种方法则先假设一个候选的李雅普诺夫函数，然后找到一个控制律使得这个候选的函数成为真正的李雅普诺夫函数。在后面的变结构控制律的综合中，就是应用了第二种思路形成一种控制律，使得滑动面的距离测度函数成为真正的李雅普诺夫函数，从而完成了控制算法的构建。

7.2　被控对象的非线性模型

本节构建系统的两组非线性模型，一组是反应系统实际物理过程的模型，另一组是控制律综合时可供估计和模型重构的模型。

将鱼雷热动力推进系统的机理模型重写如下：

鱼雷纵平面运动学方程为

$$\dot{y} = -v\sin\Theta \tag{7.20}$$

鱼雷纵平面运动动力学方程为

$$\dot{v}=a_{v0}\omega^2-a_{v1}v\omega-a_{v2}v^2-a_{v3}\Delta G\sin\Theta \tag{7.21}$$

动力系统动力学方程为

$$\dot{\omega}=a_{n0}\alpha-a_{n1}y-a_{n2}\omega^2+a_{n3}\omega v-\frac{a_{n4}}{\omega}-a_{n5} \tag{7.22}$$

燃料泵角动态方程为

$$\tau_{u\alpha}\dot{\alpha}+\alpha-\alpha_0=k_{u\alpha}u \tag{7.23}$$

7.2.1　系统的二阶非线性模型

将式(7.22) 对时间求导数,代入式(7.20)、式(7.21)、式(7.22),得到

$$\ddot{\omega}=F(\dot{\omega},\omega,v,\Theta,\Delta G,\alpha)+Bu \tag{7.24}$$

式中

$$B=a_{n0}\frac{k_{u\alpha}}{\tau_{u\alpha}} \tag{7.25}$$

$$F=\dot{\omega}\left(a_{n3}v+\frac{a_{n4}}{\omega^2}-2a_{n2}\omega\right)+a_{n3}\omega(a_{v0}\omega^2-a_{v1}v\omega-a_{v2}v^2-$$

$$a_{v3}\Delta G\sin\Theta)+a_{n0}\left(\frac{\alpha_0-\alpha}{\tau_{u\alpha}}\right)+a_{n1}v\sin\Theta \tag{7.26}$$

在式(7.26) 中,转速、弹道倾角可测量,负浮力可以估计,但是燃料泵斜盘角、鱼雷航速、转速变化率是无法测量的。因此,式(7.26) 是不能够直接为控制算法所利用的。

鱼雷转速到航速之间可用惯性环节来描述,同时鱼雷姿态对航速的影响也可以描述,所以在控制算法中可以构造卡尔曼滤波器进行航速的估计,但是这样势必会加大控制器的运算量。考虑到鱼雷水平稳定航行时推进器的相对进程基本保持恒定,所以也可以根据当前转速折算出当前航速,即

$$v=JD_{\mathrm{p}}\frac{\omega}{2\pi} \tag{7.27}$$

当然这样处理必然会带来误差。

考虑燃料泵角对于泵控电压的响应式(7.23),它们两者之间也可用惯性环节来描述,故在控制算法中也可以构造卡尔曼滤波器进行燃料泵角的估计,这样同样会加大控制器的运算量。考虑到该惯性环节的时间常数相对于整个系统的响应来说较小,所以也可以用一个比例环节来近似描述二者的关系,即

$$\alpha-\alpha_0=k_{u\alpha}u \tag{7.28}$$

考虑到以上两个简化后,式(7.24) 就简化变形为

$$\ddot{\omega}=\hat{F}(\dot{\omega},\omega,\hat{v},\Theta,\Delta\hat{G},\hat{\alpha})+\hat{B}u \tag{7.29}$$

式中:

$$\hat{B}=a_{n0}\frac{k_{u\alpha}}{\tau_{u\alpha}} \tag{7.30}$$

$$\hat{F}=\dot{\omega}\left(a_{n3}\hat{v}+\frac{a_{n4}}{\omega^2}-2a_{n2}\omega\right)+a_{n3}\omega(a_{v0}\omega^2-a_{v1}\hat{v}\omega-a_{v2}\hat{v}^2-$$

$$a_{v3}\Delta\hat{G}\sin\Theta)+a_{n0}\left(\frac{\alpha_0-\hat{\alpha}}{\tau_{u\alpha}}\right)+a_{n1}\hat{v}\sin\Theta \tag{7.31}$$

式中：$\hat{B},\hat{F},\hat{v},\hat{\alpha},\Delta\hat{G}$—— 估计值。

7.2.2 系统的一阶非线性模型

如果不用二阶模型来描述系统，而直接对式(7.22)进行处理，考虑式(7.23)，则得到

$$\dot{\omega}=F(\omega,v,y)+Bu \tag{7.32}$$

式中：

$$F=a_{n0}(\alpha_0-\tau_{u\alpha}\hat{\alpha})-a_{n1}y-a_{n2}\omega^2+a_{n3}\omega v-\frac{a_{n4}}{\omega}-a_{n5} \tag{7.33}$$

$$B=a_{n0}k_{u\alpha} \tag{7.34}$$

在式(7.33)中，转速、航深均可测量，但是燃料泵斜盘角变化率是无法测量的，所以式(7.33)也是不能够直接为控制算法所利用的。

同样，在控制算法中可以构造卡尔曼滤波器进行航速的估计，也可以根据式(7.27)折算出当前航速。可以设法进行燃料泵角变化率的估计，也可以根据式(7.28)近似认为燃料泵角变化率为零，这是可行的，尤其当系统达到指令转速附近时燃料泵斜盘角的变化就很缓慢了。

考虑到以上两个简化后，式(7.32)就简化变形为

$$\dot{\omega}=\hat{F}(\omega,y)+\hat{B}u \tag{7.35}$$

式中：

$$\hat{F}=a_{n0}\alpha_0-a_{n1}y+\omega^2\left(a_{n3}\frac{JD_p}{2\pi}-a_{n2}\right)-\frac{a_{n4}}{\omega}-a_{n5} \tag{7.36}$$

$$\hat{B}=a_{n0}k_{u\alpha} \tag{7.37}$$

式中：$\hat{B},\hat{F}$—— 估计值；

$\hat{v}$ 用式(7.27)估计。

式(7.35)可以作为系统方程式(7.32)的近似，其中的各个参量均可以测量或近似估计。

7.3 针对二阶非线性系统的变结构控制律的综合

对于本系统，可以采用变结构控制的思想进行控制律的综合，在对系统的描述不甚准确、系统特性发生变化的情况下，应用该思想形成的控制算法可取得良好的控制效果。

对于如式(7.24)描述的二阶系统，定义误差：

$$e=\omega_c-\omega \tag{7.38}$$

式中：ω_c—— 指令角频率。

控制的目的就是在存在各种扰动的情况下，使得误差 $e=0$。

在相平面上定义曲面：

$$s=\dot{e}+\lambda e\quad(\lambda>0) \tag{7.39}$$

当 $s=0$ 时，式(7.39)的解为

$$e=e_0\mathrm{e}^{-\lambda t} \tag{7.40}$$

式中：e_0—— 初始状态的误差，这表明系统状态变量 $\dot{\omega},\omega$ 一旦位于曲面 $s=0$ 上时，误差即按照指数关系趋向于零。

当存在以下条件时,曲面 $s=0$ 具备全局吸引性:

$$0.5\left(\frac{\mathrm{d}s^2}{\mathrm{d}t}\right)\leqslant-\eta\mid s\mid\qquad(\eta>0)\tag{7.41}$$

通过不严格的推导,式(7.41)变形为

$$\operatorname{sgn}(s)\dot{s}\leqslant-\eta\tag{7.42}$$

式(7.42)说明,s 总是以大于 η 的速度向着曲面 $s=0$ 趋近。

当指令角频率 ω_c 为阶跃信号时,考虑式(7.38),式(7.39)变形为

$$s=-\dot{\omega}+\lambda(\omega_c-\omega)\tag{7.43}$$

而式(7.42)变形为

$$\operatorname{sgn}(s)(\ddot{\omega}+\lambda\dot{\omega})\geqslant\eta\tag{7.44}$$

将式(7.24)代入式(7.44),得

$$\operatorname{sgn}(s)(F+Bu+\lambda\dot{\omega})\geqslant\eta\tag{7.45}$$

显然,若令

$$u=-\frac{1}{B}[F+\lambda\dot{\omega}-k\operatorname{sgn}(s)]\tag{7.46}$$

且常数 $k\geqslant\eta$,则式(7.45)就可以得到满足。

考虑到系统方程式(7.24)并不准确可知,故以式(7.29)作为系统描述的估计,而取得控制律算法为

$$u=-\frac{1}{\hat{B}}[\hat{F}+\lambda\dot{\omega}-k\operatorname{sgn}(s)]\tag{7.47}$$

式中:k—— 常数。

考虑式(7.47)、式(7.44),有

$$\operatorname{sgn}(s)\dot{s}=\operatorname{sgn}(s)\left[F-\frac{B}{\hat{B}}\hat{F}+\lambda\dot{\omega}\left(1-\frac{B}{\hat{B}}\right)\right]+\frac{B}{\hat{B}}k\tag{7.48}$$

当存在如下条件时,式(7.42)就可以得到保证:

$$k\geqslant\frac{\hat{B}}{B}\eta-\operatorname{sgn}(s)\left[\frac{\hat{B}}{B}F-\hat{F}+\lambda\dot{\omega}\left(\frac{\hat{B}}{B}-1\right)\right]\tag{7.49}$$

即若满足条件式(7.49),控制律式(7.47)就可以保证曲面 $s=0$ 的全局吸引性条件,而系统状态变量 $\dot{\omega}$,ω 一旦位于曲面 $s=0$ 上,误差即按照指数关系趋向于零,则系统可对阶跃信号 ω_c 进行良好地跟踪。

在这样一种思路中,先假设滑动面距离平方测度函数 $0.5s^2$,而后设计一个控制律,使得该函数成为真正的李雅普诺夫函数,即函数本身全局正定,而其对时间的导数负定,从而完成了系统的稳定性设计。

为了消除控制律的不连续性,使用如下连续性的控制律对式(7.47)进行平滑处理:

$$u=-\frac{1}{\hat{B}}[\hat{F}+\lambda\dot{\omega}-K\arctan(s)]\tag{7.50}$$

式中:K—— 正常数。

以上的平滑处理方法利用了反正切函数定义域是整个实数,而值域是有限值的特点,该式是连续的,可用于替代不连续的控制律式(7.47)。

为了更为有效地消除抖振问题，可以考虑使用指数趋近律进行算法修正。对应于曲面 $s=0$ 的全局吸引性条件式(7.41)，考虑一般的趋近律为

$$\dot{s}=-\varepsilon\,\mathrm{sgn}(s)-f(s) \tag{7.51}$$

式中，常数 $\varepsilon>0$，$f(0)=0$，且 $sf(s)>0$。

简单地令

$$f(s)=ks \tag{7.52}$$

式中，常数 $k>0$，则式(7.51)变形为

$$\dot{s}=-\varepsilon\,\mathrm{sgn}(s)-ks \tag{7.53}$$

显然，当 $s>0$ 时，$\dot{s}<0$，且可以得出式(7.53)的解为

$$s=-\frac{\varepsilon}{k}+\left(s_0+\frac{\varepsilon}{k}\right)\mathrm{e}^{-kt} \tag{7.54}$$

当 $s<0$ 时，$\dot{s}>0$，且可以得出式(7.53)的解为

$$s=\frac{\varepsilon}{k}+\left(s_0-\frac{\varepsilon}{k}\right)\mathrm{e}^{-kt} \tag{7.55}$$

当 s 位于 0 附近时，$|\dot{s}|\rightarrow\varepsilon$，即减小 ε 可以减小抖振现象，同时加大 k 值可以加快 s 向曲线 $s=0$ 趋近的过程。

考虑式(7.53)、式(7.43)和式(7.24)，得

$$u=\frac{1}{B}[\varepsilon\,\mathrm{sgn}(s)+ks-F-\lambda\dot{\omega}] \tag{7.56}$$

考虑系统估计式(7.30)，可形成控制算法，即

$$u=\frac{1}{\hat{B}}[\varepsilon\,\mathrm{sgn}(s)+ks-\hat{F}-\lambda\dot{\omega}] \tag{7.57}$$

式(7.57)可变形为

$$u=-\frac{1}{\hat{B}}[\hat{F}+\lambda\dot{\omega}-(\varepsilon+k\,|\,s\,|)\mathrm{sgn}(s)] \tag{7.58}$$

对照式(7.47)，式(7.49)变形为

$$\varepsilon+k\,|\,s\,|\geqslant\frac{\hat{B}}{B}\eta-\mathrm{sgn}(s)\left[\frac{\hat{B}}{B}F-\hat{F}+\lambda\dot{\omega}\left(\frac{\hat{B}}{B}-1\right)\right] \tag{7.59}$$

即只要常数 $\varepsilon>0$，$k>0$ 且选取得足够大，式(7.57)就可以保证曲面 $s=0$ 的全局吸引性条件，而系统状态变量 $\dot{\omega}$，ω 一旦位于曲面 $s=0$ 上时，误差即按照指数关系趋向于零，则系统可对阶跃信号 ω_c 进行良好地跟踪。

在控制算法中，ω 是反馈值，Θ 是测量值，$\hat{B}$，$\hat{F}$，$\hat{v}$，$\hat{\alpha}$，$\Delta\hat{G}$ 均可估计。

值得指出的是，由于燃料泵的输出流量无须溢流，所以使用闭环控制方案可以方便地估计燃料的消耗量。这样，一方面可以估计鱼雷的负浮力变化，另一方面还可以将燃料剩余量传送给系统上位机，便于鱼雷弹道组织的智能化。

7.4 针对一阶非线性系统的变结构控制律的综合

对于如式(7.32)描述的一阶系统，定义误差：

$$s=\omega_c-\omega \tag{7.60}$$

式中:ω_c—— 指令角频率。

控制的目的就是在存在各种扰动的情况下,使得误差 $s=0$ 或 $\omega=\omega_c$。

当存在以下条件时,点 $\omega=\omega_c$ 具备全局吸引性:

$$\operatorname{sgn}(s)\dot{s} \leqslant -\eta \tag{7.61}$$

式(7.61)说明 s 总是向着点 $\omega=\omega_c$ 趋近。

当指令角频率 ω_c 为阶跃信号时,考虑式(7.60),式(7.61)变形为

$$\operatorname{sgn}(s)\dot{\omega} \geqslant \eta \tag{7.62}$$

将式(7.32)代入式(7.62),得

$$\operatorname{sgn}(s)(F+Bu) \geqslant \eta \tag{7.63}$$

显然,若令

$$u=-\frac{1}{B}[F-k\operatorname{sgn}(s)] \tag{7.64}$$

且常数 $k \geqslant \eta$,则式(7.61)就可以得到满足。

考虑到系统方程式(7.32)并不准确可知,故以式(7.35)作为系统描述的估计,而取得控制律算法为

$$u=-\frac{1}{\hat{B}}[\hat{F}-k\operatorname{sgn}(s)] \tag{7.65}$$

式中:k—— 常数。

考虑式(7.61)、式(7.65),有

$$\operatorname{sgn}(s)\dot{s}=\operatorname{sgn}(s)\left(F-\frac{B}{\hat{B}}\hat{F}\right)+\frac{B}{\hat{B}}k \tag{7.66}$$

当存在如下条件时,式(7.61)就可以得到保证:

$$k \geqslant \frac{\hat{B}}{B}\eta-\operatorname{sgn}(s)\left(\frac{\hat{B}}{B}F-\hat{F}\right) \tag{7.67}$$

即若满足条件式(7.67),控制律式(7.65)就可以保证点 $\omega=\omega_c$ 的全局吸引性条件,则系统可对阶跃信号 ω_c 进行良好地跟踪。

为了消除控制律的不连续性,使用如下连续性的控制律对式(7.65)进行平滑处理:

$$u=-\frac{1}{\hat{B}}[\hat{F}-K\arctan(s)] \tag{7.68}$$

式中:K—— 正常数。

以上的平滑处理方法可用于替代不连续的控制律式(7.65)。

为了更为有效地消除抖振问题,可以考虑使用指数趋近律进行算法修正。对应于曲面 $s=0$ 的全局吸引性条件式(7.61),考虑趋近律:

$$\dot{s}=-\varepsilon\operatorname{sgn}(s)-ks \tag{7.69}$$

式中,常数 $\varepsilon>0$,$k>0$。

考虑式(7.62)、式(7.69),得

$$u=\frac{1}{B}[\varepsilon\operatorname{sgn}(s)+ks-F] \tag{7.70}$$

考虑系统估计式(7.35),可形成控制算法,即

$$u=\frac{1}{\hat{B}}[\varepsilon\,\mathrm{sgn}(s)+ks-\hat{F}] \tag{7.71}$$

式(7.71)可变形为

$$u=-\frac{1}{\hat{B}}[\hat{F}-(\varepsilon+k\mid s\mid)\mathrm{sgn}(s)] \tag{7.72}$$

对照式(7.65),式(7.67)变形为

$$\varepsilon+k\mid s\mid\geqslant\frac{\hat{B}}{B}\eta-\mathrm{sgn}(s)\left(\frac{\hat{B}}{B}F-\hat{F}\right) \tag{7.73}$$

即只要常数$\varepsilon>0$,$k>0$且选取得足够大,式(7.71)就可以保证曲线$s=0$的全局吸引性条件,则系统可对阶跃信号ω_c进行良好地跟踪。

控制算法中,ω是反馈值,y是测量值,$\hat{F}$,$\hat{B}$,$\hat{v}$均可估计。

从控制律实现的角度来看,针对系统二阶非线性模型的算法,需要系统转速、转速变化率、鱼雷航速、燃料泵斜盘角、鱼雷弹道倾角、鱼雷负浮力等参量。其中,系统转速、弹道倾角可以通过测量得知,而转速变化率、鱼雷航速、燃料泵斜盘角、鱼雷负浮力等参量必须进行估计。由于转速变化率必须由转速测量值估计得到,而转速测量值总是包含一定误差的,所以转速变化率的估计值将给系统计算模型带来较大的误差。为了弥补该误差,必须加强控制律的不连续项的权重,从而加剧了控制系统的抖动现象,这是不希望发生的。

相比较而言,针对系统一阶非线性模型的算法,仅需要系统转速、鱼雷航速、燃料泵斜盘角、鱼雷航深等参量。其中,系统转速、航深可以测量得知,而鱼雷航速、燃料泵斜盘角等参量须进行估计。该算法使用的估计参量较少、算法简单、计算量相对较小,从而可以实施以更高的采样频率,因此实现性更好一些。

与PID控制相比较,针对非线性系统的变结构控制可以做到快速性更好。这主要是由于控制器输出信号的初始阶段变化可以加快,其缺点是计算量较大,且需要系统上位机提供鱼雷航深信号的测量值。

第 8 章　闭环控制的几种实现形式

鱼雷热动力推进系统的闭环控制系统，除了使用电控变量燃料泵方案以外，还可以使用定量泵加电控液压阀的方式构成。本章将讨论以下两个专题：

(1) 闭环控制的多种实现形式；

(2) 控制失效时系统的安全性能。

闭环控制有多种实现形式，这些实现形式本质上是相互关联的，但在实际应用中各具特点。在新产品的开发过程中，为了使产品具备延续性、技术跨度不至于过大，并不总是选择理论上最完备的控制方案，而是在技术先进性、技术可行性，以及照顾零部件的系列化、标准化等要素间进行综合考虑，取得折中的方案。

前述几章主要是以控制元件正常工作为基础展开讨论的，本章还将讨论在控制元件失效的情况下系统的特性。对于该专题的讨论是有意义的，其原因如下：

(1) 控制元件(压强控制阀、流量控制阀、转速控制器、执行机构等) 发生失效现象是有可能的，在此情况下系统的安全性能是值得关注的；

(2) 通过对于该情况下系统特性的深入讨论，可以引出诸多控制方案，并可对它们进行性能评估。

8.1　闭环控制的多种实现形式

8.1.1　燃料泵排量控制、燃烧室压强控制、推进剂流量控制的同一性

在前述的讨论中，已经取得了如下结论：

(1) 燃烧室压强对于推进剂供应量变化的响应速度远远大于系统转速对于推进剂供应量变化的响应速度。

(2) 在此基础上可知燃烧室压强、燃料泵排量(变量柱塞燃料泵的斜盘角)、发动机工质秒耗量(或供入燃烧室的推进剂流量) 之间存在稳态关系，即

$$\Delta\alpha \propto \Delta p_{c} \propto \Delta\left(\frac{\dot{m}_{fi}}{n}\right) \tag{8.1}$$

式(8.1) 表示燃料泵排量的变化近似正比于燃烧室压强的变化，并且近似正比于推进剂供应量与转速之比的变化。因此在对系统进行控制律的综合时，针对 α，p_{c} 或($\dot{m}_{fi}/n$) 进行的控制

本质上是一样的，仅仅是传递函数中的开环增益不同而已，处理的方法是相同的。

对于组合变量($\dot{m}_{fi}/n$)，可以仅对变量 $\dot{m}_{fi}$ 进行控制，在恒速变深过程中，由于转速变化不大，($\dot{m}_{fi}/n$) 与 $\dot{m}_{fi}$ 是近似同一的。而在变速过程中，情况将有所不同，由于转速的响应远慢于流量的变化，较快的流量变化将引起燃烧室压强的严重超调，这与开环控制方案中流量阀控制的情形是近似的，所以针对 $\dot{m}_{fi}$ 的控制应严格控制上升时间和超调量。另一种方式，也可以针对($\dot{m}_{fi}/n$) 进行控制律设计而形成中间控制输出量，并将中间控制输出量进行后处理(乘以当前转速) 形成最终的控制输出，该控制输出显然对应了 $\dot{m}_{fi}$。这样处理后，表观上针对 $\dot{m}_{fi}$ 的控制实质上就是针对($\dot{m}_{fi}/n$) 的控制，且与针对 α，p_c 的控制统一了。前述章节中有关变量泵方案的控制方法可以直接移植到燃烧室压强和推进剂流量控制方案中来，形成的闭环系统特性和性能是一致的，在此无须赘述。

如果将使用变排量燃料泵的闭环控制系统结构图改造为如图 8.1 所示，则其构成原理将更容易理解。转速控制器输出控泵电压，近似惯性环节特性的泵角执行机构响应该电压，输出燃料泵排量，在燃料泵排量变化不很剧烈的情况下，燃料泵排量与燃烧室压强间可用比例环节来描述(对应于图中的比例因数 $K_{\alpha p}$)，控制最终以燃烧室压强的形式实现。

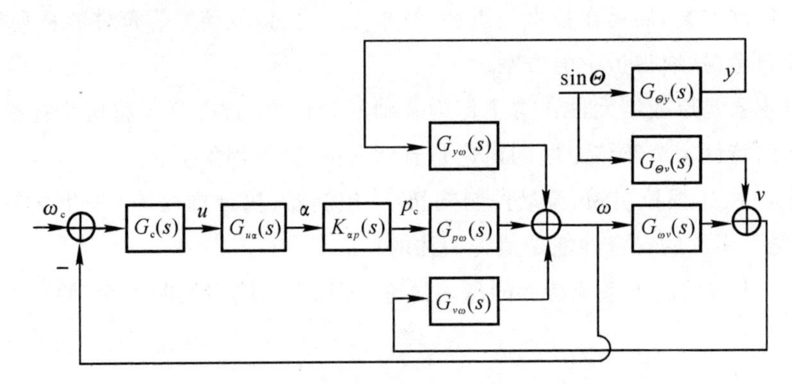

图 8.1　闭环泵控式控制系统结构图

如果采用定量泵＋电控比例压力阀的控制方案，则系统构成如图 8.2 所示，结构如图 8.3 所示。转速控制器输出控阀电压，响应速度很快的电控比例压力阀响应该电压，输出燃烧室压强，控制同样最终以燃烧室压强的形式实现。图 8.1 与图 8.3 所表示的系统实质上是同一的。

如果采用定量泵＋电控比例流量阀控制方案，则系统构成如图 8.4 所示，系统结构如图 8.5 所示。转速控制器输出控阀电压，响应速度很快的电控比例流量阀响应该电压，输出旁路溢流量，与定量泵输出流量求差后形成供入燃烧室的推进剂流量。推进剂流量除以转速求商，该商值与燃烧室压强成比例关系，控制同样最终以燃烧室压强的形式实现。如果将转速反馈入口至燃烧室压强输出这一段统一看待，则图 8.1、图 8.3 与图 8.5 所表示的又是实质同一的。

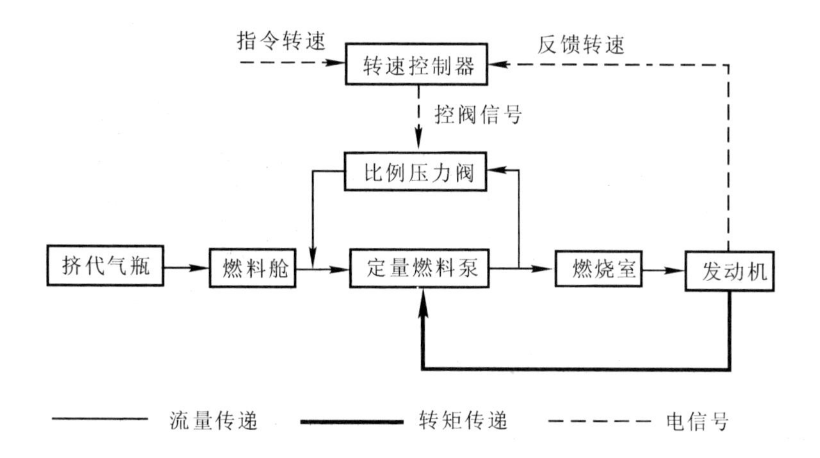

图 8.2　闭环压力阀式控制系统构成

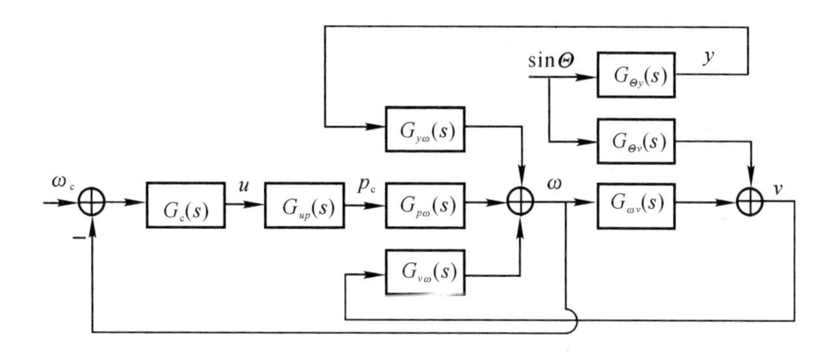

图 8.3　闭环压力阀式控制系统结构图

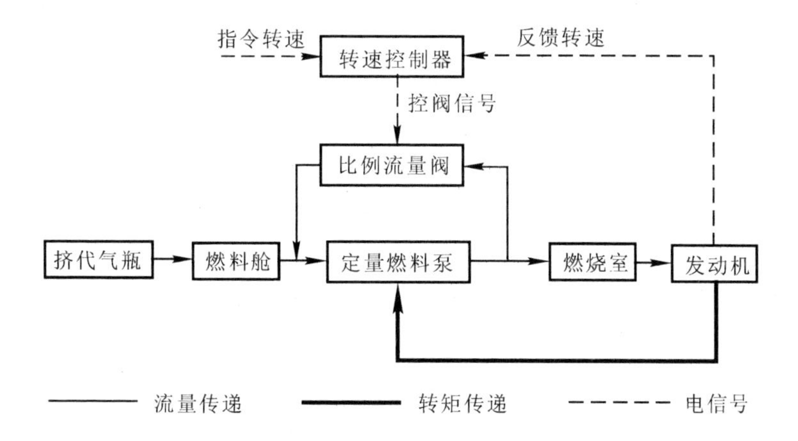

图 8.4　闭环流量阀式控制系统构成

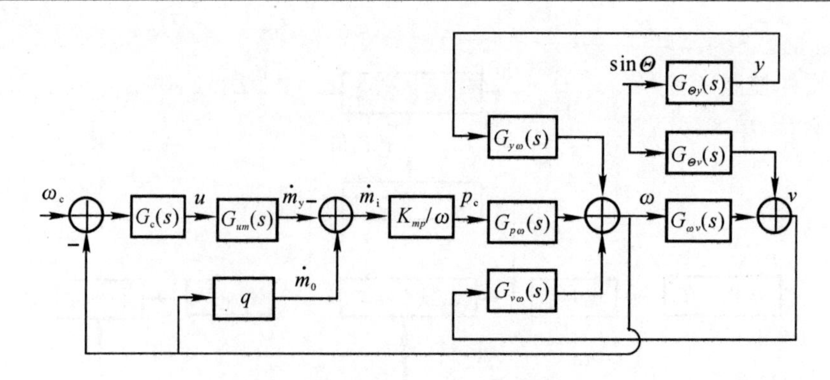

图 8.5　闭环流量阀式控制系统结构图(一)

在针对$(\dot{m}_{fi}/n)$进行控制运算后，可进行下述程序的后处理，以最终形成对于控制旁路溢流量的比例流量阀控制信号。

控制算法形成增量期望值$\Delta(\dot{m}_{fi}/n)$，显然，该值与定量泵流量、溢流量存在关系为

$$\Delta\left(\frac{\dot{m}_{fi}}{n}\right)=\Delta\left(\frac{\dot{m}_{bf}}{n}-\frac{\dot{m}_{y}}{n}\right) \tag{8.2}$$

式中：$\dot{m}_y$ —— 旁路溢流量；

$\dot{m}_{bf}$ —— 定量泵输出流量。

显然，$\dot{m}_{bf}/n$ 对应定量泵的排量，为常数。故式(8.2)可以变形为

$$\Delta\left(\frac{\dot{m}_{fi}}{n}\right)=-\Delta\frac{\dot{m}_{y}}{n}=-\left(\frac{\dot{m}_{y}}{n}-\frac{\dot{m}_{y0}}{n_0}\right) \tag{8.3}$$

式中：$\dot{m}_{y0}$，n_0 —— 平衡点参数。

由式(8.3)可以解出比例流量阀的溢流量增量为

$$\Delta\dot{m}_y=\dot{m}_y-\dot{m}_{y0}=n\left[\frac{\dot{m}_{y0}}{n_0}-\Delta\left(\frac{\dot{m}_{fi}}{n}\right)\right]-\dot{m}_{y0} \tag{8.4}$$

显然，转速控制器的电压输出与比例流量阀的溢流量增量之间存在比例关系，即

$$\Delta u\propto\Delta\dot{m}_y \tag{8.5}$$

经如此处理后，即可形成针对旁路流量阀的控制信号输出。

图 8.5 表明比例流量阀是安装于系统溢流通道之上的。它通过调节溢流量而间接达到控制燃料供应量的目的，这时燃料泵后压强近似等于喷嘴前压强。

如果将比例流量阀直接配置在干流路之上，则直接调节其过流量即可。这与流量阀调节的开环控制系统的安装形式是类似的。这时燃料泵后压强高于喷嘴前压强，其差值由被控节流口消耗，显然该方案加大了燃料泵的负担。这时系统构成如图 8.6 所示。转速控制器输出控阀电压，响应速度很快的电控比例流量阀响应该电压，输出供入燃烧室的推进剂流量，推进剂流量除以转速求商，该商值与燃烧室压强成比例关系，控制同样最终以燃烧室压强的形式实现。如果将转速反馈入口至燃烧室压强输出统一看待，则图8.1、图 8.3、图 8.5 与图 8.6 所表示的又是实质同一的。

8.1.2　比例压力阀控制原理

前述表明，控制燃料泵排量与控制燃烧室压强是同一的，因此转速闭环控制当然可以由转

速控制器、定量燃料泵、电控比例压力阀构成的方案来完成。这种方案的系统连接相似于 MK-46 鱼雷的控制方案，只是压强调节阀由电控比例压力阀替代，海水背压信号由转速控制器的电信号替代，单一的稳速功能由无级变速功能所替代。该系统的特点是定量泵后压强等于燃烧室头部压强，压力阀在主流路上不消耗压强。

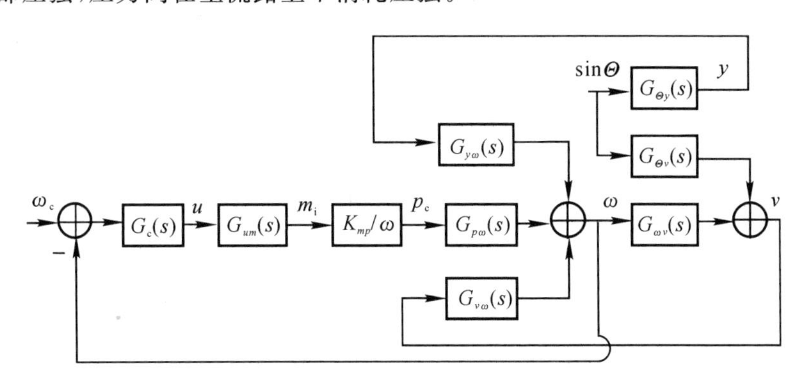

图 8.6　闭环流量阀式控制系统结构图(二)

转速控制器的控制律设计方法与针对变量泵方案的方法相同，而电控比例压力阀的功能可以使用电控比例溢流阀来实现，其基本原理如图 8.7 所示。

图 8.7 中所示的执行机构可以选用比例电磁铁，也可以选用步进电机。如果选用步进电机，当阀处于稳定状态时，作用在先导阀芯上的力平衡方程为

$$p_g A_1 = K_1 y \tag{8.6}$$

式中：p_g —— 先导阀芯左侧的压强；

A_1 —— 先导阀芯左侧的承压面积；

K_1 —— 先导阀硬弹簧刚度；

y —— 先导阀硬弹簧的压缩量。

由于先导阀开度变化很小，所以硬弹簧的压缩量由步进电机的旋转角度决定。

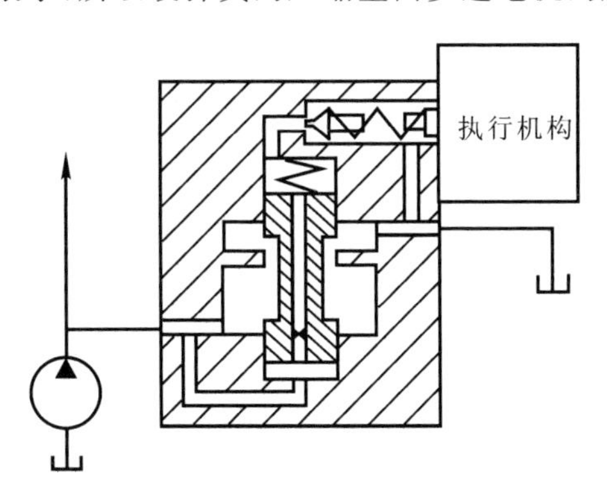

图 8.7　电控比例溢流阀原理

而如果选用比例电磁铁，则当阀处于稳定状态时，作用在先导阀芯上的力平衡方程为

$$p_g A_1 = K_i i \tag{8.7}$$

式中：i —— 供入比例电磁铁的电流；

K_i—— 电磁铁的输出力与输入电流间的比例因数。

主阀芯上的力平衡方程为

$$p_{bo}A = p_g A + Kx \tag{8.8}$$

式中：p_{bo} —— 泵后压强，在本系统中为燃烧室头部压强；

A —— 主阀芯承压面积；

x —— 主阀软弹簧压缩量；

K —— 主阀软弹簧刚度。

结合式(8.8)、式(8.6)，得

$$p_{bo} = \frac{Kx}{A} + \frac{K_1 y}{A_1} \tag{8.9}$$

由于 $K_1 \gg K, A \gg A_1$，式(8.9) 等号右边第一项可以忽略，由于先导阀硬弹簧的压缩量由步进电机的旋转角度控制，步进电机的旋转角度由转速控制器控制，所以燃烧室头部压强可由转速控制器完全控制。

结合式(8.8)、式(8.7)，得

$$p_{bo} = \frac{Kx}{A} + \frac{K_i i}{A_1} \tag{8.10}$$

由于 $A \gg A_1$，式(8.10) 等号右边第一项可以忽略，由于先导阀通过硬弹簧受到的指向左侧的力由比例电磁铁控制，比例电磁铁输出的力由转速控制器控制，所以燃烧室头部压强也是由转速控制器完全控制的。

应该指出，比例溢流阀的输出压力与参考输入信号之间并非无差控制，而该偏差在整个系统的闭环控制中是允许的。

8.1.3 比例流量阀控制原理

转速闭环控制也可以由转速控制器、定量燃料泵、电控比例流量阀构成的方案来完成。这种方案的系统连接也相似于 MK－46 鱼雷的控制方案，只是压强调节阀由电控比例流量阀替代，海水背压信号由转速控制器的电信号替代，单一的稳速功能由无级变速功能所替代。该系统的特点是定量泵后压强等于燃烧室头部压强，流量阀在主流路上不消耗压强。

常规的电控比例流量阀是由定差减压阀和比例节流阀组合而成的，在鱼雷动力系统中，如果燃料的挤代压强恒定(即泵前压强恒定)，也可以使用定值减压阀和比例节流阀组成的比例流量阀。

比例流量阀最好安装于系统旁路之上，通过调节旁路溢流量而间接地控制输入燃烧室的推进剂流量。如果将阀直接安装于系统干路之上对推进剂流量直接进行调节，则阀将消耗掉一部分泵后压强，从而造成燃料泵后压强不得不升高，造成泵的设计制造困难。对于将阀直接安装于系统干路之上的方案，阀的结构可以借鉴开环控制的流量调节阀，但须去除海水背压活塞，从而主阀与上部平衡阀就变成了定差减压阀。它维持主节流部分两侧压差恒定，而原来的主节流口部分应代之以电控比例节流阀即可。

1. 定值减压阀和比例节流阀组成的比例流量阀

在鱼雷动力系统中，如果燃料的挤代压强恒定(即泵前压强恒定)，可以使用定值减压阀和比例节流阀组成的电控比例流量阀。

图 8.8 描述了由定值减压阀和比例节流阀组成的电控比例流量阀原理。图中，左侧为定值减压阀，右侧为比例节流阀。定值减压阀使得在定量泵出口压强变化的情况下，维持比例节流阀的进口压强基本不变。由于泵前压强恒定，比例节流阀两侧的压差也恒定，所以通过比例节流阀的流量受到执行机构的比例控制。执行机构可以选择比例电磁铁或步进电机。

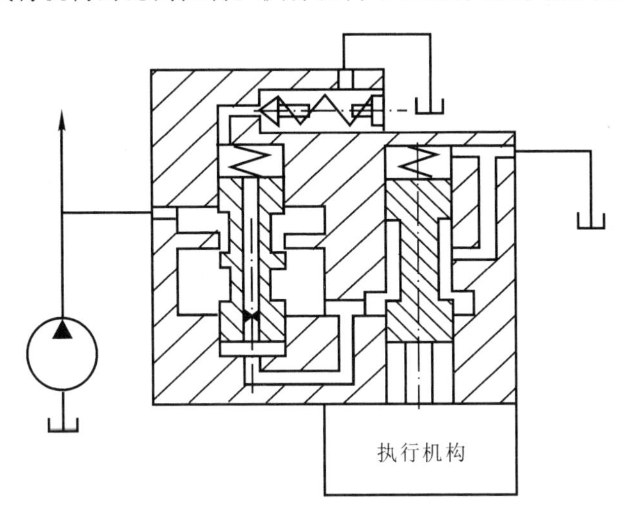

图 8.8　由定值减压阀和比例节流阀构成的电控比例流量阀原理

该定值减压阀先导级的力分析与前述比例溢流阀的分析相同，主阀力分析相似，仅将式(8.8)、式(8.9)、式(8.10)中的泵后压强 p_{bo} 改为节流阀进口压强 p_{ji} 即可。p_{ji} 维持了恒定，而比例节流阀的开度由比例电磁铁或步进电机控制，因此其溢流量得到控制。

2. 定差减压阀和比例节流阀组成的比例流量阀

在鱼雷动力系统中，即使燃料的挤代压强不恒定(即直接使用雷外海水挤代)，也可以使用定差减压阀和比例节流阀组成的电控比例流量阀。

图 8.9 描述了由定差减压阀和比例节流阀组成的电控比例流量阀原理。图中，左侧为定差减压阀，右侧为比例节流阀。定差减压阀使得在定量泵出口压强变化的情况下，维持比例节流阀的进出口压强差基本不变，所以通过比例节流阀的流量受到执行机构的比例控制。执行机构也可以选择比例电磁铁或步进电机。

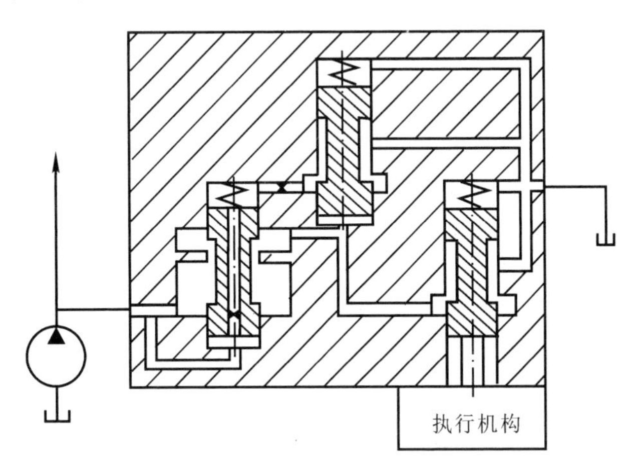

图 8.9　由定差减压阀和比例节流阀构成的电控比例流量阀原理

分析减压阀先导级，其力平衡关系为

$$p_{ji} - p_{jo} = \frac{Ky}{A} \tag{8.11}$$

式中：p_{ji}—— 节流阀进口压强；

p_{jo}—— 节流阀出口压强；

K—— 先导阀弹簧刚度；

y—— 弹簧的压缩量；

A—— 先导阀芯承压面积。

由于系统配置能够保证 y 的变化量很小，所以能够维持比例节流阀的进出口压强差基本不变，而比例节流阀的开度由比例电磁铁或步进电机控制，所以其溢流量得到控制。

应该指出，比例流量阀的输出流量与参考输入信号之间也并非无差控制，然而该偏差在整个系统的闭环控制中是允许的。

从控制算法可实现性的角度上看，使用电控比例溢流阀比使用比例流量阀更容易实现，控制算法更简单一些。

8.2 控制失效时系统的安全特性分析

本节分析几种闭环控制系统控制失效时的特征，这对于系统的实际应用，尤其是安全特性有重要的价值。

8.2.1 变量泵方案

使用变量泵构成的闭环控制系统，其控制失效表现在转速控制器的参考输入失效、转速反馈失效、控制软件失效、执行机构卡死等方面。前几个方面应从电路设计、软件设计方面予以克服，是属于闭环控制系统普遍面对的问题，而对于执行结构卡死、拒绝动作时的系统独有的特性，应是在分析稳定特性时特别值得关注的问题。

变量泵斜盘角拒绝动作时系统的稳定性分析可以针对开环系统泵后部分的非线性方程使用李亚普诺夫直接方法或间接方法进行分析。该问题实质上是一个被控系统的开环稳定性问题。对于实雷的分析结果是系统的稳定性可以维持，即系统泵后部分的开环特性是稳定的。

在本节中，拟从系统的物理机理角度对该系统的稳定性进行分析。系统推进剂流量的供求关系如图 8.10 所示。图中，曲线 1,2 表示定值燃料泵斜盘角对应的推进剂转速-流量特性，显然该曲线族均近似为直线。其曲线的直线度取决于泵容积效率的变化情况，斜率对应于斜盘角量值，该曲线描述了能供系统向发动机提供的推进剂流量与转速的关系。曲线 3 表示在某一固定航深下，系统所需推进剂流量与转速的关系。该曲线呈现出粗略的三次方关系特性(推进剂流量对应了发动机输出功率，而功率与转速间是三次方关系)。

由图 8.10 看出，在感兴趣的转速范围内，推进剂供应量(曲线 1,2) 与发动机需求量(曲线 3) 仅存在一个交点(A 或 B)。以 A 点为例，如果系统当前转速高于 A 点对应的转速，则推进剂供应量小于发动机需求量，系统减速向 A 点运动；如果系统当前转速低于 A 点对应的转速，则推进剂供应量大于发动机需求量，系统也加速向 A 点运动；A 点成为稳定平衡点。这说明，即使泵角执行机构拒绝动作，系统也可以稳定在某一状态下而不至于崩溃。这是变量泵系统一个可贵的特性。

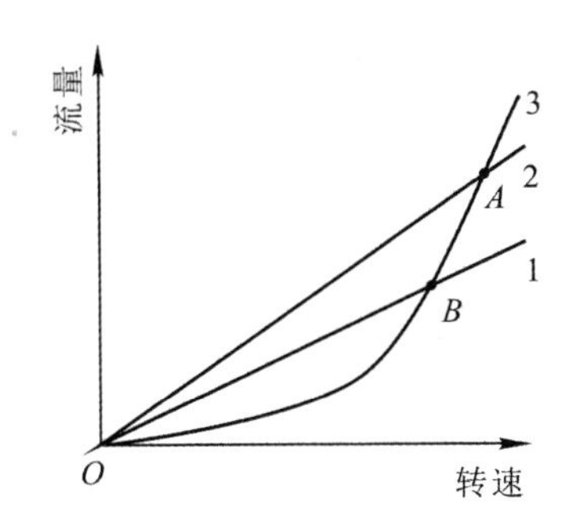

图 8.10　变量泵方案转速、流量特性

8.2.2　比例溢流阀方案

在讨论该方案时，观察图 8.7，感兴趣的失效形式有三个：

(1) 执行机构拒绝动作；

(2) 溢流阀的主阀芯卡死；

(3) 溢流阀的先导阀芯卡死。

如果执行机构拒绝动作（比例电磁铁输出力拒绝变化或步进电机拒绝运转），则溢流阀先导级的参考压强就拒绝变化，导致比例溢流阀输出恒定压强，即燃烧室压强固定在某一值之上。由于燃烧室压强与燃料泵排量是比例关系，这种情况与燃料泵角卡死对于系统的影响是相同的，系统可以保持其稳定性。

如果溢流阀的主阀芯卡死，则相当于定量泵后系统旁路上安装了一个固定孔板，此时系统的特性就会发生变化。

通过溢流阀的流量（固定孔板的溢流量）为

$$\dot{m}_{y} \propto \sqrt{\Delta p} \tag{8.12}$$

式中：$\dot{m}_{y}$—— 固定孔板的溢流量；

Δp—— 固定孔板两侧的压差，实际上也是燃料泵前、后的压差，如果推进剂由海水减压阀后的海水进行挤代，挤代压强与喷嘴压降相差不多，则该压差与燃烧室压强 p_{c} 相差不多。

如前所述，燃烧室压强与推进剂流量和转速存在如下近似关系：

$$p_{c} \propto \frac{\dot{m}_{fi}}{n} \tag{8.13}$$

燃料泵输出流量与供入发动机的推进剂流量、固定孔板的溢流量存在如下关系：

$$\dot{m}_{bf} = C_{B} n = \dot{m}_{fi} + \dot{m}_{y} \tag{8.14}$$

由式(8.12)、式(8.13)、式(8.14) 可得

$$C_{B} n \approx \dot{m}_{fi} + C\sqrt{\frac{\dot{m}_{fi}}{n}} \tag{8.15}$$

式中：C—— 常数。

求解该代数方程可得系统推进剂供应量与转速间的关系。于是，可形成系统推进剂流量

的近似供求关系,如图8.11所示。图中曲线1,2,3表示三种固定孔板形成的推进剂转速-流量特性,该曲线描述了能供系统向发动机提供的推进剂流量与转速的关系;曲线4表示在某一固定航深下,系统所需推进剂流量与转速的关系。

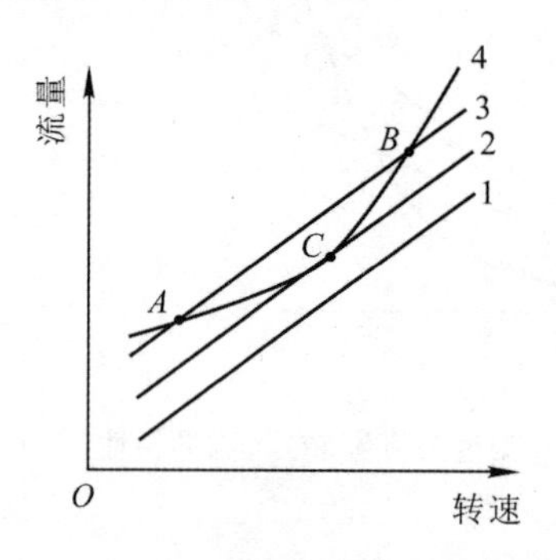

图8.11　固定溢流孔板的转速、流量特性

由图8.11看出,在感兴趣的转速范围内,这两类曲线的形状不同。曲线4显然是上凹的,曲线族1,2,3实际上表示定量泵流量减去溢流量。由于溢流口过流面积一定,随着转速的加大,泵后压强加大,溢流口两侧压差加大,溢流量会加大,而泵流量曲线近似为直线,所以推进剂供应流量曲线应有上凸的趋势。因此,曲线4与曲线1,2,3存在相交、相切、分离三种关系,而交点和切点是平衡点。

对应于曲线1,它与曲线4没有交点,也不相切,这表示在此孔板的过流面积下,系统推进剂的供与求始终无法一致,系统不可能保持稳定。无论初始状态如何,推进剂的需求总是大于供给,系统必然持续减速,这将造成燃烧室压力过低而熄火,甚至造成燃料堆积而发生危险。

对应于曲线2,它与曲线4相切,这表示在此孔板的过流面积下,系统推进剂的供与求在切点C处一致,所以切点C是一个平衡点。如果系统当前转速低于C点对应的转速,则推进剂供应量小于发动机需求量,系统减速远离C点;如果系统当前转速高于C点对应的转速,则推进剂供应量小于发动机需求量,系统减速而直至点C;但是任何扰动都将使得转速降至C点以左,故系统将远离C点,所以C点成为不稳定平衡点。因此,在两线相切的情况下系统将是不稳定的。

对应于曲线3,它与曲线4相交,这表示在此孔板的过流面积下,系统推进剂的供与求在交点A,B处一致,交点A,B是平衡点。如果系统当前转速高于B点对应的转速,则推进剂供应量小于发动机需求量,系统减速向B点运动;如果系统当前转速低于B点对应的转速但大于A点对应的转速,则推进剂供应量大于发动机需求量,系统加速也向B点运动;B点成为稳定平衡点。这说明,在一定的转速范围内,即使溢流阀芯拒绝动作,系统也可以稳定在某一状态下而不至于崩溃。而如果系统当前转速低于A点对应的转速,则推进剂供应量小于发动机需求量,系统减速远离A点,所以A点成为不稳定平衡点。这说明,两线相交的情况下,系统处于低速状态,是不稳定的。系统的这种开环不稳定特性有致命的缺陷,即在阀芯卡死的情况下,系统有可能崩溃。

如果溢流阀的先导阀芯卡死(这种现象出现的可能性大于主阀芯卡死的现象),在这种情况下,系统特性则又有所不同。

主阀的力平衡方程可表示为

$$p_{bo}-p_{g}=C_{1}(x_{0}+x) \tag{8.16}$$

式中：p_{bo} —— 泵后压强；

p_{g} —— 主阀芯上腔压强；

x_{0} —— 主阀芯开度为零时的弹簧预压缩量；

x —— 主阀芯开度。

式(8.16)描述了主阀芯两侧压强差与弹簧弹力的比例关系，比例因数由常数 C_1 表示。

在先导阀芯卡死的情况下，根据连续方程，通过节流孔的流量等于通过先导阀芯的流量，不难取得两个节流环节压强差的比例关系，即

$$p_{bo}-p_{g}=C_{2}(p_{g}-p_{bi}) \tag{8.17}$$

式中：p_{bi} —— 泵前压强；

C_2 —— 常数。

根据式(8.16)和式(8.17)可得

$$p_{bo}=\frac{C_{1}(1+C_{2})}{C_{2}}(x_{0}+x)+p_{bi} \tag{8.18}$$

式(8.18)显然描述了一个直动式溢流阀，理论上它可以将系统泵后压强近似维持在先导阀芯卡死前时刻的压强附近。这种情况与执行机构拒绝动作对于系统的影响是相似的。系统可以保持其稳定性，但是由于主阀弹簧刚度较小，在此情况下主阀的开度变动量会较大，控制品质会下降。

8.2.3　比例流量阀方案

1. 以定值减压阀组合比例节流阀的方案

观察图8.8，感兴趣的失效形式有三个：

(1) 执行机构拒绝动作或比例阀芯卡死；

(2) 减压阀的主阀芯卡死；

(3) 减压阀的先导阀芯卡死。

在该方案中，如果执行机构拒绝动作(比例电磁铁输出力拒绝变化或步进电机拒绝运转)或比例阀芯卡死，则比例节流阀开度就拒绝变化，导致比例流量阀输出流量恒定，即旁路溢流量恒定。参考本节变量泵的情况，在图8.10中，假设曲线2代表定量泵的输出流量，由于旁路溢流量恒定，相当于曲线2向下方平移，不同的比例节流阀开度对应不同的下移量，而它们的形状不变。因此两族曲线仍然相交，系统仍然维持稳定。

而如果减压阀部分的主阀芯卡死，相当于比例节流阀前安装了一个固定孔板，此时的系统相当于由一个比例节流阀在进行控制。如果此时比例节流阀又失效，则系统相当于在定量泵后旁路上安装了两个固定孔板，此时系统的特性就类似于比例溢流阀主阀芯卡死的情况，系统同样有可能崩溃。

在此引出一个问题：是否可以仅使用比例节流阀来构成闭环控制系统呢？

这是一个似是而非的问题。表面看来，如果转速偏高，则加大比例节流阀开度，加大溢流量；同样如果转速偏低，则减小比例节流阀开度，减小溢流量，控制方案似乎成立。但是，如前分析(对应于比例溢流阀主阀芯卡死的情况)可知，这种系统是开环不稳定的，尽管通过控制律的设计可以将开环不稳定系统校正为闭环稳定的，但这种开环不稳定特性将造成四个致命

缺陷：

(1) 在这种控制失效的情况下，系统有可能崩溃。

(2) 当闭环控制正常运行时，在转速达到期望低转速后，例如，在图 8.11 中所示的 A 点附近，由于开环系统不稳定，转速必将存在偏离趋势，所以控制作用一直存在，从而造成控制输出的高频抖动，由此产生燃烧室压力的抖动。

(3) 由于在启动和燃料切换阶段控制最好不介入，所以阀的初始开度必须适应所有航深条件下启动和切换的稳定性要求，那么即使当浅水启动时，也必须将开度设置为在深水下系统也可以保证稳定运行的开度以下，这将造成系统转速超过最大允许转速。

(4) 由图 8.11 可以看出，一个节流阀开度可能对应系统两个转速平衡点，其中高转速的是稳定平衡点，低转速的是不稳定平衡点。当系统减速时，例如，要求将转速从 B 点减速至 A 点，比例节流阀的开度的最优变化过程是，首先将原开度增大到大于曲线 2 对应的开度，使得系统减速到小于 C 点的转速，然后逐渐减小开度直至原开度，但是须维持系统继续减速的要求，直至到达 A 点，在此之后，系统进入微幅高频振荡阶段。这一变化过程是很难实现的，然而这种最优过程的近似实现又很容易带来燃烧室压强的超调。如此看来，这种控制方案是不可取的。

回到比例流量阀的方案，如果减压阀部分的主阀芯卡死，此时的系统相当于系统由一个比例节流阀在进行控制。根据以上讨论可知，在此情况下是不容易取得良好控制效果的。

如果减压阀的先导阀芯卡死(这种现象出现的可能性大于主阀芯卡死的现象)，在这种情况下，系统特性则又有所不同。

主阀的力平衡方程可表示为

$$p_{ji} - p_g = C_3(x_0 - x) \tag{8.19}$$

式中：p_{ji} —— 主阀芯下腔压强；

p_g —— 主阀芯上腔压强；

x_0 —— 主阀芯开度为零时的弹簧预压缩量；

x —— 主阀芯开度。

式(8.19) 描述了主阀芯两侧压强差与弹簧弹力的比例关系，比例因数由常数 C_3 表示。

在先导阀芯卡死的情况下，根据连续方程，通过节流孔的流量等于通过先导阀芯处的流量，不难取得两个节流环节压强差的比例关系，即

$$p_{ji} - p_g = C_4(p_g - p_{bi}) \tag{8.20}$$

式中：p_{bi} —— 泵前压强；

C_4 —— 常数。

根据式(8.19) 和式(8.20) 可得

$$p_{ji} = \frac{C_3(1 + C_4)}{C_4}(x_0 - x) + p_{bi} \tag{8.21}$$

由于阀芯下腔压强等于减压阀出口压强，式(8.21) 显然描述了一个直动式减压阀。它可以将系统比例节流阀前压强近似维持在先导阀芯卡死前一时刻的压强附近。这时系统减压性能尽管变差，但是通过合理的对比例节流阀的控制，还是能够维持系统稳定的。

2. 以定差减压阀组合比例节流阀的方案

观察图 8.9，感兴趣的失效形式同样有三个：

(1) 执行机构拒绝动作或比例阀芯卡死；

(2) 减压阀的主阀芯卡死；

(3) 减压阀的先导阀芯卡死。

在该方案中，执行机构拒绝动作或比例阀芯卡死以及减压阀部分的主阀芯卡死的情况与前一小节描述的情形相同。

如果减压阀的先导阀芯卡死(这种现象出现的可能性大于主阀芯卡死的现象)，则主阀的力平衡方程可表示为

$$p_{ji} - p_g = C_5(x_0 + x) \tag{8.22}$$

式中：p_{ji} —— 主阀芯下腔压强；

p_g —— 主阀芯上腔压强；

x_0 —— 主阀芯开度为零时的弹簧预压缩量；

x —— 主阀芯开度。

式(8.22) 描述了主阀芯两侧压强差与弹簧弹力的比例关系，比例因数由常数 C_5 表示。

在先导阀芯卡死的情况下，根据连续方程，通过节流孔的流量等于通过先导阀芯处的流量，不难取得两个节流环节压强差的比例关系，即

$$p_{ji} - p_g = C_6(p_g - p_{bi}) \tag{8.23}$$

式中：p_{bi} —— 泵前压强；

C_6 —— 常数。

根据式(8.22) 和式(8.23) 可得

$$p_{ji} = \frac{C_5(1 + C_6)}{C_6}(x_0 + x) + p_{bi} \tag{8.24}$$

由于阀芯下腔压强等于减压阀进口压强，式(8.24) 显然描述了一个直动式溢流阀。它可以将系统泵后压强近似维持在先导阀芯卡死前一时刻的压强附近。这种情况与比例溢流阀的失效情况相似，系统还是可以保持其稳定性的，只是对于比例节流阀部分的控制无法影响泵后压强，系统变速功能将失效。

尽管转速闭环控制可以由以上三种方式来实现，但是它们还是各有特点的。从控制算法的角度来看，变量泵与比例压力阀方案比较简单；从控制失效(系统安全) 的角度来看，变量泵方案比较安全；从整个系统的效率(辅机消耗功率) 的角度来看，变量泵方案无疑是优越的。如果系统采用三组元推进剂，其推进剂流体的理化性能不利于阀等精密液压元件的动作，在这种情况下选择阀控方案须谨慎考虑。总体而言，变量泵方案应该是优选方案。

第9章　涡轮机动力推进系统数学模型

9.1　鱼雷涡轮机介绍

涡轮机是水下动力推进系统的关键部件，图9.1为单级纯冲动式涡轮机剖面图。高温高压燃气通过拉瓦尔喷管将可用焓降转化成动能，驱动涡轮叶栅高速旋转，将动能转化成机械能，以轴功形式输出。燃气进入工作叶片的绝对速度为c_1，相对速度为w_1，离开涡轮叶片的绝对速度为c_2，相对速度为w_2，工作叶轮轮周速度为u，构成了涡轮级的速度三角形，如图9.2所示。其中，u表示轮周速度方向，a表示涡轮发动机轴方向，α_1、β_1、α_2和β_2分别表示气体的相应速度方向与涡轮盘平面的夹角。

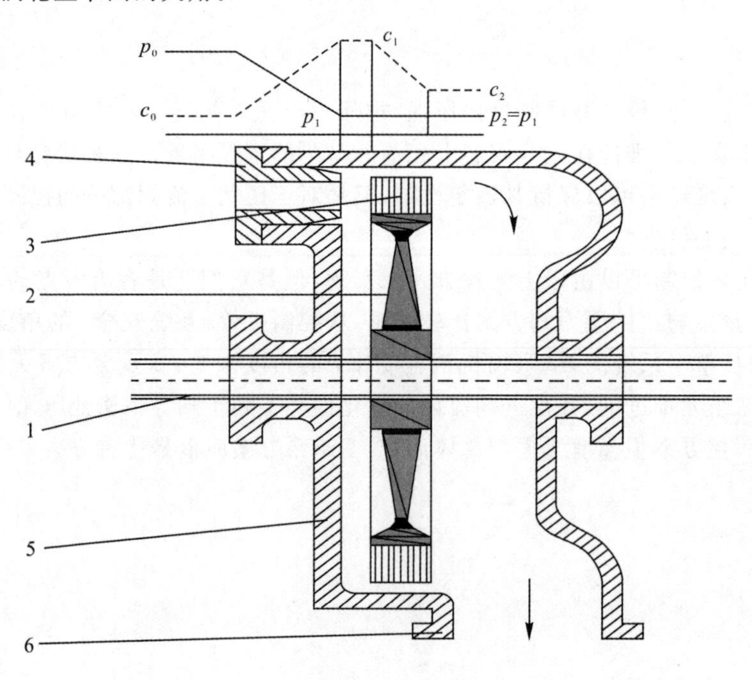

图9.1　单级纯冲动式涡轮机剖面示意图

1—轴；2—轮盘；3—涡轮叶片；4—喷管；5—气缸；6—排气管

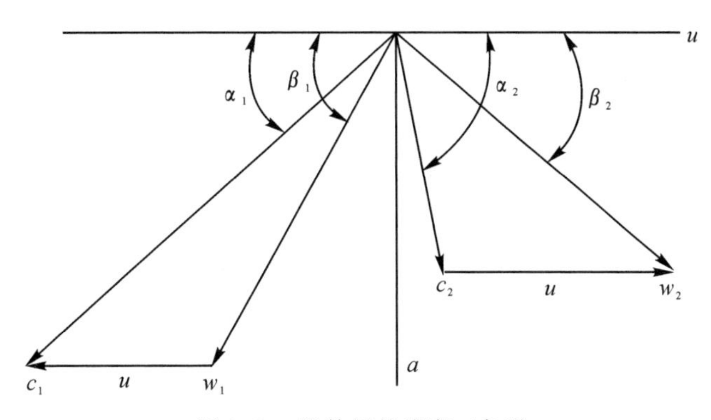

图 9.2　涡轮级的速度三角形

鱼雷涡轮机的特点为燃气流量小、速度高、通流面积小，因此涡轮叶片高度小，一般为 10 ～ 20 mm。鱼雷涡轮机通常为部分进气，其定义为

$$e = \frac{s}{\pi d_m} \tag{9.1}$$

式中：s—— 喷管环圈平均直径处喷管出口占据的弧长；

d_m—— 喷管环圈平均直径。

短叶片和部分进气是鱼雷涡轮机采用冲动式的主要原因。冲动式涡轮机的优点如下：① 涡轮工作叶片前后压差几乎为零，减少了部分进气下的漏气损失；② 工作叶片流道入口工质温度较低；③ 冲动式工作叶片更容易制造。

9.2　涡轮机气动过程

9.2.1　喷管气体动力过程

鱼雷涡轮机一般采用拉瓦尔喷管，燃气在喷管中热力学过程如图 9.3 所示。图中，c_0 为喷管入口处工质气体速度，A_0 为喷管入口处的初始状态点，p_0 为喷管入口处压力，p_1 为喷管出口处压力，A_{1t} 为工质气体在喷管中定熵膨胀过程后喷管出口处压强为 p_1 时的状态点，A_1 为工质气体在喷管中实际膨胀后喷管出口处压强为 p_1 时的状态点，直线 A_0A_{1t} 和曲线 A_0A_1 分别表示工质气体在喷管中定熵膨胀和实际膨胀过程线，Δh_n 表示工质气体在喷管中的能量损失。

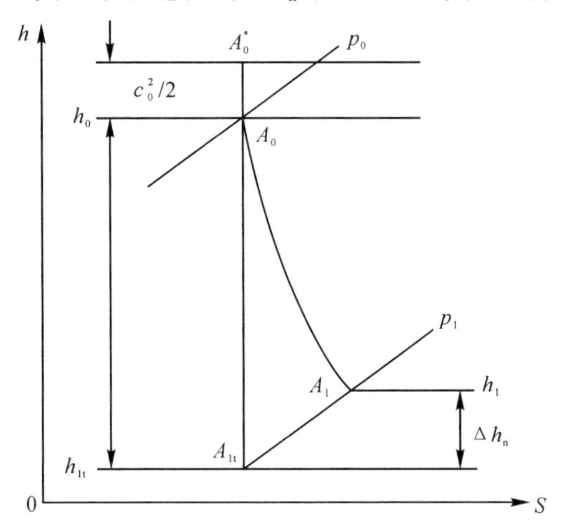

图 9.3　燃气在喷管中的热力学过程

经过喷管的工质气体的理论流量为

$$\dot{m}_{\mathrm{t}}=A_{\mathrm{cr}}\rho_{\mathrm{cr}}c_{\mathrm{cr}}=A_{\mathrm{n}}\rho_{1}c_{1\mathrm{t}}=A_{\mathrm{n}}\sqrt{\frac{2k}{k-1}p_{\mathrm{c}}\rho_{\mathrm{c}}^{*}\left[\varepsilon_{1}^{\frac{2}{k}}-\varepsilon_{1}^{\frac{(k+1)}{k}}\right]} \tag{9.2}$$

式中：A_{cr}，A_{n}——喷管的喉部面积和出口截面积；

ρ_{cr}，ρ_{1}——喷管喉部工质气体理论密度和出口的理论密度；

c_{cr}，$c_{1\mathrm{t}}$——喷管喉部工质气体理论速度和出口的理论速度；

p_{c}，ρ_{c}^{*}——工质气体喷管入口的滞止压强和滞止密度；

ε_{1}——喷管的膨胀比，$\varepsilon_{1}=(\rho_{1}/\rho_{\mathrm{c}}^{*})^{k}$。

由于喷管中存在流动损失，实际工作中工质气体流量为

$$\dot{m}=\mu\dot{m} \tag{9.3}$$

式中：μ——喷管的流量系数。

1.设计压力

当燃气在喷管中发生定熵膨胀时，可忽略喷管入口处工质气体的初速度 c_{0} 的影响，则喷管出口的工质气体理想速度为

$$c_{1\mathrm{t}}=V_{\max}=\sqrt{2h_{\mathrm{an}}^{*}}=\sqrt{2(1-\sigma)h_{\mathrm{a}}^{*}}=\sqrt{\frac{2k}{k-1}RT_{\mathrm{c}}^{*}\left[1-\varepsilon_{1}^{\frac{k-1}{k}}\right]} \tag{9.4}$$

式中：$V_{\max}$——超声速气流出口速度的理论值；

h_{an}^{*}——工质在喷管中的等熵比焓降；

σ——反力度；

R——气体常数；

k——燃气定压比热比；

T_{c}^{*}——工质气体在喷管入口处的滞止温度。

由于摩擦损失和涡旋损失，喷管出口气体的理想速度会降低，喷管实际出口速度 c_{1} 为

$$c_{1}=\varphi c_{1t} \tag{9.5}$$

式中：φ——喷管的速度因数，一般取值为 0.92～0.96。

通过喷管速度因数可求出喷管中单位质量气体的能量损失为

$$\Delta h_{\mathrm{n}}=c_{1\mathrm{t}}^{2}/2-c_{1}^{2}/2=(1-\varphi^{2})h_{\mathrm{an}}^{*}=s_{\mathrm{n}}h_{\mathrm{an}}^{*} \tag{9.6}$$

式中：s_{n}——喷管的能量损失系数。

速度因数受到单个喷管的损失以及喷管分布产生的附加损失的影响。单个喷管的损失影响因素有很多，例如喷管流道的截面形状、喷管的尺寸、壁面粗糙度和膨胀比等。其中，单个喷管的损失最大影响因素为喷管临界截面直径。喷管分布产生附加损失的原因在于两相邻喷管的出口之间有间隙存在，工质气体流出喷管后会逐渐填满间隙使流场均匀，从而导致出口速度变小。

2.膨胀比小于设计值

当膨胀比小于设计值时，气体处于欠膨胀状态，气体流出喷管后继续膨胀，在喷管出口形成膨胀波，并且气体流向发生偏转，膨胀波前和波后的压力分别为 p_{e} 和 p_{a}。

喷管出口膨胀波波前的马赫数 Ma_{1} 为

$$Ma_{1}=\sqrt{2\left[\varepsilon_{1}^{(1-k)/k}-1\right]/(k-1)} \tag{9.7}$$

工质气体通过膨胀波为定熵过程，因此喷管出口膨胀波波后的马赫数 Ma_2 和气流温度 T_a 为

$$Ma_2 = \sqrt{2[\varepsilon^{(1-k)/k} - 1]/(k-1)} \tag{9.8}$$

$$T_a = T_e \varepsilon^{(k-1)/k} \tag{9.9}$$

故而膨胀波后的工质气体速度 V_{e2} 为：

$$V_{e2} = Ma_2 \sqrt{kRT_a} \tag{9.10}$$

根据普朗特-迈耶函数可得，气体流动方向偏转角 δ 为

$$\delta = \nu(Ma_2) - \nu(Ma_1) \tag{9.11}$$

$$v(Ma) = \sqrt{\frac{k+1}{k-1}} \arctan \sqrt{\frac{k-1}{k+1}(Ma^2 - 1)} - \arctan \sqrt{Ma^2 - 1} \tag{9.12}$$

偏转后工质气体速度在波前气流速度方向上的投影 c_t 为

$$c_t = V_{e2} \cos\delta \tag{9.13}$$

考虑喷管中摩擦和涡旋等损失，对式(9.13)中的速度乘以修正系数 k_φ 可得，喷管实际出口速度 c_1 为

$$c_1 = k_\varphi c_t \tag{9.14}$$

3. 膨胀比大于设计值

当膨胀比大于设计值时，喷管处于过膨胀状态，燃气在喷管出口截面处将受到压缩，从而产生斜激波，激波的强度与膨胀比大小成正比，并且斜激波会逐渐转变为正激波，而正激波后气体会将变为亚声速。在喷管出现激波后，喷管效率会显著下降。喷管出口激波波前的压力 p_e 仍是设计背压，而喷管出口激波波前的气体温度 T_e 为

$$T_e = T_c \varepsilon_s^{(k-1)/k} \tag{9.15}$$

式中：ε_s—— 设计膨胀比。

喷管出口激波波后压力即排气压力为 p_a 不变，而激波后的气流温度 T_a 可由 Rankine - Hugoniot 关系式获得：

$$T_a = T_e \frac{\varepsilon}{\varepsilon_s}\left[1 + \left(\frac{k-1}{k+1}\right)\frac{\varepsilon}{\varepsilon_s}\right] \Big/ \left(\frac{\varepsilon}{\varepsilon_s} + \frac{k-1}{k+1}\right) \tag{9.16}$$

根据式(9.7)可直接得到激波前的马赫数 Ma_1 为

$$Ma_1 = \sqrt{2[\varepsilon_1^{(1-k)/k} - 1]/(k-1)} \tag{9.17}$$

超声速气流在形成斜激波之后气流方向同样会发生偏转，其激波偏转角 β 有如下关系式：

$$\sin^2\beta = \frac{k+1}{2kMa_1^2}\left(\frac{\varepsilon}{\varepsilon_s} + \frac{k-1}{k+1}\right) \tag{9.18}$$

因为工质气体在通过激波过程中总温保持不变，故可得到波后的马赫数 Ma_2

$$Ma_2 = \sqrt{\frac{Ma_1^2 + 2/(k-1)}{2k/(k-1)Ma_1^2\sin^2\beta - 1} + \frac{Ma_1^2(1-\sin^2\beta)}{0.5(k-1)Ma_1^2\sin^2\beta + 1}} \tag{9.19}$$

通过式(9.10)可计算出激波后的工质气体速度 V_{e2}，最后乘以修正系数 k_φ，可得喷管实际出口速度 c_1。

9.2.2　工作叶片气体动力过程研究

工质气体在纯冲动式涡轮发动机中的热力学过程如图 9.4 所示。图中，c_0、A_0、p_0、p_1、

A_{1t}、A_1、Δh_n、直线 A_0A_{1t} 和曲线 A_0A_1 表示的含义与图 9.3 喷管中的热力学过程中的一致，其中 A_1 同时也表示燃气在工作叶片入口处的初始状态点，A_2 表示燃气在工作叶片进行定压过程后的出口处的状态点，直线 A_1A_2 表示燃气在工作叶片中的实际过程线，Δh_b 表示燃气在工作叶片中的能量损失。根据图 9.2 所示的速度三角形关系以及图 9.3 和图 9.4 所示的燃气在喷管和工作叶片中的热力学过程可以求得工作叶片进出口参数。

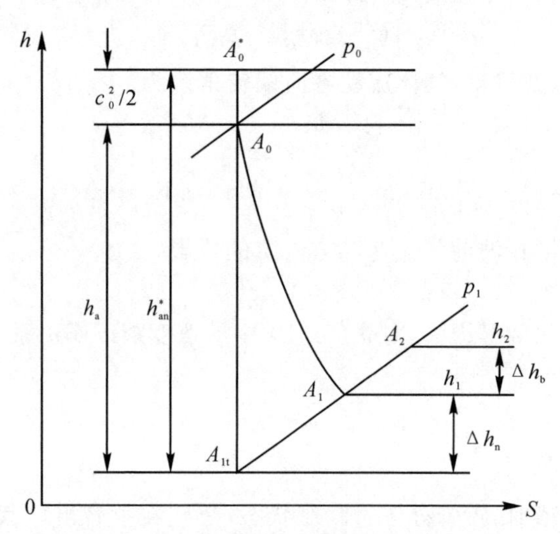

图 9.4　纯冲动式涡轮发动机热力学过程

1. 工作叶片进口参数

涡轮机工作叶片入口处的各参数如下：

动叶片相对进气角：

$$\beta_1 = \arctan \frac{c_1 \sin\alpha_1}{c_1 \cos\alpha_1 - u} \tag{9.20}$$

动叶片入口相对速度：

$$w_1 = c_1 \sin\alpha_1 / \sin\beta_1 \tag{9.21}$$

动叶片入口温度：

$$T_1 = T_c^* - \frac{h_{an}^* - \Delta h_n}{c_p} \tag{9.22}$$

式中：c_p—— 工质气体定压比热容。

动叶片入口密度：

$$\rho_1 = \frac{p_1}{RT_1} \tag{9.23}$$

2. 工作叶片出口参数

涡轮机工作叶片出口处的各参数如下：

动叶片出口相对速度：

$$w_2 = \psi w_{2t} = \psi w_1 \tag{9.24}$$

式中：ψ—— 工作叶片的速度因数，可通过经验公式求得：

$$\psi = 0.95 - 0.000\ 134 w_1 \tag{9.25}$$

工作叶片能量损失：

$$\Delta h_{b}=\frac{w_{2t}^{2}}{2}-\frac{w_{2}^{2}}{2}=(1-\psi^{2})\frac{w_{2t}^{2}}{2}=s_{b}\frac{w_{2t}^{2}}{2} \tag{9.26}$$

式中：s_b—— 工作叶片能量损失因数。

动叶片相对出口角：

$$\beta_{2}=\beta_{1} \tag{9.27}$$

动叶片绝对出口角：

$$\alpha_{2}=\arctan\frac{w_{2}\sin\beta_{2}}{w_{2}\cos\beta_{2}-u} \tag{9.28}$$

动叶片出口绝对速度：

$$c_{2}=w_{2}\sin\beta_{2}/\sin\alpha_{2} \tag{9.29}$$

动叶片出口温度：

$$T_{2}=T_{c}^{*}-(h_{an}^{*}-\Delta h_{n}-\Delta h_{b})/c_{p} \tag{9.30}$$

动叶片出口密度：

$$\rho_{2}=\frac{p_{1}}{RT_{2}} \tag{9.31}$$

9.2.3　涡轮级的轮周功和有效转矩

1. 涡轮级的轮周功

选取如图 9.5 所示的控制体，图中截面 1—1 和截面 2—2 距离工作叶片无穷远，有均匀的压力场和温度场，流线 $a—a$ 和流线 $b—b$ 对称。

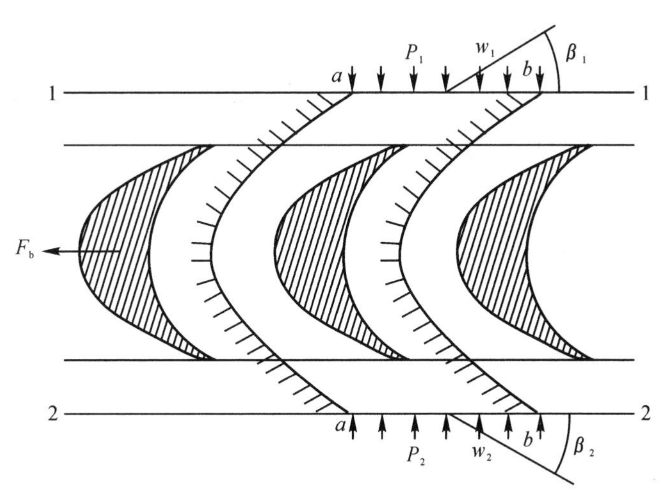

图 9.5　作用于工作叶片的气流力

对控制体中燃气应用动量定理，可求得燃气在工作叶片上作用的圆周力为

$$F_{u}=\dot{m}(c_{1}\cos\alpha_{1}+c_{2}\cos\alpha_{2})=\dot{m}(w_{1}\cos\beta_{1}+w_{2}\cos\beta_{2}) \tag{9.32}$$

燃气在工作叶片上作用的轴向力为

$$F_{a}=\dot{m}(c_{1}\sin\alpha_{1}-c_{2}\sin\alpha_{2})+A_{a}(P_{1}-P_{2})=\dot{m}(w_{1}\sin\beta_{1}-w_{2}\sin\beta_{2})+A_{a}(P_{1}-P_{2}) \tag{9.33}$$

式中：A_a—— 控制体轴向面积。

工质气体在工作叶片上做的轮周功率为

$$P_u = \dot{m}u(c_1\cos\alpha_1 + c_2\cos\alpha_2) = \dot{m}u(w_1\cos\beta_1 + w_2\cos\beta_2) \tag{9.34}$$

单位质量工质气体在工作叶片的做功为

$$W_u = u(c_1\cos\alpha_1 + c_2\cos\alpha_2) = u(w_1\cos\beta_1 + w_2\cos\beta_2) = \frac{c_1^2 - c_2^2}{2} + \frac{w_2^2 - w_1^2}{2} \tag{9.35}$$

2.涡轮级的有效输出转矩

涡轮机的轮周速度 u 为

$$u = \omega r \tag{9.36}$$

式中：ω—— 涡轮转速；

r—— 涡轮轮盘半径。

由式(9.24)和式(9.25)可知，燃气在工作叶片出口的相对速度 w_2 的值取决于工作叶片速度因数 ψ 和工作叶片入口相对速度 w_1，而工作叶片速度因数 ψ 又与工作叶片入口相对速度 w_1 相关。工作叶片入口相对速度 w_1 由图9.6速度三角形可得

$$w_1 = \sqrt{(c_1\sin\alpha_1)^2 + (c_1\cos\alpha_1 - u)^2} \tag{9.37}$$

$$\cos\beta_1 = (c_1\cos\alpha_1 - u)/w_1 \tag{9.38}$$

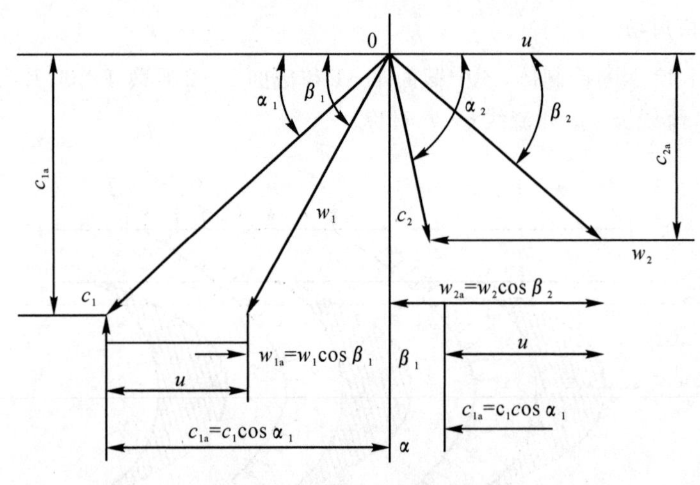

图9.6　工作叶片速度三角形

由式(9.38)可求得工作叶片相对进气角 β_1。燃气在工作叶片处产生的轮周功率 P_u 可解，减去轮盘摩擦损失、部分进气损失、间隙漏气损失等，对轮周功率 P_u 进行修正，如下所示：

$$P_e = P_u - \Delta P \tag{9.39}$$

式中：ΔP—— 轮盘摩擦损失、部分进气损失、间隙漏气损失等损失功率；

P_e—— 涡轮输出的有效功率。

通过式(9.39)可求得涡轮机有效输出转矩 M_e 为

$$M_e = P_e/\omega \tag{9.40}$$

9.2.4 涡轮级的能量损失

1. 喷管损失

喷管中的能量损失如式(9.6)所述,又由式(9.4)可知 h_{an}^* 和 h_a^* 的关系,因此可得喷管对于可用比焓降 h_a^* 的能量损失系数 ξ_n 为

$$\xi_n = (1-\sigma)s_n \tag{9.41}$$

2. 工作叶片损失

工作叶片中的能量损失 Δh_b 可由式(9.26)得到,因此工作叶片的可用比焓降 h_a^* 和能量损失系数 ξ_b 如下:

$$\Delta h_b = \frac{w_{2t}^2}{2} - \frac{w_2^2}{2} = s_b \frac{w_{2t}^2}{2} \tag{9.42}$$

$$\xi_b = [\sigma + \varphi^2(1-\sigma)\left(\frac{\sin\alpha_1}{\sin\beta_1}\right)^2]s_b \tag{9.43}$$

3. 余速损失

工质气体在流出工作叶片后仍具有动能 $c_2^2/2$,其未被涡轮级利用转化为机械能,造成余速损失,对于单位质量气体的余速损失 Δh_e 为

$$\Delta h_e = c_2^2/2 \tag{9.44}$$

余速损失相对于可用比焓降 h_a^* 的能量损失系数称为余速损失系数 ξ_e,有

$$\xi_e = \Delta h_e / h_a^* \tag{9.45}$$

4. 轮盘摩擦与部分进气叶片鼓风损失

轮盘在气体中转动,因摩擦作用使其两侧的气体也做回转运动,又由于离心力的作用,当一部分气体远离轮周时,其他气体则会填充,继而这一部分气体也被抛离轮周,循环往复,运动气体由于涡旋和摩擦作用导致速度降低。燃气与轮盘之间不断摩擦从而消耗涡轮级的部分功,造成的损失即为摩擦损失。部分进气时,未进气的工作叶片和两侧停滞的气体摩擦,并对停滞的气体进行鼓风,从而产生鼓风损失。

摩擦与鼓风造成的功率损失可由经验公式获得:

$$P_{fw} = [ad_m^2 + b(1-e_e-0.5e_n)d_m l^{1.5}]\left(\frac{u}{100}\right)^3 \rho_m \times 1\,000 \tag{9.46}$$

式中:a,b—— 经验因数,一般 $a=1,b=1.4$。

e_n—— 减少鼓风损失而加装的护罩所占用的相对弧长;

e_e—— 部分进气度;

d_m—— 涡轮的轮盘直径;

l—— 工作叶片的平均高度;

ρ_m—— 涡轮盘前后气体的平均密度。

5. 斥气损失

在没有喷管的工作叶片弧段内,叶片流道充满了停滞的气体,当该部分工作叶片旋转到有喷管的弧段时,喷管出口处的高速气体会吹除叶片流道和流道前后间隙中的停滞气体,产生能量损失,当该部分工作叶片继续旋转从而离开该喷管弧段的气流会发生漏气,另一边即将进入

该弧段的气流会被吸入气道，从而造成能量损失，这种损失称为斥气损失。

单位质量的斥气能量损失 Δh_s 可由经验公式求得：

$$\Delta h_s = 0.078\,\frac{B_b l_1}{F_n} u \eta_u z \sqrt{h_a^*} \tag{9.47}$$

式中：B_b—— 工作叶片宽度；

l_1—— 工作叶片高度；

F_n—— 喷管出口截面积；

η_u—— 轮周效率；

z—— 喷管组数，当 $e_e = 1$ 时，$z = 0$。

6.间隙漏气损失

理想情况下，工质气体全部经过喷管和工作叶片流道，但在涡轮机实际工作过程中，会有一部分工质气体泄露在工作叶片叶顶与机壳的间隙中，造成能量损失。这部分能量损失用效率 η_{lq} 表示，其经验公式如下：

$$\eta_{lq} = 1 - 2\delta_r / l_1 \tag{9.48}$$

式中：δ_r—— 工作叶片径向间隙；

l_1—— 工作叶片高度。

7.机械损失

涡轮机主轴上的机械功传递给螺旋桨的过程中传动装置的轴承和减速机构等所造成的摩擦损失称为机械损失，其属于外部损失，对涡轮机内气体的工作过程无影响。机械损失用机械效率 η_m 表示，η_m 一般取值为 0.95 ～ 0.98。

于是根据式(9.46)和式(9.48)涡轮发动机有效转矩 M_e 可解：

$$M_e = (P_u - \Delta P)/\omega = (P_u \eta_{lq} - P_{fw})/\omega =$$

$$\dot{m}(c_1 \cos\alpha_1 - u + \psi w_1 \cos\beta_2) r \eta_{lq} - P_{fw}/\omega \tag{9.49}$$

将式(9.49)中的摩擦、鼓风和斥气造成的损失 ΔP 折合进轮轴功率 P_u，用损失效率 ξ_p 表示，即：

$$\Delta P = \xi_p P_u \tag{9.50}$$

故式(9.49)可调整为

$$M_e = (P_u - \Delta P)/\omega = (1 - \xi_p) P_u/\omega =$$

$$\dot{m} K_P (c_1 \cos\alpha_1 - u + \psi w_1 \cos\beta_2) r \tag{9.51}$$

式中：K_P—— 功率修正系数，$K_P = 1 - \xi_p$。

9.2.5 涡轮级的效率

1.热效率

燃气可用比焓降与燃气具有的总能量 h_0^* 的比值为热效率 η_t：

$$\eta_t = \frac{h_a^*}{h_0^*} \tag{9.52}$$

2.轮周效率

涡轮盘和工作叶片所吸收的机械功相比于整个涡轮级的可用比焓降为轮周效率 η_u：

$$\eta_u = \frac{W_u}{h_a^*} = \frac{u(w_1\cos\beta_1 + w_2\cos\beta_2)}{h_a^*} = \frac{h_a^* - \Delta h_n - \Delta h_b - \Delta h_e}{h_a^*} = 1 - \xi_n - \xi_b - \xi_e \tag{9.53}$$

对于单级纯冲动式涡轮机而言，因为 $h_a^* = c_{1t}^2/2$，故轮周效率 η_u 为

$$\eta_u = \frac{2u(w_1\cos\beta_1 + w_2\cos\beta_2)}{c_{1t}^2} \tag{9.54}$$

将由速度三角形得到的 $w_1\cos\beta_1 = c_1\cos\alpha_1 - u$ 关系代入式(9.54)，速度比 $x_1 = u/c_1$、$x_{1t} = u/c_{1t}$，轮周效率 η_u 为

$$\eta_u = 2\varphi^2 x_1(\cos\alpha_1 - x_1)\left(1 + \psi\frac{\cos\beta_2}{\cos\beta_1}\right) = 2x_{1t}(\varphi\cos\alpha_1 - x_{1t})\left(1 + \psi\frac{\cos\beta_2}{\cos\beta_1}\right) \tag{9.55}$$

由式(9.54)和式(9.55)可以看出，对于单级纯冲动式涡轮机而言，涡轮机轮周效率的主要影响因素有 α_1、β_1、β_2、φ、ψ 以及速比 x_1。φ、ψ 等参量的提高能有效提高涡轮轮周效率，但当 α_1、β_2 减小过多时，φ、ψ 会因为摩擦损失的增大而下降，一般情况下 $\alpha_1 > 12°$、$\beta_2 \approx \beta_1$。

3. 内效率

涡轮级内单位质量工质气体的可用比焓降在转化为涡轮机主轴的机械功的过程中会造成能量损失，如喷管能量损失、工作叶片能量损失、余速能量损失、轮盘摩擦损失、鼓风损失和斥气损失等内部能量损失。单位质量工质气体在涡轮级内的比焓降 h_i 与可用比焓降 h_a^* 的比值为内效率，用 η_i 表示，如下所示：

$$\eta_i = \frac{h_i}{h_a^*} = \frac{(h_a^* - \Delta h_n - \Delta h_b - \Delta h_e - \Delta h_{fr} - \Delta h_w - \Delta h_s)}{h_a^*} = (1 - \xi_n - \xi_b - \xi_e - \xi_{fr} - \xi_w - \xi_s) = (\eta_u - \xi_{fr} - \xi_w - \xi_s) \tag{9.56}$$

纯冲动式涡轮发动机的内效率 η_i 和轮周效率 η_u 随速比 x_1 的变化曲线如图 9.7 所示。一般研究涡轮机的内效率时只考虑速比小于 0.5 的区域。在这一段区间中涡轮机内效率 η_i 和轮周效率 η_u 都是与速比 x_1 呈现正比，且在速比较小的一段区域内，内效率与速比近似成正比。内效率 η_i 与轮周效率 η_u 的差值为 $\xi_m = \xi_{fr} + \xi_w + \xi_\delta$，从图中可以看出，差值随着速比的增加而增加。涡轮机的内效率是能量转换完善程度的重要指标。

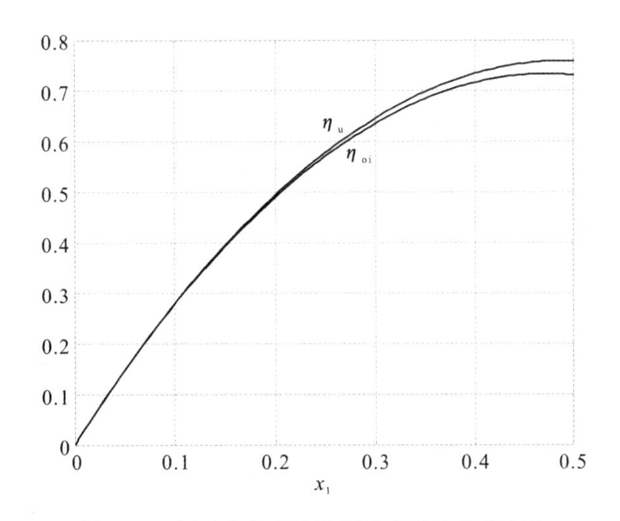

图 9.7　相对内效率和轮周效率随速比的变化

4.机械效率和相对有效效率

涡轮级内的内部功扣除传递给推进器时造成的机械损失，即推进器吸收的功为有效功，单位质量工质气体的有效功的比焓降为有效比焓降，用 h_e 表示，则机械效率 η_m 为

$$\eta_m = \frac{h_e}{h_i} \tag{9.57}$$

有效比焓降与涡轮级可用比焓降的比值称为相对有效效率 η_{oe}，即

$$\eta_{oe} = \frac{h_e}{h_a^*} = \frac{h_e}{h_i}\frac{h_i}{h_a^*} = \eta_m \eta_i \tag{9.58}$$

5.有效效率

涡轮机的有效功与工质气体具有的总能量的比值称为有效效率 η_e，即

$$\eta_e = \frac{h_e}{h_0^*} = \eta_m \eta_i \eta_t \tag{9.59}$$

有效效率是涡轮机工作经济性的重要指标。

9.3 鱼雷涡轮机数值仿真

本节采用计算流体力学方法对涡轮发动机进行仿真分析。

连续性方程：

$$\frac{\partial \rho}{\partial t} + \nabla \cdot (\rho \boldsymbol{U}) = 0 \tag{9.60}$$

动量方程：

$$\frac{\partial \rho \boldsymbol{U}}{\partial t} + \nabla (\rho \boldsymbol{U} \otimes \boldsymbol{U}) = -\nabla \mathrm{p} + \nabla \cdot \boldsymbol{\tau} + S_M \tag{9.61}$$

其中应力张量 τ 与应变变化率的关系为

$$\tau = \mu \left[\nabla \boldsymbol{U} + (\nabla \boldsymbol{U})^{\mathrm{T}} - \frac{2}{3} \delta \, \nabla \cdot \boldsymbol{U} \right] \tag{9.62}$$

总能量方程：

$$\frac{\partial (\rho h_{\mathrm{tot}})}{\partial t} - \frac{\partial p}{\partial t} + \nabla \cdot (\rho \boldsymbol{U} h_{\mathrm{tot}}) = \nabla \cdot (\lambda \nabla \mathrm{T}) + \nabla \cdot (\boldsymbol{U} \cdot \boldsymbol{\tau}) + \boldsymbol{U} S_{\mathrm{M}} + S_{\mathrm{E}} \tag{9.63}$$

其中 h_{tot} 为总焓，与静焓 $h(T,P)$ 之间的关系可以表示为

$$h_{\mathrm{tot}} = h + \frac{1}{2}\boldsymbol{U}^2 \tag{9.64}$$

其中$\nabla \cdot (\boldsymbol{U} \cdot \tau)$ 表示黏性应力做功项，而 $\boldsymbol{U} \cdot S_{\mathrm{M}}$ 表示由外部动量源所做的功。

湍流模型选用k-ω SST模型，SST模型考虑了湍流剪切应力的传输，可以精确地预测流动的开始和逆压梯度下的流体分离量。SST模型的优点就在于考虑了湍流剪切应力，不会过度预测涡流黏度。

κ 方程为

$$\frac{\partial (p\kappa)}{\partial t} + \frac{\partial}{\partial x_j}(\rho U_j \kappa) = \frac{\partial}{\partial x_j}\left[\left(\mu + \frac{\mu_t}{\sigma_{k3}}\right)\frac{\partial \kappa}{\partial x_j}\right] + P_k - \beta' \rho \kappa \omega + P_{kb} \tag{9.65}$$

ω 方程为：

$$\frac{\partial(p\omega)}{\partial t}+\frac{\partial}{\partial x_j}(\rho U_j\omega)=\frac{\partial}{\partial x_j}\left[\left(\mu+\frac{\mu_t}{\sigma_{\omega 3}}\right)\frac{\partial \omega}{\partial x_j}\right]+$$
$$(1-F_1)\,2\rho\,\frac{1}{\sigma_{\omega 2}\omega}\,\frac{\partial k}{\partial x_j}\,\frac{\partial \omega}{\partial x_j}+\alpha_3\,\frac{\omega}{k}P_k-\beta_3\rho\omega^2 \tag{9.66}$$

SST 模型在其基础上引入了包含限制数的涡流黏度方程：

$$\upsilon_t=\frac{a_1 k}{\max(a_1\omega,SF_2)} \tag{9.67}$$

其中

$$\upsilon_t=\mu_t/\rho \tag{9.68}$$

式中：F_2—— 混合函数，其功能与 F_1 相同，对于不存在不合适假设的自由剪切流动，此数用来约束壁面层的限制数；

S—— 应变率的一个估计值。

混合函数对模型的有效性起着极其重要的作用，其公式与流体变量以及到壁面的距离有关。

$$F_1=\tanh(\arg_1^4) \tag{9.69}$$

其中，

$$\arg_1=\min\left(\max\left(\frac{\sqrt{k}}{\beta'\omega y},\frac{500\nu}{y^2\omega}\right),\frac{4\rho k}{CD_{k\omega}\sigma_{\omega 2}y^2}\right) \tag{9.70}$$

$$CD_{k\omega}=\max\left(2\rho\,\frac{1}{\sigma_{\omega 2}\omega}\,\frac{\partial k}{\partial X_j}\,\frac{\partial \omega}{\partial X_j},1.0\times 10^{-10}\right) \tag{9.71}$$

式中：y—— 到近壁面的距离；

υ—— 运动黏度。

同样的，混合函数 F_2 可以表示为

$$F_2=\tanh(\arg_2^2) \tag{9.72}$$

$$\arg_2=\max\left(\frac{2\sqrt{k}}{\beta'\omega y'},\frac{500\nu}{y^2\omega}\right) \tag{9.73}$$

对流体旋转机械数值仿真时，采用多重参考系模型(Multiple Reference Frame，MRF)。MRF 模型可对旋转区域流场进行近似稳态求解，在旋转区域上可以设定其旋转速度，对区域网格使用运动参考系方程求解即可求解出流体的转动。对于静止区域，可将控制方程转化为静止坐标系下的形式求解。已知某型涡轮发动机性能参数见表 9.1。

表 9.1　涡轮机性能参数

参　数	值	参　数	值
燃烧室温度	1373 K	发动机功率	292.9 kW
燃烧室压强	8.7 MPa	涡轮转速	32 700 r/min
涡轮出口压力	0.46 MPa	比热比	1.222
轮盘平均直径	172 mm	气体常数	369.8 J/(kg·K)

斜喷管和工作叶片结构参数见表 9.2 和表 9.3。

表 9.2 喷管结构参数表

参　数	值
喷管数目 Z_n	4
喷管偏斜角 α_1	13°
喷管扩张角 γ	8°
喷管喉部直径 $d_{\min}$	4.7 mm
直喷管出口直径 d_e	8.6 mm
斜喷管出口直径 d'_e	6.6 mm
部分进气度 e_e	0.305

表 9.3 工作叶片结构参数表

参　数	值
叶片高度 l_1	8.9 mm
叶栅宽度 B_b	10.9 mm
叶片安装角 $\beta_1=\beta_2$	18°
叶栅截距 t	6.31 mm
叶片边缘厚度 s_b	0.44 mm
叶片数 Z	86

根据表 9.2 及表 9.3 中的涡轮组件斜喷管和工作叶片结构参数，完成喷管以及涡轮的三维建模。单喷管的三维模型如图 9.8 所示，涡轮机的三维装配图如图 9.9 所示。

图 9.8 涡轮机斜喷管三维模型

图 9.9 涡轮机装配体三维模型

涡轮机仿真边界条件具体设置如下：

(1)入口边界条件：总压 13 MPa，总温 1 373 K。

(2)出口边界条件：出口静压 0.46 MPa。

(3)求解器：定常、密度基求解器、双精度。

(4)介质：理想气体，气体常数为 369.8 J/(kg·K)，相对分子质量为 22.48 g/mol，比热比为 1.222，定压比热容为 2 036 J/(kg·K)。

(5)壁面边界条件:无滑移绝热边界条件。

(6)动参考系模型:涡轮转速为 32 700 r/min。

(7)喷管与涡轮叶栅流道之间的轴向间隙大小为 0.5 mm;涡轮叶栅顶部径向间隙大小设置为 0.1 mm。

当检测的残差曲线、压力出口、工质质量流量及工作叶片吸力面与压力面的转矩值基本保持不变时,则可认为计算收敛,输出相关计算结果。仿真计算结果与理论参数值的对比见表 9.4。计算结果表明,涡轮机功率和内效率相较于理论参考值偏差不大,误差范围内,说明数值仿真方法合理可行。

表 9.4　涡轮机数值仿真结果与理论参考值的对比

项　目	理论参考值	数值仿真结果	设计偏差/%
涡轮功率/kW	292.9	277.98	5.09
涡轮内效率	0.467	0.444	4.93

在燃烧室温度一定下,喷管出口温度取决于压比和喷管效率。涡轮机在非设计工况下工作时,燃气在喷管中会发生欠膨胀或过膨胀现象。激波和膨胀波的存在将造成喷管损失,因而喷管在设计点工况下喷管效率最高。表 9.5 和表 9.6 为涡轮机在非设计工况下工作时,数值仿真获得的不同压力下的发动机转矩。

表 9.5　非设计工况参数值(变进气压)

	燃烧室压力 p_c/MPa	发动机转矩 M_e/(N·m)
涡轮转速 32 700 r/min 涡轮出口压力 0.46 MPa	4	23.96
	6	54.72
	8	74.44
	8.7	81.07
	11	102.36
	12	111.33
	12.5	115.78
	13	120.19
	13.5	124.58
	14	128.95
	15	137.63
	16	146.29
	18	163.6
	20	181.07
	22	198.39

从表 9.5 中可以看出:当排气压一定时,随着压比的增大,转矩值增大。当压比小于设计

压比时，随着压比的增大，喷管效率增大，又因背压不变，燃烧室压力越大，总的焓降增大，且工质流量增大，故而发动机功率增大，涡轮转矩增大。当压比大于设计压比时，随着压比的增大，喷管效率降低，此时背压不变，燃烧室压力越大，总焓增大且工质流量增大，虽然喷管效率降低，但此时喷管效率占的比例较小，故而发动机功率增大，涡轮转矩增大。

表 9.6　非设计工况参数值(变排气压)

	燃烧室压力 p_c/MPa	发动机转矩 M_e/(N·m)
涡轮转速 32 700 r/min 涡轮出口压力 8.7 MPa	0.2	79.32
	0.25	80.05
	0.3	80.61
	0.4	81.09
	0.46	81.08
	0.6	81.33
	0.8	77.88
	1	73.67
	1.2	69.36
	1.5	63.25
	2	53.92
	2.5	45.14
	3	37.38
	4	22.21

从表 9.6 中可以看出：当进气压一定时，随着压比的减小，转矩值先增大后减小。当压比大于设计压比时，随着压比的减小，喷管效率增大，燃烧室压力不变，故总焓降低但工质流量不变。此时喷管效率占的比例较大，故而发动机功率增大，涡轮转矩增大。当压比小于设计压比时，随着压比的减小，喷管效率不断降低，此时燃烧室压力不变，故总焓降低且工质流量不变，进而发动机功率降低，涡轮转矩减小。

通过涡轮的进气压力和排气压力的变化直接获得涡轮转矩比较复杂，因此引入一个中间变量 —— 喷管速度因数 φ。涡轮进口温度、进气压、排气压、喷管速度因数等已知，可得涡轮发动机输出转矩 M_e：

$$M_e = A_{cr}\sqrt{k\left(\frac{2}{k+1}\right)^{\frac{k+1}{k-1}}}\ \frac{p_c}{\sqrt{RT_c}}K_p r\left(\varphi\sqrt{2C_p T_c\left[1-\left(\frac{p_e}{p_c}\right)^{\frac{k-1}{k}}\right]}\cos\alpha - r\omega + \right.$$

$$\psi_a\cos\beta\sqrt{2C_p T_c\left[1-\left(\frac{p_e}{p_c}\right)^{\frac{k-1}{k}}\right]\varphi^2 + r^2\omega^2 - 2r\omega\varphi\cos\alpha\sqrt{2C_p T_c\left[1-\left(\frac{p_e}{p_c}\right)^{\frac{k-1}{k}}\right]}} -$$

$$\psi_b\cos\beta\left\{2C_p T_c\left[1-\left(\frac{p_e}{p_c}\right)^{\frac{k-1}{k}}\right]\varphi^2 + r^2\omega^2 - 2r\omega\varphi\cos\alpha\sqrt{2C_p T_c\left[1-\left(\frac{p_e}{p_c}\right)^{\frac{k-1}{k}}\right]}\right\} \tag{9.74}$$

式中：ψ_a 和 ψ_b 都可由式(9.25) 得到，$\psi_a = 0.95$，$\psi_b = 0.000\ 134$。

喷管速度系数随着压比的变化关系如图 9.10 所示。图中“+”表示喷管速度因数随着涡轮排气压的变化关系，而“△”表示喷管速度因数随着涡轮进气压的变化关系。不论是变进气压还是变排气压，喷管速度因数都随着压比的增大先增大后减小，并且两条曲线的峰值位置很接近，即喷管速度因数的最佳压比值是确定的。该峰值位置处于 10.875 处。当小于最佳压比时，喷管处于过膨胀状态，产生激波，效率降低，速度系数变小，大于最佳压比时，喷管处于欠膨胀状态，产生膨胀波，效率降低，速度系数变小。

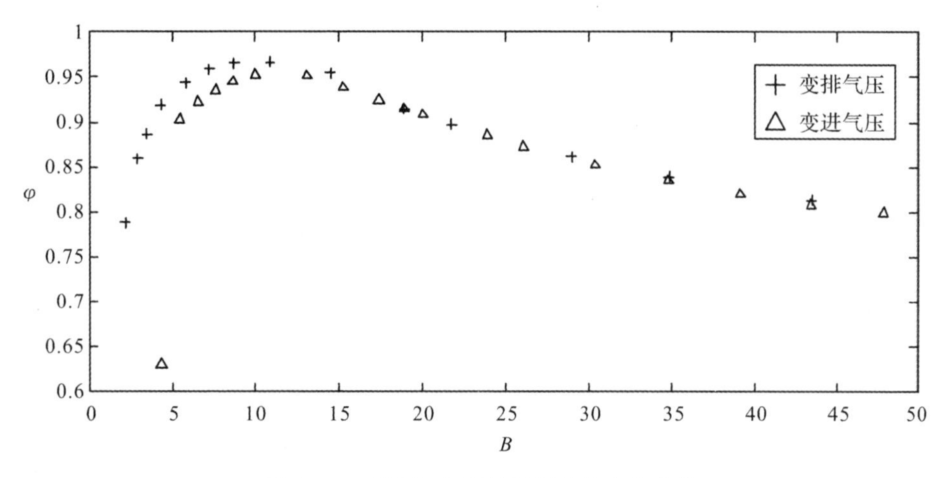

图 9.10　喷管速度系数随压比的变化曲线

当压比大于最佳压比的时候，无论变进气压还是排气压，喷管速度因素随压比变化几乎一致。当压比小于 10.875 时，两条曲线的速度因素差别不大，故而同样用一条曲线进行拟合。最终可以通过拟合的曲线得到速度因素随压比变化的函数关系，而不考虑速度因素与进气压或排气压的单一变量的关系，从而实现降维的目的。图 9.11 所示即为拟合后的曲线。

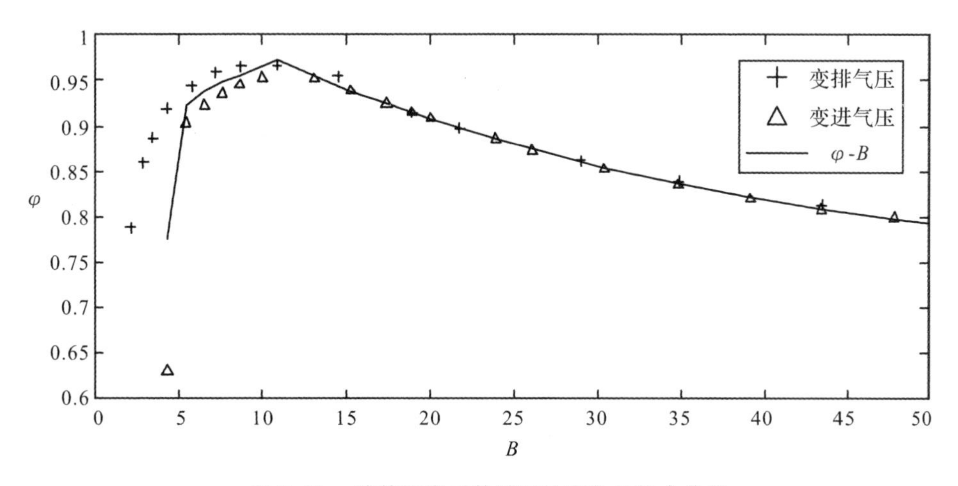

图 9.11　喷管速度系数随压比变化的拟合曲线

该拟合公式如下：

$B < 10.875$ 时：

$$\varphi = 0.457\,8e^{0.006\,28B} + 0.435\,45e^{0.009\,11B} - 0.469\,9e^{-0.874\,3B} - 30\,890e^{-2.833B} \tag{9.75}$$

$B \geqslant 10.875$ 时：

$$\varphi = 0.385\ 7\mathrm{e}^{-0.030\ 46B} + 0.689\ 3\mathrm{e}^{0.000\ 511\ 6B} \tag{9.76}$$

式中：e—— 自然对数底数；

B—— 压力比，$B = p_c/p_e$。

在改变进气压或者排气压的时候，可得到相应的压比，从而根据拟合后的公式计算出相应的喷管速度因素 φ，代入式(9.74) 中即可求得发动机输出转矩。

9.4 涡轮机动力系统数学模型

9.4.1 燃烧室数学模型

燃烧室内的工质气体状态可由完全气体状态方程描述：

$$p_c V_c = m_c R T_c \tag{9.77}$$

式中：p_c—— 燃烧室压强；

T_c—— 燃烧室温度；

V_c—— 燃烧室体积；

m_c—— 燃烧室内的工质质量；

R—— 工质气体常数。

式(9.77) 对时间求导并化简可得如下关系式：

$$\frac{\mathrm{d}m_c}{\mathrm{d}t} = \frac{V_c}{RT_c}\left(\frac{\partial p_c}{\partial t} - \frac{p_c}{T_c}\frac{\partial T_c}{\partial t}\right) \tag{9.78}$$

虽然燃烧室内温度与压强有一定的关系，但在燃料各组分配比不变的情况下，燃烧室温度变化不大，近似恒定，故式(9.78) 可变形为

$$\dot{p}_c = \frac{RT_c}{V_c}\dot{m}_c \tag{9.79}$$

式中：$\dot{m}_c$—— 燃烧室内的燃气质量变化率。

$\dot{m}_c$ 是进入燃烧室内的推进剂质量流量和离开燃烧室的推进剂质量流量的差值，即

$$\dot{m}_c = \dot{m}_{ci} - \dot{m}_{co} \tag{9.80}$$

式中：$\dot{m}_{ci}$—— 供入燃烧室的推进剂质量流量。

$\dot{m}_{co}$—— 离开燃烧室的推进剂质量流量，即涡轮发动机的工质秒耗量。

发动机的工质秒耗量为

$$\dot{m} = A_{cr}\sqrt{k\left(\frac{2}{k+1}\right)^{\frac{k+1}{k-1}}}\ \frac{p_c}{\sqrt{RT_c}} \tag{9.81}$$

9.4.2 辅机数学模型

涡轮机动力推进系统的辅机包括海水泵、滑油泵、发电机、燃料泵等组件。辅机是涡轮动力系统的辅助设备，为动力系统提供燃料挤代、高温部件冷却、设备润滑、电能供应和燃料供应等功能。

1.滑油泵

滑油泵压差可近似认为与润滑油在管路中的流速或者流量的二次方成正比。滑油泵是定量泵,由发动机通过齿轮传动机构带动,在不考虑容积效率的情况下。泵后流量与涡轮转速成正比。具体如下:

滑油泵的输出流量:

$$Q_o \propto \omega \tag{9.82}$$

式中:Q_o—— 滑油泵输出流量。

滑油泵的吸收功率:

$$P_o = \Delta p_o Q_0 / \eta_0 \tag{9.83}$$

式中:Δp_o—— 泵前和泵后的压差;

η_o—— 滑油泵效率。

滑油泵的吸收转矩:

$$M_o = P_o / \omega = \frac{Q_0 \Delta p_0}{\eta_o \omega} = \frac{q_0 \Delta p_0}{\eta_o} \tag{9.83}$$

式中:q_0—— 滑油泵排量。

2.海水泵

海水泵为动力系统提供冷却功能,在某些鱼雷动力系统中其排出的带压海水还被用来挤代推进剂。在使用三组元推进剂的涡轮机动力系统中,海水泵排出的海水还是三组元推进剂中的一路,并作为燃烧产物的冷却剂供入燃烧室以降低燃烧产物的温度。与滑油泵情况类似,海水泵的输出流量也可认为与涡轮转速成正比。

海水泵的输出流量:

$$Q_w \propto \omega \tag{9.85}$$

式中:Q_w—— 海水泵输出流量。

海水泵的吸收功率:

$$P_w = \Delta p_w Q_w / \eta_w \tag{9.86}$$

式中:Δp_w—— 海水泵前后压差;

η_w—— 海水泵效率。

海水泵的吸收转矩:

$$M_w = \frac{P_w}{\omega} = \frac{\Delta p_w Q_w}{\omega \eta_w} = \frac{q_w \Delta p_w}{\eta_w} \tag{9.87}$$

式中:q_w—— 海水泵排量。

3.发电机

发电机为鱼雷的用电设备供电。其输出功率是由负载即鱼雷用电设备决定的,而这些用电器的功率与涡轮动力系统工况变化没有太大关系,因此可近似认为发电机的输出功率为常值。当不考虑发电机效率的时候,也可以近似认为其输入功率为常值。而发电机输入功率与其吸收转矩和转速的乘积成正比,则发电机的吸收转矩 M_g 如下:

$$M_g \approx C_g / \omega \tag{9.88}$$

式中:C_g—— 正值常数。

4.燃料泵

燃料泵为热动力鱼雷推进系统提供推进剂。当鱼雷在不同工况下运行时,燃料泵也处于不同的工作环境中,泵前压力、泵后压力以及泵的排量也不尽相同。燃料泵是变量柱塞泵,当工况变动时通过改变泵斜盘角来调节燃料泵排量。燃料泵的输出流量与涡轮转速和泵角成正比。具体描述如下:

燃料泵的输出流量:

$$Q_{\mathrm{bf}} \propto \omega \tan\alpha \tag{9.89}$$

式中:α—— 柱塞泵斜盘泵角。

式(9.89)也可写成:

$$Q_{\mathrm{bf}} = C_{\mathrm{mf}}\omega \tan\alpha \approx C_{\mathrm{mf}}\omega\alpha \tag{9.90}$$

式中:c_{mf}—— 正值常数,可由燃料泵容积效率、燃料泵的结构参数等得出。

燃料泵的吸收功率:

$$P_{\mathrm{f}} = \Delta p_{\mathrm{f}} Q_{\mathrm{bf}}/\eta_{\mathrm{f}} = \Delta p_{\mathrm{f}}\omega'\alpha/\eta_{\mathrm{f}} \tag{9.91}$$

式中:η_{f}—— 燃料泵效率。

泵提供的压差 Δp_{f} 为

$$\Delta p_{\mathrm{f}} = p_{\mathrm{bo}} - p_{\mathrm{bi}} \tag{9.92}$$

式中:p_{bo}—— 泵后压强,近似为燃烧室喷管前的压强;

p_{bi}—— 泵前压强,近似为鱼雷外海水的静压强。

燃料泵吸收的转矩:

$$M_{\mathrm{f}} = \frac{P_{\mathrm{f}}}{\omega'} = \frac{c_{\mathrm{mf}}\Delta p_{\mathrm{f}}\alpha}{\eta_{\mathrm{f}}} \tag{9.93}$$

9.4.3 纵平面运动学方程

根据鱼雷航速在运动纵平面的投影,鱼雷航行深度的变化率为纵平面运动学方程,可表示为

$$\frac{\mathrm{d}y}{\mathrm{d}t} = -v\sin\Theta \tag{9.94}$$

式中:y—— 航深;

Θ—— 弹道倾角。

9.4.4 涡轮动力系统动力学方程

发动机力矩同发动机与负载的合惯性力矩以及负载吸收的总力矩相平衡:

$$2\pi I_{\mathrm{e}}\frac{\mathrm{d}n}{\mathrm{d}t} = \sum M = M_{\mathrm{e}} - M_{\mathrm{z}} \tag{9.95}$$

式中:I_{e}—— 动力推进系统折合转动惯量,包括主机、辅机及其传动机构、传动轴、推进器及其带动的部分海水折合到发动机主轴的转动惯量;

n—— 发动机转速;

M_{e}—— 发动机输出转矩;

M_{z}—— 系统阻转矩。

发动机的输出转矩:

$$M_{e}=A_{cr}\sqrt{k\left(\frac{2}{k+1}\right)^{\frac{k+1}{k-1}}}\ \frac{p_{c}}{\sqrt{RT_{c}}}K_{p}r\left(\varphi\sqrt{2C_{p}T_{c}\left[1-\left(\frac{p_{e}}{p_{c}}\right)^{\frac{k-1}{k}}\right]}\cos\alpha-r\omega+\right.$$
$$\psi_{a}\cos\beta\sqrt{2C_{p}T_{c}\left[1-\left(\frac{p_{e}}{p_{c}}\right)^{\frac{k-1}{k}}\right]\varphi^{2}+r^{2}\omega^{2}-2r\omega\varphi\cos\alpha\sqrt{2C_{p}T_{c}\left[1-\left(\frac{p_{e}}{p_{c}}\right)^{\frac{k-1}{k}}\right]}}-$$
$$\left.\psi_{b}\cos\beta\left\{2C_{p}T_{c}\left[1-\left(\frac{p_{e}}{p_{c}}\right)^{\frac{k-1}{k}}\right]\varphi^{2}+r^{2}\omega^{2}-2r\omega\varphi\cos\alpha\sqrt{2C_{p}T_{c}\left[1-\left(\frac{p_{e}}{p_{c}}\right)^{\frac{k-1}{k}}\right]}\right\}\right)\tag{9.97}$$

系统阻转矩：

$$M_{z}=M_{p}+M_{o}+M_{w}+M_{g}+M_{f}\tag{9.97}$$

推进器收转矩：

$$M_{p}=K_{M}\rho D_{p}^{5}n^{2}\tag{9.98}$$

式中：ρ—— 海水密度；

D_{p}—— 推进器的直径；

K_{M}—— 力矩系数。

n—— 推进器转速

其中力矩系数 K_M 与相对进程 J 有关，一般以相对进程 J 为横坐标、以力矩系数 K_M 为纵坐标形成的曲线是单调下降的。在其变化的范围内，该曲线可以由一条直线来近似拟合：

$$K_{M}=a_{M0}-a_{M1}J\tag{9.99}$$

式中：a_{M0}，a_{M1}—— 正值常数。

将相对进程 J 简化近似为常数，即力矩系数 K_M 也为常数，推进器吸收转矩与涡轮转速的平方成正比。

滑油泵吸收转矩：

$$M_{o}\approx C_{o}n^{2}\tag{9.100}$$

海水泵吸收转矩：

$$M_{w}\approx C_{w}n^{2}\tag{9.101}$$

发电机吸收转矩：

$$M_{g}\approx C_{g}/n\tag{9.102}$$

燃料泵的吸收转矩：

$$M_{f}=\frac{C_{f}\dot{m}_{i}P_{c}}{n}\tag{9.103}$$

式中：$\dot{m}_{i}$—— 变量泵供入燃烧室的推进剂流量。

令 q 为对应推进器转速的折合质量排量，ω 为推进器旋转的圆频率，则：

$$\dot{m}_{i}=q\omega\tag{9.104}$$

9.5　涡轮机动力推进系统开环特性

基于所建立的鱼雷涡轮机动力推进系统数学模型，对系统在恒定深度下的变速特性和变深过程中的开环特性进行仿真分析。

9.5.1 恒深变速仿真

如图 9.12 和图 9.13 所示，描述了鱼雷在水下 30 m、转速 32 700 r/min 的初始状态下，仿真时间为 0～30 s 的恒深变速过程，泵排量以阶跃信号形式上升或者下降。0～10 s 为涡轮处于稳定运行工况过程，10～30 s 为泵排量变化后涡轮转速发生变化至稳定的过程。

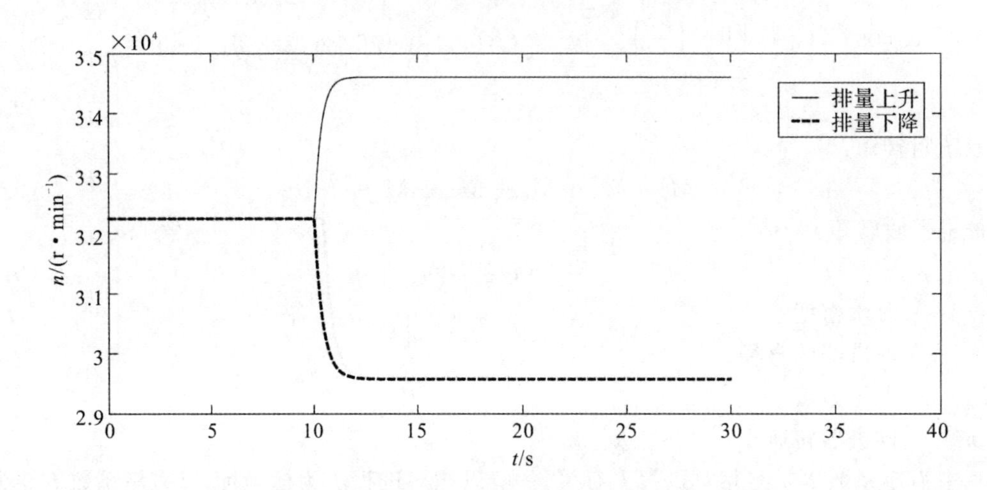

图 9.12 涡轮转速变化曲线图

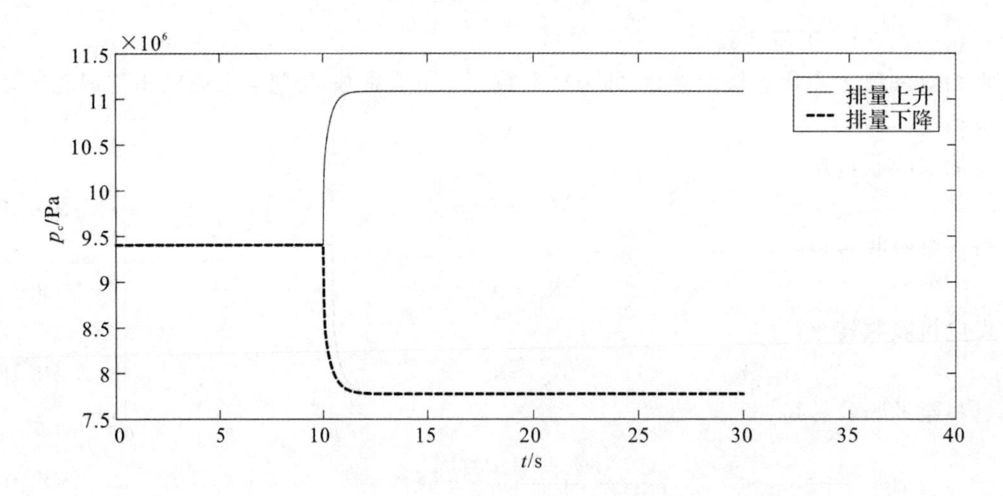

图 9.13 燃烧室压强变化曲线图

图中，实线表示燃料泵排量上升，虚线表示燃料泵排量下降。从图 9.12 和图 9.13 中可得，排量上升后，燃烧室压力和涡轮转速上升并趋于稳定；排量下降后，燃烧室压力和涡轮转速下降并趋于稳定。

当燃料泵排量增加时，燃烧室压力增加，当背压不变时，工况点偏离设计点工况，喷管内部气体膨胀不完全程度加剧，喷管效率降低，但涡轮有效功率增加，故涡轮转速增加，进一步增大流量、燃烧室压力和压比，喷管效率进一步降低，最终涡轮有效功率不变，涡轮转速趋于稳定。

当燃料泵排量减少时，燃烧室压力降低，在背压不变的情况下，压比减小，工况点向设计点工况靠近，喷管内部气体不完全膨胀程度变弱，喷管效率上升，但涡轮有效功率降低，故涡轮转速下降，进一步减小流量、燃烧室压力和压比，喷管效率进一步上升，最终涡轮有效功率不变，涡轮转速趋于稳定。

9.5.2　恒速变深仿真

图9.14和图9.15描述了鱼雷在涡轮转速为32 700 r/min的初始状态下，仿真时间为0～40 s的恒速变深过程，其中鱼雷航行深度（背压）以阶跃信号形式增加或者减少。0～10 s是稳定运行工况过程，10～30 s是背压突变后涡轮转速发生变化的过程。实线表示鱼雷从水下30 m下潜到100 m（背压上升），虚线表示鱼雷从100 m上浮到30 m（背压下降）。

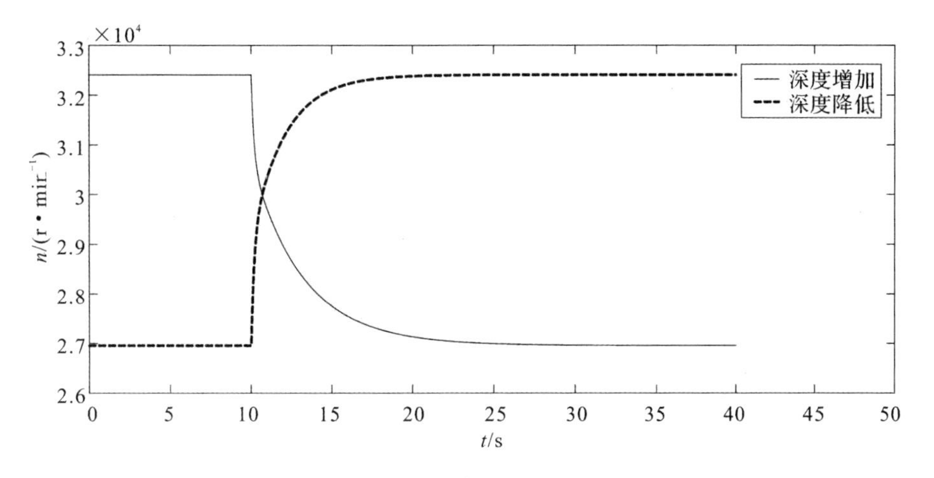

图9.14　涡轮转速变化曲线图

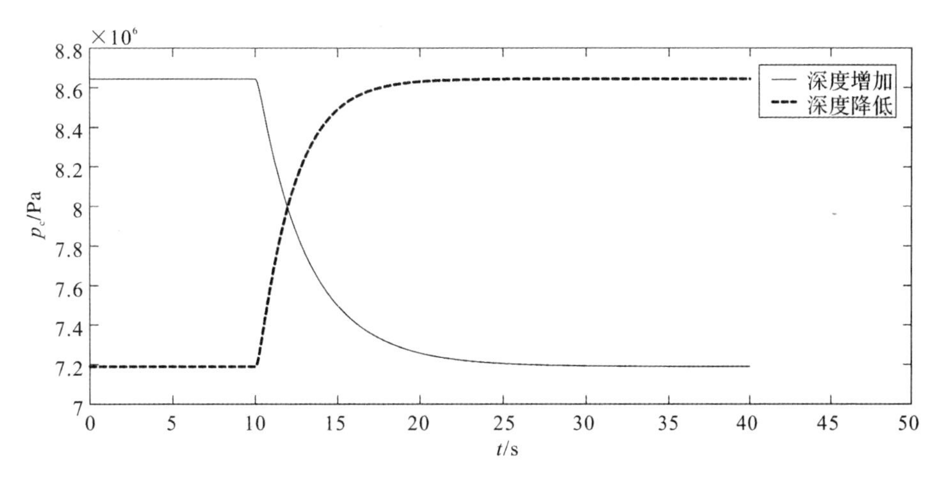

图9.15　燃烧室压强变化曲线图

从图9.14和图9.15中可以看出，深度增加后，燃烧室压力和涡轮转速下降并趋于稳定，深度减少后，燃烧室压力和涡轮转速上升并趋于稳定。

当航行深度增加时，背压升高，此时燃烧室压力不变，造成压比降低，工况点向设计点工况靠近,喷管内气体不完全膨胀程度变弱,使喷管效率增加,但涡轮有效功率降低,故涡轮转速降低,流量减小,燃烧室压力下降,总焓变小,此时背压不再变化,故压比降低,喷管效率进一步增加,其影响变大,循环往复,最终涡轮有效功率不变,转速趋于稳定。

当鱼雷上浮即航行深度减少时,背压降低,此时燃烧室压力不变,总焓增加,同时压比增大,工况点偏离设计点工况,喷管内部气体膨胀不完全程度加剧,造成喷管效率降低,但涡轮有效功率增加,故涡轮转速增加,流量增大,燃烧室压力升高,总焓增加,此时背压不再变化,压比增大,喷管效率进一步降低,其影响变大,循环往复,最终涡轮有效功率不变,转速趋于稳定。

第10章　开式循环涡轮机动力推进系统控制

本章研究涡轮机动力推进系统的闭环控制策略，建立涡轮转速闭环控制算法、对比速度控制和位置控制的特性，获得涡轮机动力推进系统的最优控制策略，着重对涡轮机动力推进系统启动过程展开分析，并对比不同水下动力推进系统的控制特性。

10.1　转速闭环控制算法

10.1.1　转速控制系统的构成

鱼雷涡轮机动力推进系统采用燃料流量的控制方式，以发动机转速作为反馈信号、期望转速作为指令信号构成转速闭环控制系统。变速过程是通过上位机发给转速控制器的变速编码指令实施的，发动机控制单元根据上位机给定的变速指令和测速传感器反馈的转速信号确定相应的控制信号。伺服电机根据所接收的控制信号，调节燃料泵的斜盘倾角和进入燃烧室的燃料流量，改变燃烧室的压强。涡轮转速闭环控制系统构成如图10.1所示。

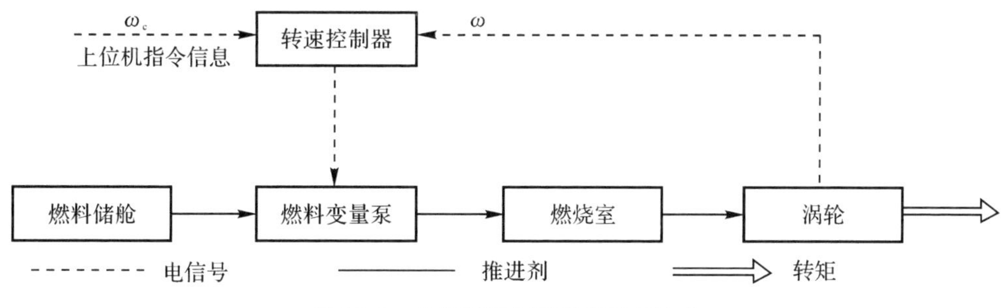

图10.1　涡轮转速闭环控制系统构成

10.1.2　控制规律

鱼雷涡轮机转速闭环控制系统机理模型如下：

动力系统力学方程：

$$\dot{\omega}=a_{n0}M_e-a_{n1}\omega^2+\frac{a_{n2}}{\omega} \tag{10.1}$$

涡轮有效输出转矩：

$$M_e = A_{cr}\sqrt{k\left(\frac{2}{k+1}\right)^{\frac{k+1}{k-1}}}\ \frac{p_c}{\sqrt{RT_c}}K_p r\left(\varphi\sqrt{2C_p T_c\left[1-\left(\frac{p_e}{p_c}\right)^{\frac{k-1}{k}}\right]}\cos\alpha - r\omega + \right.$$

$$\psi_a\cos\beta\sqrt{2C_p T_c\left[1-\left(\frac{p_e}{p_c}\right)^{\frac{k-1}{k}}\right]\varphi^2 + r^2\omega^2 - 2r\omega\varphi\cos\alpha\sqrt{2C_p T_c\left[1-\left(\frac{p_e}{p_c}\right)^{\frac{k-1}{k}}\right]}} -$$

$$\left.\psi_b\cos\beta\left\{2C_p T_c\left[1-\left(\frac{p_e}{p_c}\right)^{\frac{k-1}{k}}\right]\varphi^2 + r^2\omega^2 - 2r\omega\varphi\cos\alpha\sqrt{2C_p T_c\left[1-\left(\frac{p_e}{p_c}\right)^{\frac{k-1}{k}}\right]}\right\}\right) \tag{10.2}$$

鱼雷纵平面运动方程：

$$\dot{y} = -v\sin\Theta \tag{10.3}$$

燃烧室压强特性：

$$\dot{p}_c = \frac{RT_c}{V_c}\left[a_p q\omega - \varphi_0 A_t\sqrt{k\left(\frac{2}{k+1}\right)^{\frac{k+1}{k-1}}}\ \frac{p_c}{\sqrt{RT_c}}\right] \tag{10.4}$$

其中系数 α_{n0}、α_{n1}、α_{n2}、α_p 为正值常数。采用对燃料泵排量的控制来实现对涡轮机转速的控制，令 $\sin\Theta=\theta$，在平衡点 $u_0=0$、$\alpha_0=0$、$y_0=0$、$v_0=0$、$\omega_0=0$、$p_{c0}=0$ 及 $\Theta=0$ 处，对式(10.1)、式(10.3)、式(10.4) 进行线性化处理和拉普拉斯变换，可得涡轮机动力系统的传递函数为

$$\omega(s) = \frac{1}{T_\omega s+1}[k_{p\omega}p_c(s) - k_{y\omega}y(s)] \tag{10.5}$$

$$y(s) = -\frac{v_0}{s}\Theta(s) \tag{10.6}$$

$$p_c(s) = \frac{1}{T_p s+1}[k_{qp}q(s) - k_{\omega p}\omega(s)] \tag{10.7}$$

式中：$k_{p\omega}$，$k_{y\omega}$，k_{qp}，$k_{\omega p}$—— 比例增益；

T_ω，T_α，T_p—— 积分时间。

由式(10.5) ～(10.7) 可得该系统结构图如图 10.2 所示。

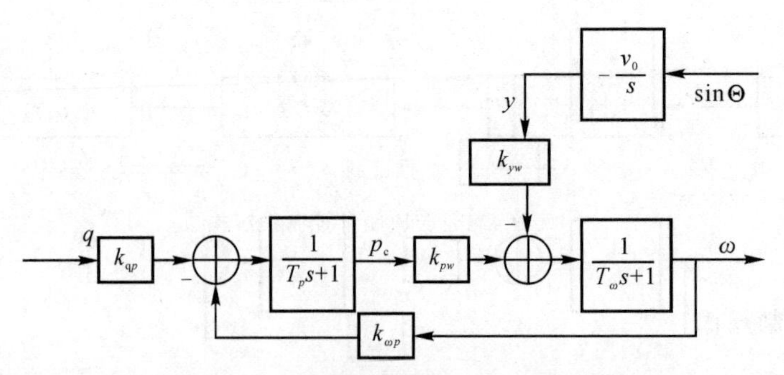

图 10.2　涡轮机动力推进系统结构图

涡轮转速由燃料泵的排量 q 控制，并且受到鱼雷航行深度 y 的影响。鱼雷涡轮机动力推进系统结构图如图 10.3 所示，$G_c(s)$ 为燃料泵排量控制机构传递函数广义控制算法。

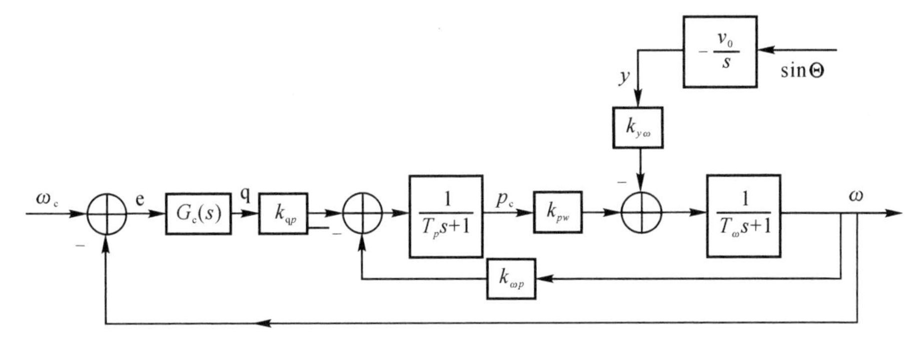

图 10.3　涡轮机动力推进系统转速闭环控制结构框图

该系统开环传递函数为

$$G(s)=\frac{k_{qp}k_{p\omega}G_c}{(T_p s+1)(T_\omega s+1)-k_{p\omega}k_{\omega p}} \tag{10.8}$$

系统闭环传递函数为

$$\varphi(s)=\frac{k_{qp}k_{p\omega}G_c}{(T_p s+1)(T_\omega s+1)+k_{qp}k_{p\omega}G_c-k_{p\omega}k_{\omega p}} \tag{10.9}$$

当 $G_c(s)=K_P$ 时，对系统误差 e 进行拉普拉斯反变换，可得系统误差不为零，即系统有静态误差。

当 $G_c(s)=\frac{K_I}{S}$ 时，对系统误差 e 进行拉普拉斯反变换，可得该系统误差为零，即系统无静态误差。

当 $G_c(s)=K_P+\frac{K_I}{S}$ 时，对系统误差 e 进行拉普拉斯反变换，可得该系统误差为零，即系统无静态误差。

K_P 和 K_I 为比例增益和积分增益，从系统可实现性和控制品质的角度出发，控制器采用积分(I)和比例积分(PI)的方式形成对燃料泵排量的控制规律都是可行的。其中积分(I)控制为控制斜盘角的泵角角速度，即为速度控制，而比例积分(PI)控制为控制斜盘角的泵角位置，即为位置控制。

10.1.3　转速闭环控制器模型

泵角执行机构的指令输入是转速控制器输出的控泵电压信号，与斜盘角位置反馈电压形成电压误差。电机驱动电路响应放大了的电压指令，驱动直流伺服电机。电机转速的响应为惯性环节，电机转速通过减速机构比例的转化为斜盘角摆动角速度；该摆动角速度通过一次积分，获得斜盘角位置。该位置通过位置传感器形成反馈电压。

电机的转速满足动量矩定理，即

$$2\pi I\frac{\mathrm{d}n}{\mathrm{d}t}=M_D-M_Z \tag{10.10}$$

式中：I—— 电机驱动系统的折合转动惯量；

n—— 电机转速；

M_D—— 电机的电磁转矩；

M_Z—— 阻转矩(主要为摩擦转矩)。

忽略电枢的去磁效应,电机的电磁转矩正比于电枢电流,即

$$M_D = C_M \phi i_s \tag{10.11}$$

式中:φ—— 电机的每极磁通;

i_s—— 电枢电流;

C_M—— 由电机结构决定的转矩常数,即

$$C_M = \frac{PN}{2\pi a} \tag{10.12}$$

式中:P—— 电机的极对数;

N—— 电枢绕组的总导体数;

a—— 电枢绕组的并联支路对数。

电枢电流满足电枢电路的电压平衡关系,即

$$U = E + i_s R_s \tag{10.13}$$

式中:U—— 电枢供电电压;

E—— 电枢感应电动势;

R_s—— 电枢电阻。

电枢感应电动势满足电磁感应定律,即

$$E = C_E \phi n \tag{10.14}$$

根据式(10.11)、式(10.13) 和式(10.14) 可得

$$M_D = C_M \phi \left(\frac{U - C_E \phi n}{R_s}\right) \tag{10.15}$$

带入式(10.10),得

$$2\pi I \frac{R_S}{C_E C_M \phi^2} \frac{dn}{dt} + n = \frac{U}{C_E \phi} - \frac{R_s}{C_E C_M \phi^2} M_Z \tag{10.16}$$

式(10.16) 等号右侧为电机机械特性表达式,即

$$n_w = \frac{U}{C_E \phi} - \frac{R_s}{C_E C_M \phi^2} M_Z \tag{10.17}$$

式中:n_w—— 该条件下的稳态转速。

于是,式(10.16) 可表达为

$$T_M \frac{dn}{dt} + n = n_w \tag{10.18}$$

式中:T_M—— 电机时间常数,其表达式为

$$T_M = 2\pi I \frac{R_s}{C_E C_M \phi^2} \tag{10.19}$$

由于伺服电机的机械特性是“硬” 特性,存在近似关系

$$n_w \approx \frac{1}{C_E \phi} U \tag{10.20}$$

代入式(10.18),得

$$T_M \frac{dn}{dt} + n \approx \frac{1}{C_E \phi} U \tag{10.21}$$

故电机转速对于驱动电压的响应近似为惯性环节，即

$$GUn \approx \frac{kUn}{TMs+1} \tag{10.22}$$

$$kUn = \frac{1}{G_E \phi} \tag{10.23}$$

系统的泵控电压至斜盘角的传递函数可表达为

$$G_{U\alpha}(s) = \frac{k_{u\alpha}}{A_{u\alpha}s^2 + B_{u\alpha}s + 1} \tag{10.24}$$

$$k_{u\alpha} = \frac{1}{k_{\alpha u}} \tag{10.25}$$

式中：$k_{\alpha u}$—— 位置测量机构的增益。

$$A_{u\alpha} = \frac{T_M}{k_{uU}k_{Un}k_{n\alpha}k_{\alpha u}} \tag{10.26}$$

$$B_{u\alpha} = \frac{1}{k_{uU}k_{Un}k_{n\alpha}k_{\alpha u}} \tag{10.27}$$

式中：$k_{n\alpha}$—— 电机转速至泵角角速度的传动比。

考虑到泵角过渡过程的小超调特征，可以使用惯性环节来替代上述二阶环节，即系统泵控电压至斜盘角的传递函数可近似描述为

$$G_{U\alpha}(s) \approx \frac{k_{u\alpha}}{\tau_{u\alpha}s+1} \tag{10.28}$$

式中：$\tau_{u\alpha}$—— 时间常数。

式(10.28)写成微分方程的形式：

$$\tau_{u\alpha}\alpha' + \alpha + \alpha 0 = k_{u\alpha}u \tag{10.29}$$

式中：α_0—— 为泵控电压为零时对应的稳态泵角。

10.2　涡轮机工作过程速度控制

针对已建立的涡轮闭环控制系统模型，对鱼雷在恒定深度下的变速特性和变深过程中的动态特性进行分析。

10.2.1　恒深变速仿真

图10.4～图10.5描述了鱼雷在水下30 m、涡轮转速为45 800 r/min的初始状态下，0～80 s的恒深变速过程，转速改变以阶跃信号形式给出。0～20 s为涡轮转速从45 800 r/min变为32 700 r/min的过程；20～40 s为涡轮转速从32 700 r/min变为19 600 r/min的过程；40～60 s为涡轮转速从19 600 r/min变为32 700 r/min的过程；60～80 s为涡轮转速从32 700 r/min变为45 800 r/min的过程。

从图10.4～图10.6可知，在0～20 s内，由于发动机转速变化，控制器通过速度控制调节燃料流量的大小，燃烧室压力也随流量变化，最终鱼雷转速等参数平稳变化；20～40 s内，燃料泵输出流量、燃烧室压强和涡轮转速都有一定的超调，但变化量不大且较快达到稳定状态；40～60 s内，燃料泵输出流量、燃烧室压强和涡轮转速能较快达到稳定状态；60～80 s内，图中

燃料泵输出流量、燃烧室压强和涡轮转速虽达到稳定状态时间稍长但平稳变化。

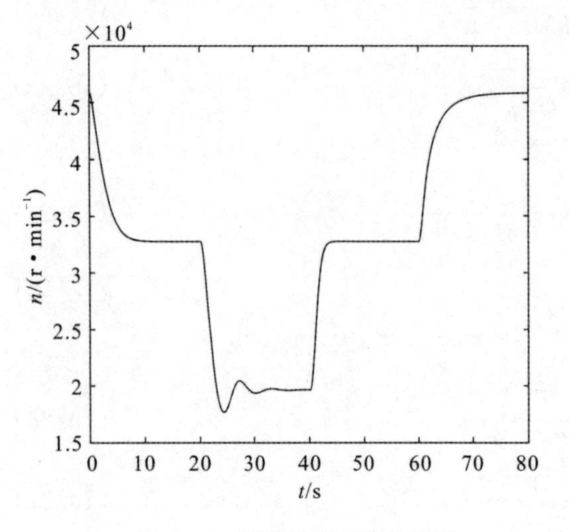

图 10.4　涡轮转速变化曲线图

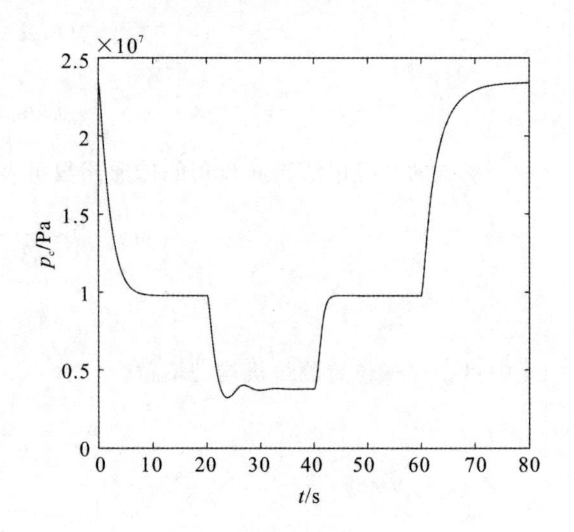

图 10.5　燃烧室压强变化曲线

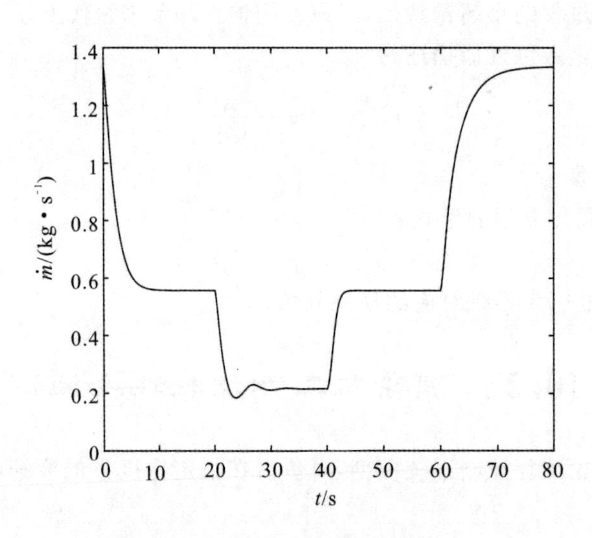

图 10.6　燃料流量变化曲线

10.2.2　恒速变深仿真

图 10.7～图 10.9 描述了鱼雷在水下 30 m、涡轮转速为 45 800 r/min 的初始状态下，0～20 s 为从高转速工况到中间转速工况的变化过程，20～40 s 为从 30 m 下潜到 150 m 的变化过程，40～60 s 为从 150 m 上爬到 30 m 的变化过程。在鱼雷下潜或上浮的过程中，由于背压改变，压比和涡轮转速也将相应变化。为了保证涡轮转速的稳定，转速控制器需调节变排量泵供给燃烧室的工质流量。

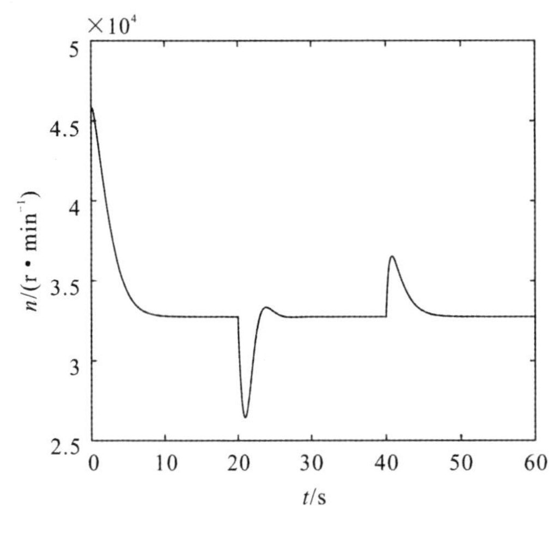

图 10.7　涡轮转速变化曲线

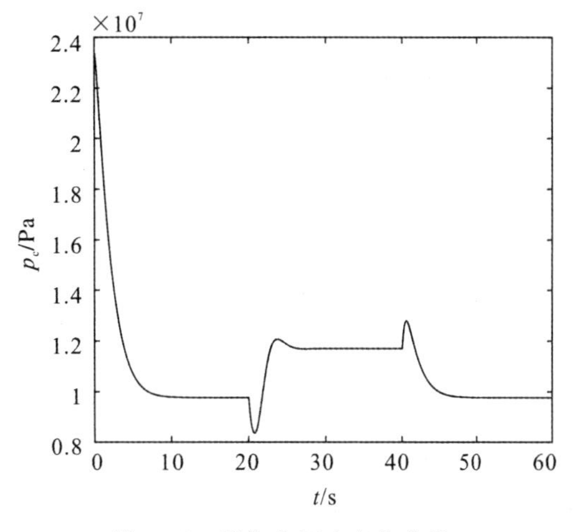

图 10.8　燃烧室压力变化曲线

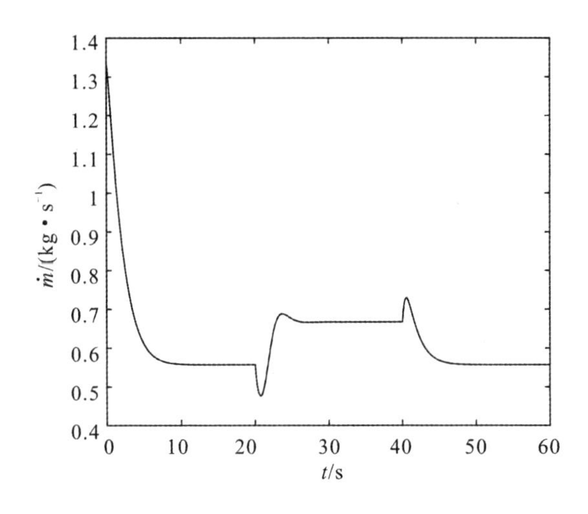

图 10.9　燃料泵流量变化曲线

在 20～40 s 内，燃烧室流量和压力增加，涡轮转速不变，虽然有一定的超调，但各项参数最终处于稳定状态。该时间段内航行器下潜，背压增大，涡轮机总焓降低，压比变小，工况点向设计点工况偏移，喷管内部气体不完全膨胀程度降低，使喷管效率升高，但涡轮有效功率降低，故涡轮转速下降，燃料泵流量降低，从而燃烧室压力降低，又因为期望转速不变，故转速偏差 e 增大，控制器通过积分控制使得燃料泵流量增加，燃烧室压力也相应增加，此时背压不再改变，总焓增加，压比增大，工况点远离设计点工况，喷管内部气体不完全膨胀程度加剧，造成喷管效率降低，但总焓和流量都增加，故涡轮有效功率增加，使得涡轮转速增加，最终达到期望转速。

在 40～60 s 内，燃烧室流量和压力变小，涡轮转速不变，虽然有一定的超调，但各项参数最终处于稳定状态。该时间段内鱼雷上爬，背压降低，涡轮机总焓增加，压比增大，工况点远离设计点工况，喷管内部气体不完全膨胀程度加剧，造成喷管效率降低，但涡轮的有效功率增加，涡轮转速上升，燃料泵流量增加，从而燃烧室压力升高。又因期望转速不变，故转速偏差 e 为负，控制器通过积分控制使得燃料泵流量降低，从而燃烧室压力降低，此时背压不再变化，总焓减小，压比变小，工况点向设计点工况靠近，喷管内部气体不完全膨胀程度变弱，使喷管效率升高，但总焓和流量都减小，故涡轮功率降低，使得涡轮转速降低，最终达到期望转速。

10.3　涡轮机工作过程位置控制

10.3.1　恒深变速仿真

图 10.10～图 10.12 描述了鱼雷在水下 30 m、涡轮转速为 45 800 r/min 的初始状态下，仿真时间为 0～80 s 的整个恒深变速过程，涡轮转速改变以阶跃信号形式给出。0～20 s 内涡轮转速从 45 800 r/min 变为 32 700 r/min；20～40 s 内涡轮转速从 32 700 r/min 变为 19 600 r/min；40～60 s 内涡轮转速从 19 600 r/min 变为 32 700 r/min；60～80 s 内涡轮转速从 32 700 r/min 变为 45 800 r/min。

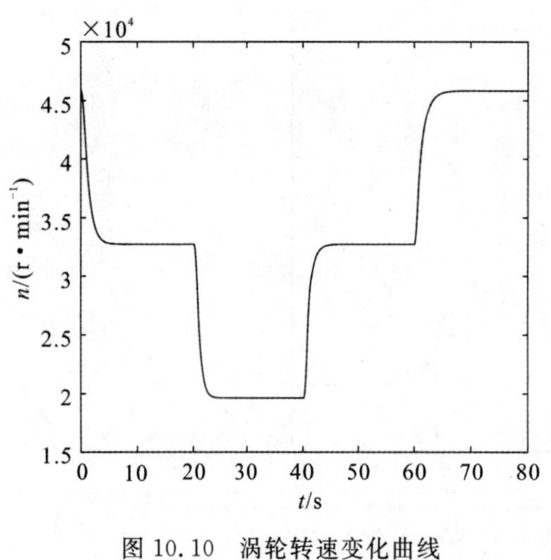

图 10.10　涡轮转速变化曲线

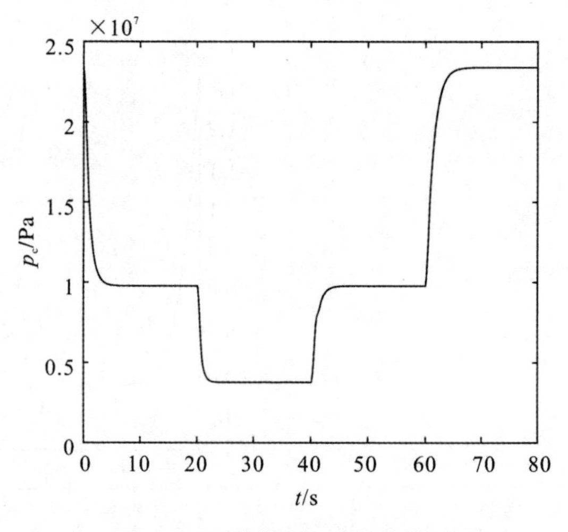

图 10.11　燃烧室压力变化曲线

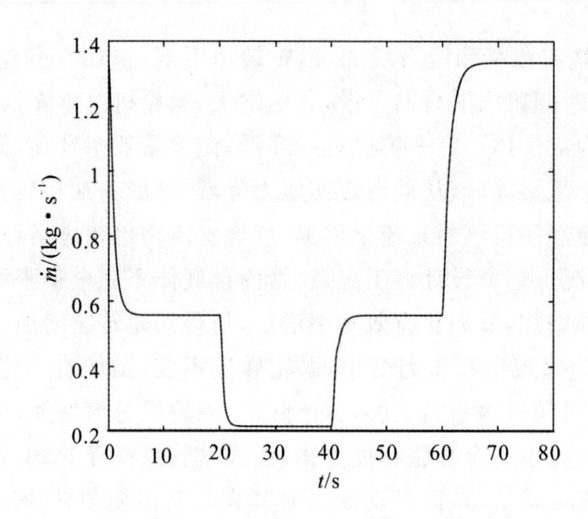

图 10.12　燃料泵流量变化曲线

在恒深变速过程中，当鱼雷由航速Ⅰ变到航速Ⅱ时，转速控制器通过比较航速Ⅰ和航速Ⅱ两种工作状态所对应的涡轮转速，获得转速偏差 $e=\omega_{\mathrm{II}}-\omega_{\mathrm{I}}$，按控制算法计算后发送控制信号给伺服电机，控制变排量泵斜盘角的位置，从而调节工质流量 $\dot{m}$，直到涡轮转速达到期望值 $\omega=\omega_{\mathrm{II}}$。

从图 10.10 到图 10.12 中可得，在 0～20 s 内，由于涡轮转速变化，通过位置控制从而调节燃料流量的大小，燃烧室压力也跟随着流量相应变化，最终鱼雷转速等参数平稳变化；在 20～40 s 内，燃料泵输出流量、燃烧室压强和涡轮转速无超调，呈现惯性变化且较快达到恒值稳定状态；在 40～60 s 内，燃料泵输出流量、燃烧室压强和涡轮转速都很快达到恒定值并处于稳定转态；在 60～80 s 内，燃料泵输出流量、燃烧室压强和涡轮转速虽达到稳定状态时间稍长但平稳变化，系统运行正常。

10.3.2　恒速变深仿真

图 10.13～图 10.15 描述了鱼雷在水下 30 m、航速为 70 kn 的初始状态下，0～20 s 是从高转速工况到中间转速工况的变化过程，20～40 s 是从 30 m 下潜到 150 m 的变化过程，40～60 s 是从 150 m 上爬到 30 m 的变化过程。在鱼雷下潜或爬升的过程中，由于背压的改变，压比发生变化，涡轮转速也将发生变化，为了保证涡轮转速的稳定，转速控制器需调节变排量泵的工质流量。

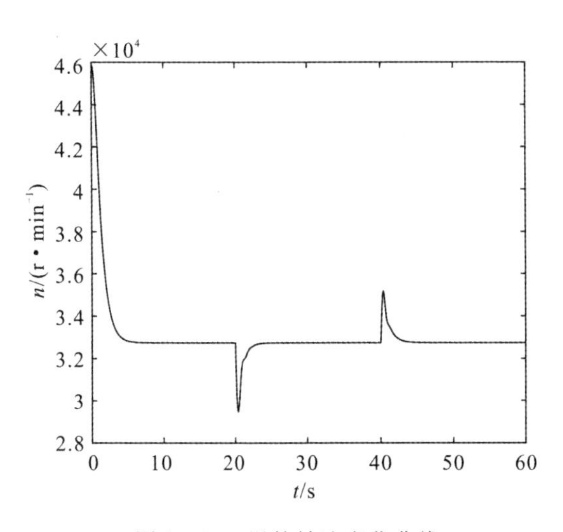

图 10.13　涡轮转速变化曲线

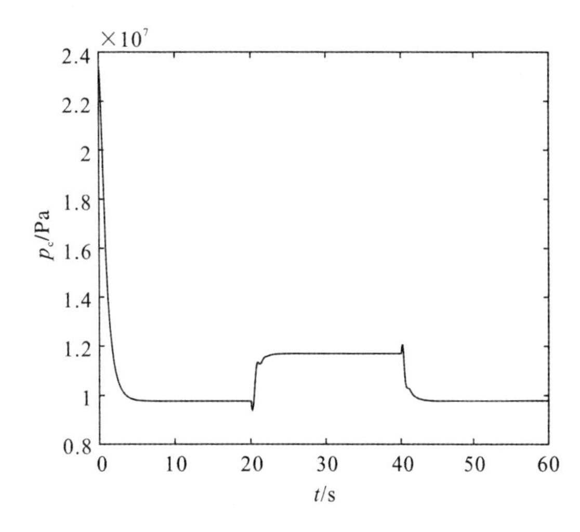

图 10.14　燃烧室压力变化曲线

在 20～40 s 内，燃烧室流量和压力增加，涡轮转速不变，虽然有一定的超调，但各项参数最终处于稳定状态。该时间段内鱼雷下潜，背压增大，涡轮机总焓降低，压比变小，工况点向设计点工况靠近，喷管内部气体不完全膨胀程度变弱，使喷管效率升高，但涡轮有效功率降低，故涡轮转速下降，燃料泵流量降低，从而燃烧室压力降低，又因期望转速不变，故转速偏差 e 增大，控制器通过积分控制使得燃料泵流量增加，从而燃烧室压力增加，此时背压不再改变，总焓增加，压比增大，工况点远离设计点工况，喷管内部气体不完全膨胀程度加剧，造成喷管效率降低，但总焓和流量都增加，故涡轮有效功率增加，使得涡轮转速增加，最终达到期望转速，即转速不变。

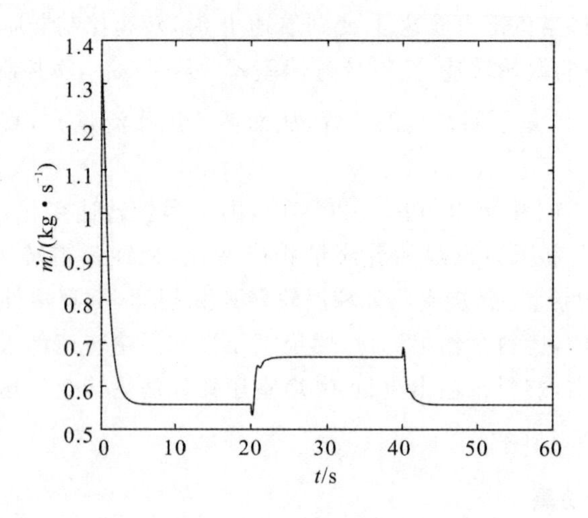

图 10.15　燃料流量变化曲线

在 40～60 s 内，燃烧室流量和压力变小，涡轮转速不变，虽然有一定的超调，但各项参数最终处于稳定状态。该时间段内鱼雷上爬，背压降低，总焓增加，压比增大，工况点远离设计点工况，喷管内部气体不完全膨胀程度加剧，造成喷管效率降低，但涡轮的有效功率增加，涡轮转速上升，燃料泵流量增加，从而燃烧室压力升高，又因期望转速不变，故转速偏差为负，控制器通过积分控制使得燃料泵流量降低，从而燃烧室压力降低，此时背压不再变化，涡轮机总焓减小，压比变小，工况点向设计点工况靠近，喷管内部气体不完全膨胀程度变弱，使喷管效率升高，但总焓和流量都减小，故涡轮功率降低，使得涡轮转速降低，最终达到期望转速，即转速不变。

根据变速和变深的仿真结果可知，鱼雷涡轮动力系统位置控制可行，控制策略正确。与速度控制仿真相比较，位置控制仿真的超调量、调节时间以及平稳性都要更好。

10.4　涡轮机动力推进系统启动过程控制

10.4.1　涡轮动力推进系统启动过程问题

动力系统的故障绝大部分在启动过程中发生，既要将燃料流量按照一定规律供入燃烧室，又要使鱼雷达到设定工况。因此对于涡轮动力系统启动过程及控制规律的研究十分必要。启动过程的三个阶段为：

(1) 固体药柱单独燃烧阶段：固体药柱在燃烧室内单独燃烧产生燃气，使燃烧室压强迅速增大，当该压强大于排气压强时，涡轮机开始工作并带动辅机工作，时间为 t_{qd1}。

(2) 固液混合燃烧阶段：固体药柱尚未燃烧完全，当涡轮机转速大于 ω_{qd} 时，截止阀打开，燃料泵将液体燃料供入燃烧室与固体药柱一起混合燃烧，直至固体药柱烧完，时间为 t_{qd2}。

(3) 液体燃料单独燃烧阶段：燃料泵按照一定规律将燃料供入燃烧室燃烧，使动力系统最终稳定运行，时间为 t_{qd3}。

10.4.2　启动过程状态设计

鱼雷动力系统启动过程有严格的要求，例如：燃烧室的压强峰值是否过高，药环、药柱能否点燃液体推进剂等，这些因素主要是由药环和药柱的物化特性、几何形状、尺寸、燃烧面积等决定的。根据鱼雷涡轮动力系统的工作特性，设计固体药柱的物理模型如图 10.16 和图 10.17 所示，火药柱时的燃气流量曲线如图 10.18 所示。

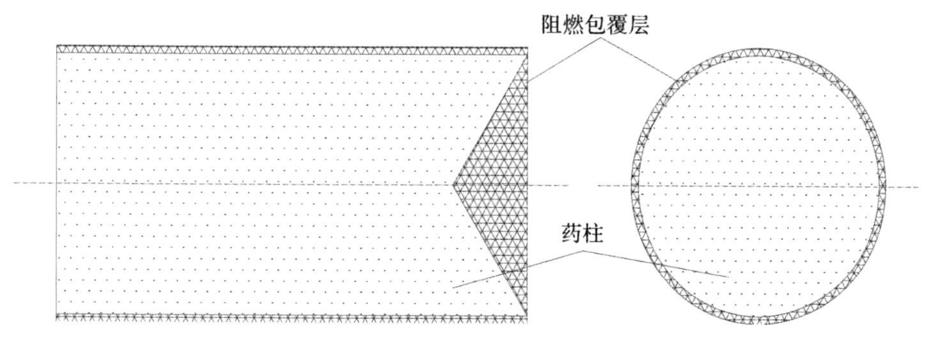

图 10.16　固体药柱半剖及左端面示意图

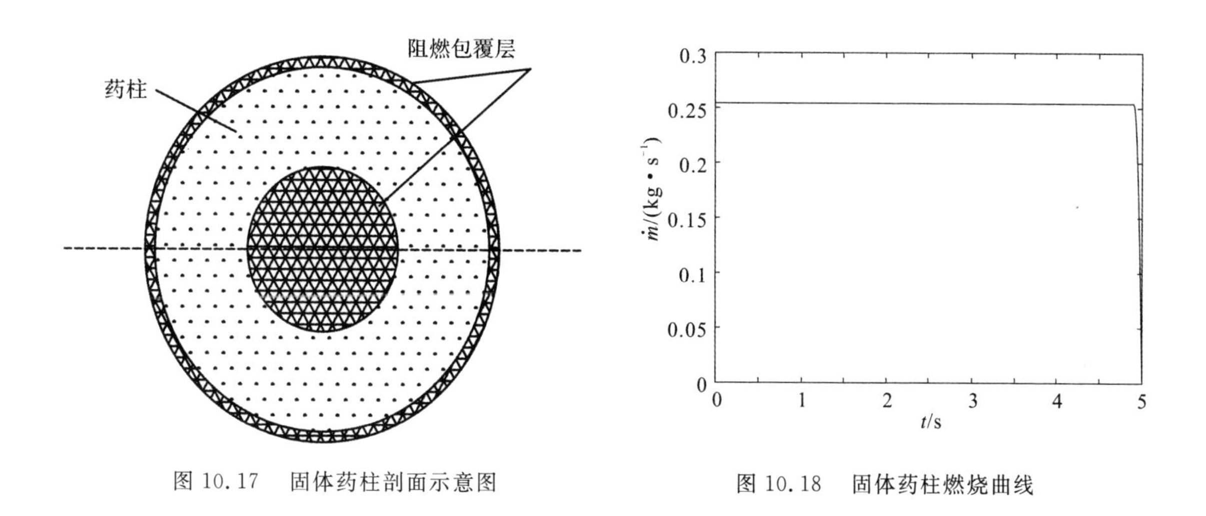

图 10.17　固体药柱剖面示意图

图 10.18　固体药柱燃烧曲线

从图 10.16 和图 10.17 可得，由于阻燃包覆层的存在，药柱开始为端面燃烧，燃烧面积不变，即为等面燃烧，而当即将烧完时燃烧面积急剧下降，燃气生成率下降为减面燃烧。由图 10.18 可知，减面燃烧的那段药柱极短，燃烧时间很短，可近似认为药柱直接烧完。

药柱燃气的生成率：

$$\dot{m}_{yz}=\rho_{yz}A_{yz}c_{yz} \tag{10.30}$$

式中：ρ_{yz}—— 药柱的密度；

A_{yz}—— 药柱燃面的面积；

c_{yz}—— 药柱的燃烧速度。

装药燃烧表面以相同的燃速沿其法线方向向内推进，所有的表面都是由直线和圆弧组成的。燃烧速度 c_{yz} 主要由装药的物理化学特性和燃烧室压强 p_c 决定，即

$$c_{yz}=c_{yz0}\,p_c^{x} \tag{10.31}$$

式中：c_{yz0}—— 燃速系数；

x—— 燃速压强指数。

燃烧室压强：

$$p_c = \left(a\rho_{yz}c^* \frac{A_b}{A_t}\right)^{\frac{1}{1-x}} \tag{10.32}$$

式中：a—— 根据实验结果确定的经验常数；

c^*—— 特征速度；

A_t—— 喷管喉部面积。

特征速度：

$$c^* = \frac{\sqrt{R_c T_p}}{\Gamma} \tag{10.33}$$

式中：R_c—— 燃烧室中燃烧产物的等价气体常数；

T_p—— 固体推进剂的定压燃烧温度；

Γ—— 燃烧室的平均比热比，$\Gamma = \sqrt{k}\,(2/k+1)^{(k+1)(2(k-1)}$。

根据式(10.30) 到式(10.33)，结合图 10.16 的固体药柱模型做近似简化和假设。认为固体药柱直接从等面燃烧开始，在 t_{qd1} 时间内，燃烧室压强和燃气生成率的值恒定不变，发动机启动，辅机开始工作但燃料泵不输出流量。

当发动机转速达到 ω_{qd} 时，截止阀打开，液体燃料进入燃烧室燃烧，在 t_{qd2} 时间内，燃料泵排量不变，药柱的燃气生成率不变，燃气流量保持一个较大的稳定值，燃烧室压力迅速升高，若此时燃料泵排量较大，则燃烧过于剧烈，燃烧室压力过高，易发生事故，故此时燃料泵排量应在处于最小流量位置。

药柱烧完毕之后，燃料单独燃烧，在 t_{qd3} 时间内，燃料泵的单转输出流量按照预先设定的方式变化，随着时间的推移，燃烧室压力、燃气流量和涡轮转速逐渐增加，启动过程最终转变为稳定运行工况。

10.4.3 启动过程仿真

本节对涡轮机动力推进系统启动过程进行仿真，研究系统在水下 30 m，从初始状态到达 45 800 r/min 工况的过程。鱼雷启动过程的第三阶段燃料泵输出流量有两种控制方式，分别为闭环控制和程序控制＋闭环控制。

1. 闭环控制

由于鱼雷启动过程可能发生在浅深度和大深度下，因此先研究鱼雷在 10 m 和 150 m 处从初始状态达到 45 800 r/min 高转速工况的过程。

如图 10.19～图 10.21 描述了鱼雷在浅深度下(10 m)启动过程燃料流量曲线、燃烧室压力曲线和涡轮转速变化曲线。其中 0～2 s 为固体药柱单独燃烧阶段，2～5 s 为固液混合阶段，5～16 s 为燃料单独燃烧阶段。在 5 s 处，固体药柱燃烧完毕，工质流量瞬间下降，燃烧室压力降低，故而功率降低，在 5 s 后涡轮转速下降。又因涡轮期望转速为高工况转速(45 800 r/min)，所以转速偏差为正，燃料泵输出流量增加，燃烧室压力升高，功率增加，故而转速上升，最后达到期望转速，即设定工况。

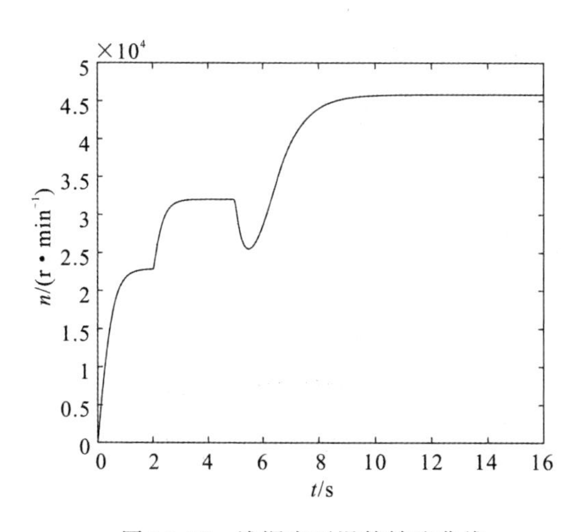

图 10.19　浅深度下涡轮转速曲线

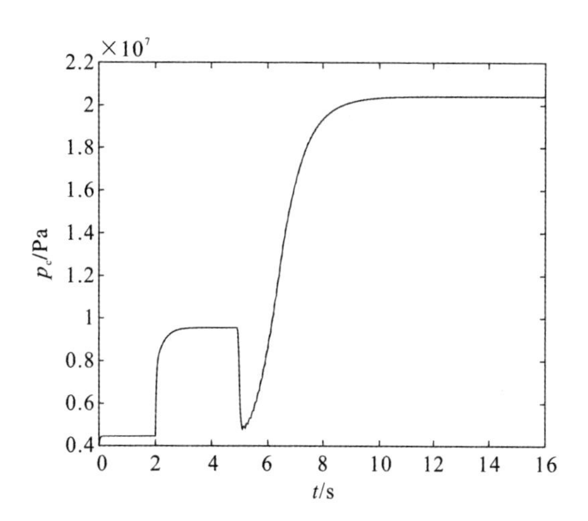

图 10.20　浅深度下燃烧室压力曲线

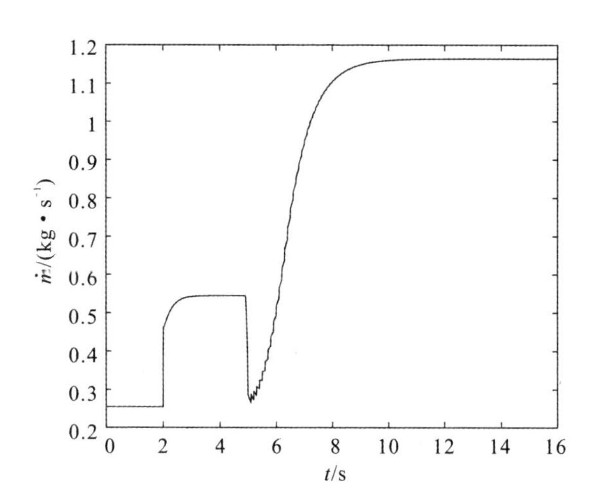

图 10.21　浅深度下燃料流量曲线

如图 10.22～图 10.24 鱼雷大深度下(150 m)启动过程燃料流量曲线、燃烧室压力曲线和涡轮转速曲线所示，其中 0～2 s 为固体药柱单独燃烧阶段，2～5 s 为固液混合阶段，5～16 s 为燃料单独燃烧阶段。在 5 s 处，火药柱燃烧完全，工质流量瞬间下降，燃烧室压力降低，压比下降，故而功率降低，在 5 s 后涡轮转速很快下降。由于鱼雷是在大深度下，背压很高，相比于浅深度，总焓更小，涡轮功率更小，故涡轮转速更低。虽然涡轮期望转速为高工况转速(45 800 r/min)，转速偏差为正且更大，燃料泵单转输出流量增加，但因为涡轮转速下降到了一个较低值，从而燃料泵转速也处于一个较低值，故燃料质量流量下降，此时燃烧室压力下降，总焓降低，功率下降，涡轮转速继续下降，即便燃料泵单转排量增大，但由于转速继续降低，燃料泵转速继续降低，使工质质量流量降低，从而燃烧室压力降低，最后涡轮转速继续降低，如图 10.24 所示，如此循环往复，最后鱼雷会熄火不再工作。

综合上述分析，鱼雷启动过程的第三阶段只采用闭环控制策略并不适用。

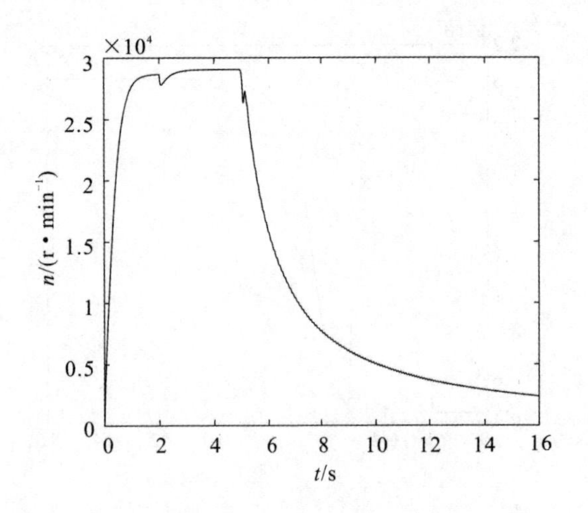

图 10.22　大深度下涡轮转速曲线

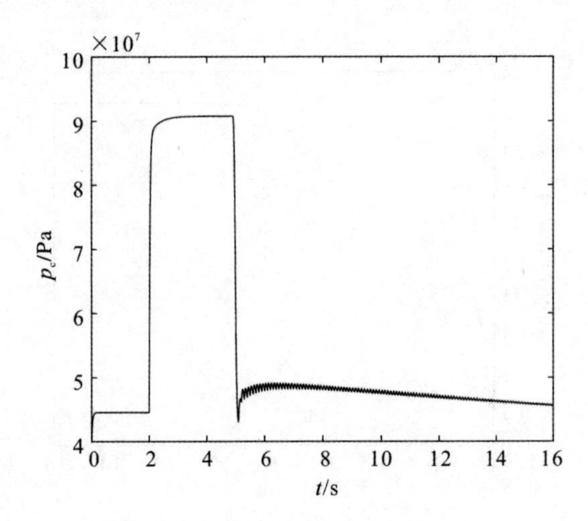

图 10.23　大深度下燃烧室压力曲线

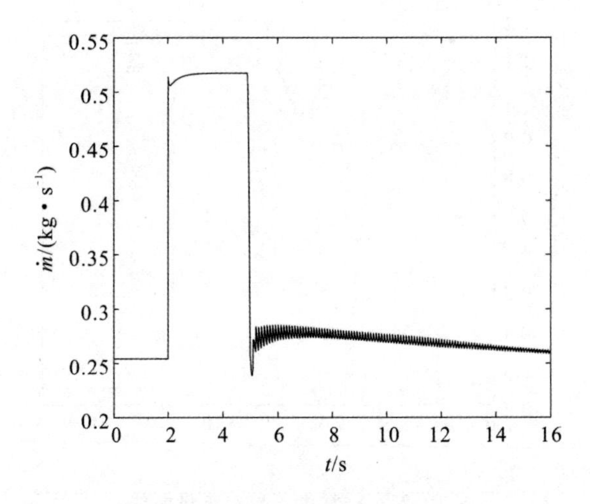

图 10.24　大深度下燃料流量曲线

2. 程序控制＋闭环控制

图 10.25～图 10.27 为鱼雷浅深度下(10 m)启动过程燃料流量曲线、燃烧室压力曲线和涡轮转速曲线。其中 0～2 s 为固体药柱单独燃烧阶段,2～5 s 为固液混合阶段,5～16 s 为液体燃料单独燃烧阶段。

在 5 s 时刻,火药柱燃烧完全,工质流量瞬间下降,燃烧室压力降低,压比下降,故而功率降低,在 5 s 后涡轮转速下降。又因涡轮期望转速为高工况转速(45 800 r/min),所以转速偏差为正,燃料泵输出流量增加,燃烧室压力升高,功率增加,故而转速上升,最后达到期望转速,即设定工况。

图 10.28～图 10.30 为鱼雷大深度下(150 m)启动过程燃料流量曲线、燃烧室压力曲线和涡轮转速曲线。其中 0～2 s 为固体药柱单独燃烧阶段,2～5 s 为固液混合阶段,5～16 s 为燃料单独燃烧阶段。

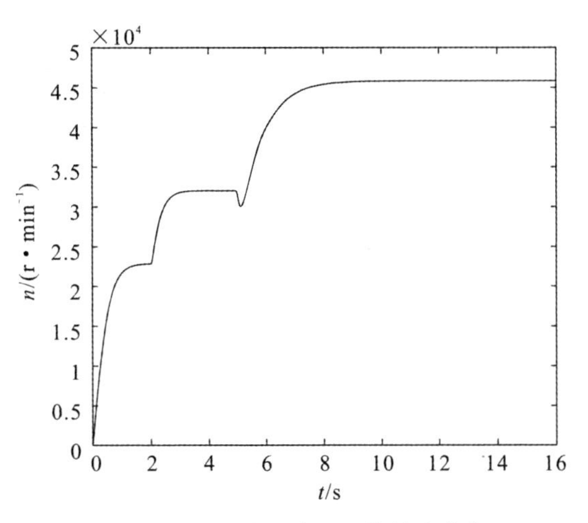

图 10.25　浅深度下涡轮转速曲线

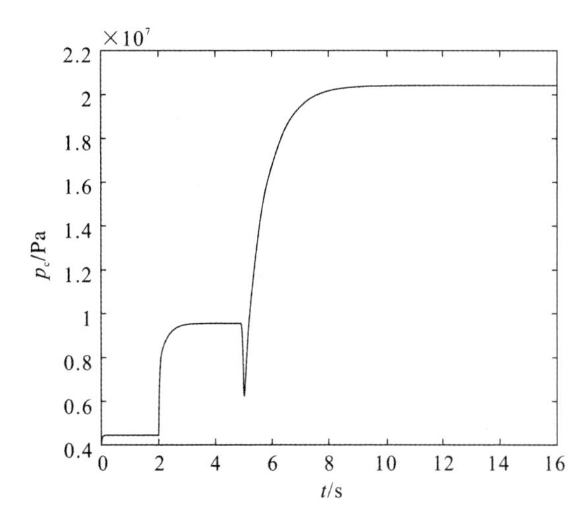

图 10.26　浅深度下燃烧室压力曲线

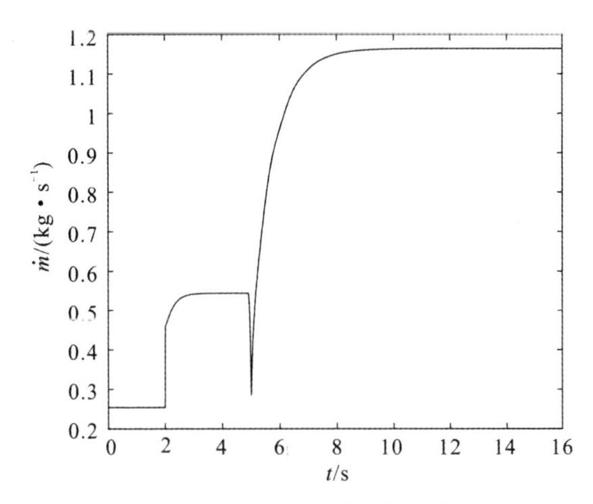

图 10.27　浅深度下燃料流量曲线

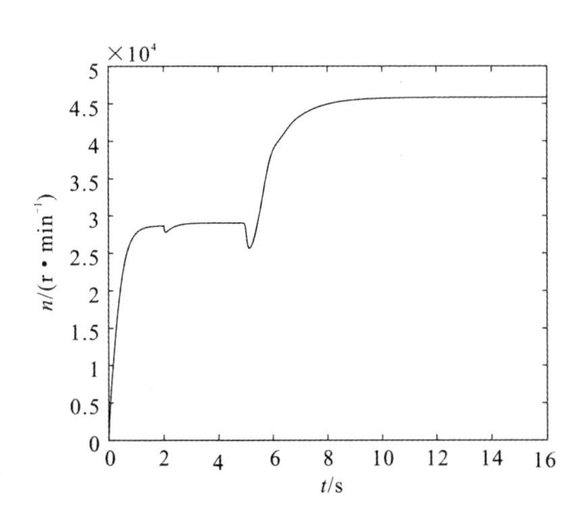

图 10.28　大深度下涡轮转速曲线

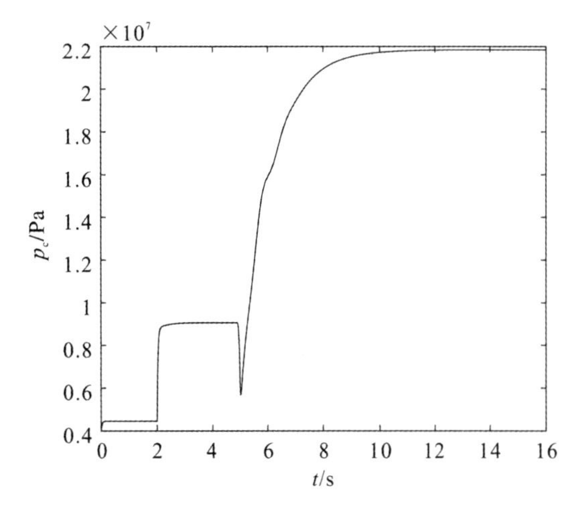

图 10.29　大深度下燃烧室压力曲线

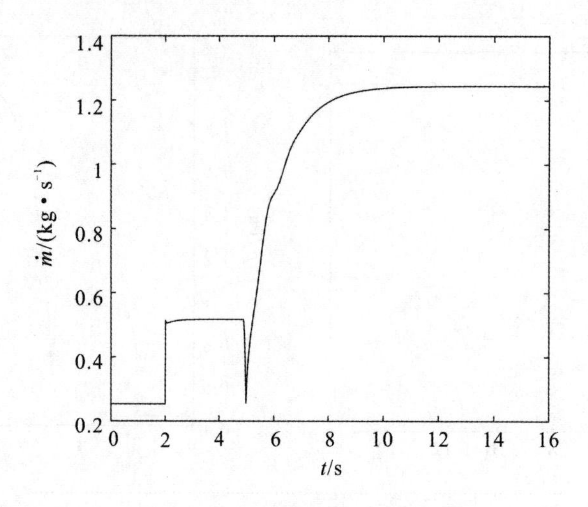

图 10.30　大深度下燃料流量曲线

在 5 s 时刻，固体药柱燃烧完全，工质流量瞬间下降，燃烧室压力降低，压比下降，故而功率降低，涡轮转速下降。在 5 s 后，采用控制程序，设定一个初始中值流量，控制燃料泵斜盘角尽快向斜盘中间位置转动，同时采用闭环控制策略，故而燃烧泵单转输出流量很快加大，即使涡轮转速较低导致燃料泵转速也较低，但总的燃料质量流量很快增加，从而燃烧室压力增加，总焓增加，功率增加，从而涡轮转速从最开始的下降到很快增加，最后达到设定工况。

综合上述分析，鱼雷涡轮机动力系统启动过程采用程序控制＋闭环控制策略合理可行。

参考文献

[1] 赵连峰. 鱼雷活塞发动机原理[M]. 西安:西北工业大学出版社,1991.

[2] 赵寅生. 鱼雷涡轮机原理[M]. 西安:西北工业大学出版社,2002.

[3] AUSTIN J. Modern Torpedoes and Countermeasures[J]. Bharat Raskhak monitor, 2001,3(4):32-36.

[4] 刘训谦. 鱼雷推进剂及供应系统[M]. 西安:西北工业大学出版社,1991.

[5] 张宇文. 鱼雷外形设计[M]. 西安:西北工业大学出版社,1998.

[6] 马世杰. 鱼雷热动力装置设计原理[M]. 北京:兵器工业出版社,1992.

[7] 严清平,张海鹰,冀金兰. 某热动力鱼雷燃料流量调节器的调节原理及静态误差分析[J]. 水中兵器,2002(增刊):52-60.

[8] 胡寿松. 自动控制原理[M]. 北京:国防工业出版社,1984.

[9] 徐德民. 鱼雷自动控制系统[M]. 西安:西北工业大学出版社,1991.

[10] 金以慧. 过程控制[M]. 北京:清华大学出版社,1993.

[11] 袁本恕. 计算机控制系统[M]. 北京:中国科学技术大学出版社,1988.

[12] 李郁分. 电子技术[M]. 北京:国防工业出版社,1990.

[13] 斯洛廷,李卫平. 应用非线性控制[M]. 蔡自兴,罗公亮,桂卫华,等译. 北京:国防工业出版社,1992.

[14] 罗凯. 鱼雷开式循环热动力非线性控制与仿真研究[D]. 西安:西北工业大学,1996.

[15] 罗凯. 变速鱼雷导引弹道研究[D]. 西安:西北工业大学,1998.

[16] 王春行. 液压伺服控制系统[M]. 北京:机械工业出版社,1989.

[17] 何存兴. 液压元件[M]. 北京:机械工业出版社,1982.

[18] 路甬祥,胡大纮. 电液比例控制技术[M]. 北京:机械工业出版社,1988.

[19] 吴望一. 流体力学:上册[M]. 北京:北京大学出版社,1998.

[20] 李华. MCS-51系列单片机实用接口技术[M]. 北京:北京航空航天大学出版社,1993.

[21] 罗凯,李佐成. 滑动控制在水下热动力系统中的应用[J]. 船舶工程,1997(5):43-45.

[22] 詹致祥,陈景熙. 鱼雷航行力学[M]. 西安:西北工业大学出版社,1990.

[23] 黄景泉,张宇文. 鱼雷流体力学[M]. 西安:西北工业大学出版社,1989.

[24] 罗凯,马远良. 鱼雷变推力运动方程式[J]. 船舶工程,1997(3):15-16.

[25] 詹致祥. 鱼雷制导规律及命中精度[M]. 西安:西北工业大学出版社,1995.

[26] 赵卫兵,史小锋,赵忠义,等. 鱼雷燃烧室低频不稳定燃烧分析[J]. 水中兵器,2002(增刊):37-39.

[27] 党建军,钱志博,杨杰. 旋转燃烧室中HAP三组元燃料振荡燃烧问题研究[J]. 水中兵器,2002(增刊):40-42.